❖ 指示計器の動作原理による分類と計器使用例

種　類	記号	使用回路	計　器
可動コイル形		直流	電圧計，電流計，抵抗計，… 束計
可動鉄片形		交流 直流	電圧計，電流計，回転計
電流力計形		交流 直流	電力計，周波数計，電圧計，電流計，力率計
熱電形		交流 直流	電圧計，電流計，電力計
静電形		交流 直流	電圧計
整流形		交流	電圧計，電流計，周波数計
誘導形		交流	電力量計

❖ 単位の 10 の整数乗倍を表す主な接頭語の記号

量	接頭語	記号	量	接頭語	記号
10^{12}	テラ	T	10^{-1}	デシ	d
10^{9}	ギガ	G	10^{-2}	センチ	c
10^{6}	メガ	M	10^{-3}	ミリ	m
10^{3}	キロ	k	10^{-6}	マイクロ	μ
10^{2}	ヘクト	h	10^{-9}	ナノ	n
10	デカ	da	10^{-12}	ピコ	p

❖ 測定量の主な単位記号

測定量	単位記号
電圧	V，mV，kV，μV
電流	A，μA，mA，kA
電力	W，mW，kW，MW
力率	$\cos\varphi$
抵抗	Ω，kΩ，MΩ
周波数	Hz，kHz，MHz，GHz

❖ ギリシャ文字

大文字	小文字	読み方
A	α	アルファ
B	β	ベータ
Γ	γ	ガンマ
Δ	δ	デルタ
E	ε	イプシロン
Z	ζ	ツェータ（ジータ）
H	η	イータ
Θ	θ	シータ
I	ι	イオタ
K	κ	カッパ
Λ	λ	ラムダ
M	μ	ミュー
N	ν	ニュー
Ξ	ξ	クサイ（クシー）
O	o	オミクロン
Π	π	パイ
P	ρ	ロー
Σ	σ	シグマ
T	τ	タウ
Υ	υ	ウプシロン
Φ	ϕ, φ	ファイ
X	χ	カイ（キー）
Ψ	ψ	プサイ
Ω	ω	オメガ

実習 電気技術

改訂2版

オーム社[編]

Ohmsha

はしがき

豊かな生活や産業界発展の原動力は電気エネルギーの恩恵によるものであることは周知の事実である．今，このエネルギーの利用や将来を見据えたエネルギー源の在り方について，各専門分野でその技術開発が進められている．化石燃料の枯渇問題や地球環境問題の観点から，省エネルギー技術や再生可能エネルギーの有効利用なども進められている．しかし，時代の流れとともに電気の各分野がどのように進化・特化しても，これらを支える電気技術の基礎・基本は不変である．

このたびの新学習指導要領の実施に伴い，電気技術の根幹をなす電気機器および電力技術に関する実験・実習の内容を精選した．

本書の編集にあたって，高等学校学習指導要領（工業）の実習に準拠するとともに，電気回路や電子技術など他の工業専門科目との関連にも配慮し，次のような各点に留意した．

(1) 実験テーマと実習を始める前の予備知識，実験の手順と使用機器や測定器一覧，結果のまとめと検討が一連の流れの中で完結するよう工夫した．

(2) 実験・実習の理解度が高められるよう，結線図と併せて実体配線図も用意し，また図や文章も工夫した．

(3) 数学および数式は，できるかぎり平易な表現とし，基礎・基本の範囲で取り扱うことができるよう工夫した．

(4) 単位は原則として，計量法に定められているSI単位（国際単位系）を使用し，電気用図記号は新たに改編されたJIS（日本産業規格）やJEC（電気規格調査会標準規格）を使用した．

(5) 屋内配線工事の実習では，第二種電気工事士技能試験も視野に入れた内容とした．

(6) 模擬送電線路・高電圧・シーケンス制御に関する実習では，第一種電気工事士や第三種電気主任技術者（電験三種）の試験も視野に入れた内容とした．

おわりに，本書は教科（工業）「電気機器」・「電力技術」に関する基礎・基本ならびに電気関連国家資格取得も視野に入れた実験・実習テーマを取り上げたが，各学校の実情に応じて取捨選択をし，教育効果を高めていただきたい．

2023年1月

オーム社

目次

電気技術の実習に当たって

「電気」は，私たち自身の目で直接に見ることができないので，机上での教科書による座学だけでは，これを数量的に理解することはなかなかむずかしい．単に，1 mA の電流，1 V の電圧などがどれだけの量を表すのかイメージしにくい．そこで，もし電気の量を何らかの形で目に見ることができたら，学習するうえで大いに役立つであろう．

このため，電気を学ぶに当たっては，まず実習をすることが重要である．実習を行うことにより，電流計や電圧計などの電気計器の指針の振れの大きさから，また，オシロスコープに表示される波形の大きさから，電気の量を目で見て知ることができる．

このような体験的な学習に当たっては，何を知りたいのか，その実験の目的のほかに，学習上の心構えがはっきりしていないと，効果があまり上がらないものである．

1 体験的な学習の心構え

1 科学する力を身につけよう

実験の結果から得られたデータがどのような意味をもつのか，自分自身の力で考える習慣を身につけるようにする．

また，使用する測定器や器具などの違いによって，予測と異なったデータが得られることもある．このようなときには，その原因を究明する態度を忘れてはならない．このような態度を身につけることによって，体験的な学習が一層充実したものとなる．

2 理論と実験を関連づけよう

次に，体験的に習得した知識と，机上で学習した知識を比較し，理論的に考える力を身につけると同時に，測定器の原理・構造とその取扱いを体得する．特に，測定器や器具は，机上での学習よりも，実際に目で見て，取り扱ってこそ，より具体的に理解することができる．

3 より良い報告書をつくれるようにしよう

実験で得た知識を記憶しておくのはもちろんであるが，これを文書で記録しておくことも重要である．記録した文書（実験報告書）は，先生に提出するためのものばかりではなく，これを繰り返して読むことにより，知識の習得に大いに役立つものである．自分自身がつくる「学習書」という考え方に立って，要領よくまとめることが必要である．

❹ 協力的な態度を身につけよう

学校の実習室での実験は，数人のグループ編成で行うことが多い．身勝手に行動すると他人に迷惑をかけ，チームワークを乱すばかりでなく，みんなで実験結果を討議する機会も失うことになる．良い結果は，協力的な態度から生まれる場合がほとんどである．

❷ 実習室での注意事項

実習室でもっとも注意しなければならないことは，危険防止のための安全策である．感電防止や火災防止については常に留意し，異常があれば直ちに先生に連絡する．このほかに，次のようなことに注意しよう．

❶ 先生の注意をよく守り，落ちついた態度で，熱心に静粛に行うこと．

❷ 清潔で，きちんとした服装でのぞみ，整理整頓を心がけること．

❸ 計器類や器具類などの備品は,その取扱い上の注意をよく守り,破損しないようにすること．

❹ 共同実験は，グループ全員が協力しあうこと．

❺ 実習に当たっては，**データを採ると同時にグラフ上に測定点を明示すること**．一通り測定が終わったら電源スイッチを開き，この**データをもとに実習時間内に皆で結果の検討を行う**ことが重要である．おかしい点が発見されれば，直ちに実習をやりなおす．

❻ 実習がすべて終わったら，計器類や器具類などの備品の手入れ，指定された場所への収納，部屋の清掃などを行うこと．

❸ 実験データ（数値）の取扱い

実験ではいろいろな数値を取り扱うことが多い．この場合，桁数の多い数値ほど精度が良いというように考えがちであるが，計器の指針の振れから読み取った数値や，その数値の合計値・平均値などは，個人差や計器自体のもつ誤差などによって，低位の桁の数字になるほど異なってくるものである．したがって，データ（数値）の取扱いに当たっては，桁数を一定限度以上に多くしても無意味である．このため，実験データは，真の値に近く，意味をもつ有効な数字（有効数字）に整理して取り扱うことが多い．

通常，電流計や電圧計の指針の振れから読み取ることのできる数値は 3 桁程度であり，しかも，3 桁目は目分量で知る程度である．したがって，普通のデータやこれにもとづく計算値などは，3 桁で実用的にはさしつかえない．つまり，有効数字を 3 桁とし，4 桁以上の数値は 3 桁に丸めるようにすることを習慣づけるようにする．

❹ 数値の丸め方はどうしたらよいか

数値を丸める場合，一般には四捨五入をしているが，工業関係では JIS Z 8401（数値の丸め方）に規定されている方法が採られているので，この方法を身につけておくことが必要である．次に実際の数値例をあげて調べることにしよう．

例1 数値 1.234 を有効数字 3 桁に丸める場合は

1. 2 3 4

└ 4 桁目が **5 未満**であるからこれを**切り捨てて**

1.23 とする.

例2 数値 1.236 を有効数字 3 桁に丸める場合は

1. 2 3 6

└ 4 桁目が **5 を超えている**のでこれを**切り上げて**

1.24 とする.

例3 数値 1.2350201 を有効数字 3 桁に丸める場合は

1. 2 3 5 0 2 0 1

└ 4 桁目が **5 のとき**

└ 5 桁目以降に **0 以外の数字**があるので 4 桁目を**切り上げて**

1.24 とする.

例4 数値 1.235 を有効数字 3 桁に丸める場合は

1. 2 3 5

└ 4 桁目が **5 のとき**

└ 3 桁目が**奇数**（1, 3, 5, 7, 9）であるから 4 桁目を**切り上げて**

1.24 とする.

例5 数値 1.245 を有効数字 3 桁に丸める場合は

1. 2 4 5

└ 4 桁目が **5 のとき**

└ 3 桁目が**偶数**（0, 2, 4, 6, 8）であるから 4 桁目を**切り捨てて**

1.24 とする.

例6 数値 1.2347 を有効数字 3 桁に丸める場合は

1. 2 3 4 7

└ 4 桁目が **5 未満**の数字であるから 4 桁目以降を**切り捨てて**

1.23 とする.

例 6 の場合，5 桁目が 7（5 を超える数字）であることから，1.2347 をまず 4 桁に丸めて 1.235 とし，これを 3 桁に丸めて 1.24 としてはいけないのである.

なお，**電卓**の場合は，桁数が大きくなるので，以上のようなことに十分留意して，数値を丸めて使うことを忘れてはならない．桁数の多い結果が必ずしも精度が良いとはいえないのである.

❺ 実験結果の整理のしかた

どんなに良い実験を行っても，その結果の整理が悪いと，体験学習の効果が上がらないものである．実験が終了したら，できるだけ早い時期に，その実験の経過や習得した知識などを要領よくまとめ，報告書をつくる．この報告書は先にも述べたように，先生へ提出するためのものばかりではなく，自作の「**学習書**」としても使えるものなので，コピーをとって保管しておくことが望ましい．

また，将来，職場で経験する種々の報告書作成の練習にもなるので，簡潔に，要領よくまとめるくふうをしておくことが重要である．

まず，実験結果の整理に当たっては，次のように，区分して整理する方法がある．

① **実験の目的**：どんなことを習得するための実験か．

② **使用機器と接続図**：計器，器具の定格，接続図など．

③ **データの整理**：グラフの作成，数表の作成．

④ **データの意味と分析**：グラフや数表から，データのもつ意味を考える．また，理論的な検討をし，習得したことを簡潔にまとめる．

また，データをグラフで表すときは，次のようにする．なお，完成した報告書には巻末に示すような表紙をつける．

① 方眼紙を用いる．

② 何の関係を表すグラフか，その標題を記入する．

③ 縦軸と横軸とに表示する量の名前と，単位・目盛などを記入する．

④ データにもとづいてプロットする．

⑤ プロットした点をもとに曲線を描くときは，曲線定規を使ってなめらかに描く．

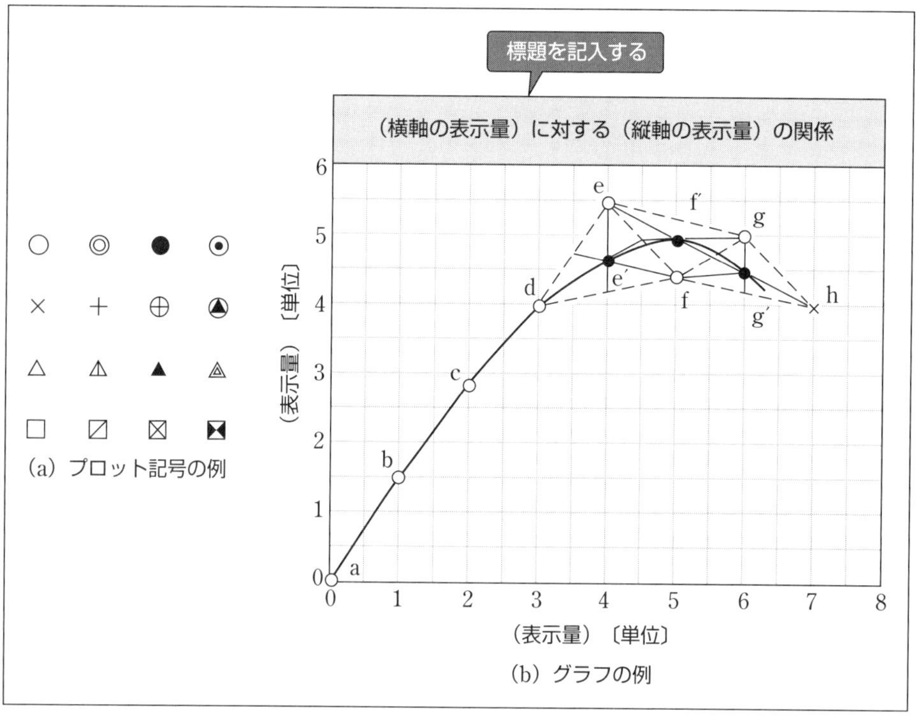

a，b，c，…，g 点の○印が，データによってプロットされた点である．
d，e，f，g 点のように，バラツキが大きい場合は，●印の点にもとづいて曲線を描く．
●印の e′点は三角形 def の重心点，f′点は三角形 efg の重心点である．
h 点は測定値ではないが，もし測定したらこの点になるだろうという仮想点であり，efg を通る平行四辺形から求める．
g′点は，三角形 fgh の重心点である．

図 1　グラフ作成の要領（例）

1 章

直流機の実習

この章のねらい，目的と実習項目

●ねらい

直流機を学習することにより，電気の基本的な原理やさまざまな分野との相互作用を学ぶことができる．それは，電流と磁気との関係でもあり，運動エネルギーと電気エネルギーとの密接な関係でもある．これらを学ぶことは，電気機器を学習していくうえでの重要な要素である．また，直流機には，いろいろな種類があり，さまざまな特性をもっていることから，現在でも交通機関や工場用などとして，多方面において使用されている．

●目的

・直流機の基本的な原理や構造を学ぶ．
・直流電動機の取扱い方や速度制御方法を学ぶ．
・直流発電機の特性やその用途について学ぶ．

●実習項目

1　直流電動機の運転と速度制御
2　直流発電機の特性試験

実習 1 直流電動機の運転と速度制御

目的
- ●直流分巻電動機の動作原理と構造を学ぶ.
- ●始動方法や逆転方法などを習得し，理解を深める.
- ●各種の速度制御方法について学ぶ.

実習を始める前の予備知識

1 直流電動機の原理

図 1・1 は，フレミングの左手の法則と直流電動機の原理図である．回転原理を以下に示す．

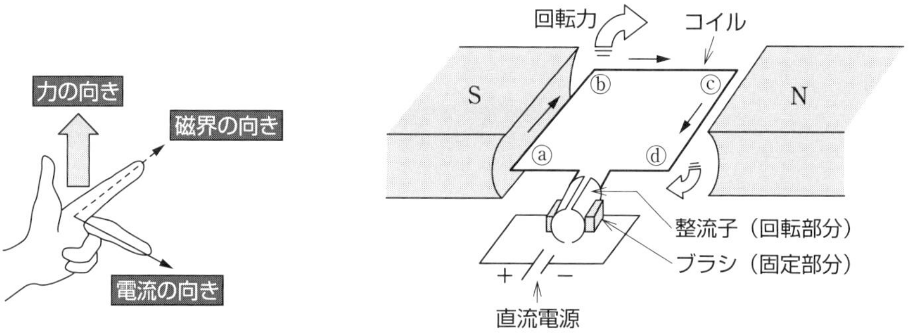

(a) 左手の法則　　(b) 直流電動機の原理（2 極の例）

図　1・1　フレミング左手の法則と直流電動機の原理

① 直流電源により，コイル ⓐⓑⓒⓓ に矢印の向きの電流が流れる．

② フレミングの左手の法則により，コイル辺（電機子）ⓐⓑ に上向き，コイル辺 cd に下向きの電磁力が働く．

③ コイルが時計方向に回転する（コイル辺 ⓐⓑ が上部，コイル辺 ⓒⓓ が下部の位置まで移動する）．

④ ブラシと整流子の働きにより，コイル辺に流れる電流の向きが反対になる．

⑤ 同方向の回転力が生じ，回転を続ける．

2 直流電動機の構造と分類

(a) 構　造

直流電動機は，大別すると**固定子**（stator）と**回転子**（rotor）からなる．図 1・2 は，固定子と回転子の外形である．

固定子
- 界磁は，回転力の発生に必要な磁束をつくる部分であり，界磁鉄心と界磁巻線とからなる．
- 継鉄は，磁束を通す通路であり，外枠も兼ねる．

回転子
- 電機子巻線は，電流が流れ，電磁力が働く部分．
- 電機子鉄心は，電機子巻線を収め，界磁の磁束を通す部分．
- 整流子は，電機子巻線に同方向の回転力を与える電流を導入する部分．

電機子巻線は，電機子コイルともいわれる．

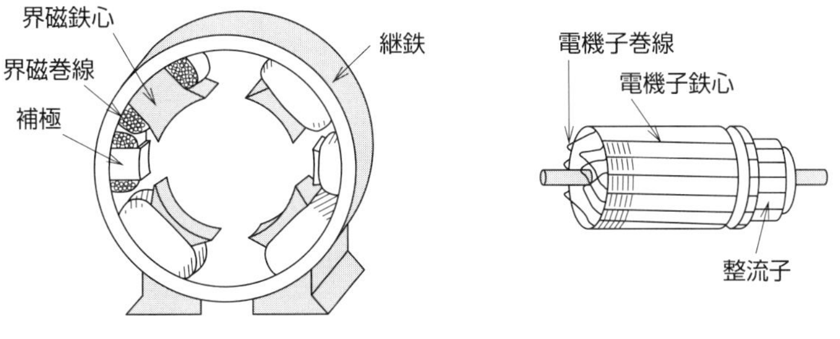

(a) 固定子（4 極の例）　(b) 回転子

図 1・2 直流電動機の構造

（b） 分 類

直流電動機は，界磁回路と電機子回路の接続の仕方により，他励電動機と自励（分巻・直巻・複巻）電動機に分類できる．

図 1・3 は，直流分巻電動機の略図と接続図である．

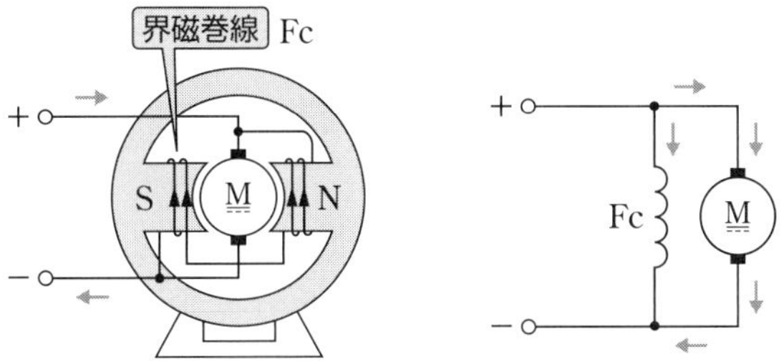

(a) 略図（2 極の例）　(b) 接続図

図 1・3 直流分巻電動機

3 始動と速度制御

（a） 速度制御

図 1・4 は，分巻電動機の等価回路である．

いま，電源電圧 V〔V〕を加え，電動機 M が運転をしているとき，電動機の電機子には，電源電圧とは逆向きの逆起電力 E〔V〕が誘導される．その大きさは，次式で表される．

$$E = K\Phi n \qquad (1)$$

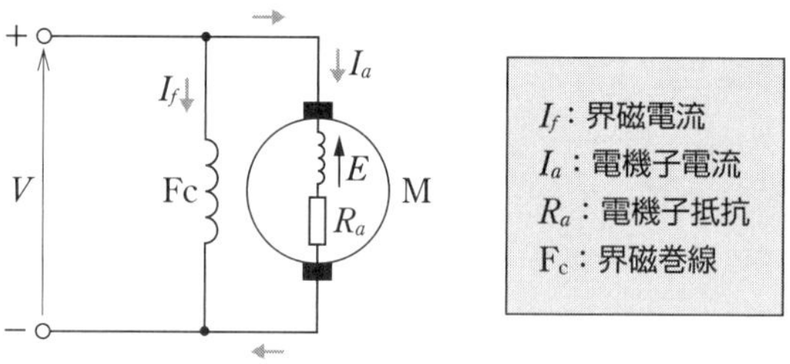

図 1・4 分巻電動機の等価回路

ここで，K は比例定数，Φは界磁磁束，n は回転速度である．

図 1・4 の等価回路より

$$V=E+I_aR_a \qquad (2)$$

であるから，式 (1)，(2) より回転速度 n 〔min^{-1}〕は

$$n=\frac{V-I_aR_a}{K\Phi} \qquad (3)$$

となる．

n の単位 min^{-1} は毎分の回転数のことである．

したがって，式 (3) より回転速度を制御するには，界磁磁束Φ，電源電圧 V，電機子電流 I_a（直列抵抗 R で操作）のいずれかを変化させて行う．

このことから，速度制御には ① 界磁制御法，② 電圧制御法，③ 抵抗制御法がある．

（b） 始動時の注意

始動の際，直流分巻電動機にいきなり定格の電圧を加えることは，大変危険である．なぜならば，式 (2) により電機子電流 I_a〔A〕を求めると

$$I_a=\frac{V-E}{R_a}$$

となり，電機子が停止しているとき，逆起電力 E は零のため，かなり大きい電機子電流が流れるからである．そのため，始動電流制限用として電機子回路に直列に抵抗器を挿入する．図 1・

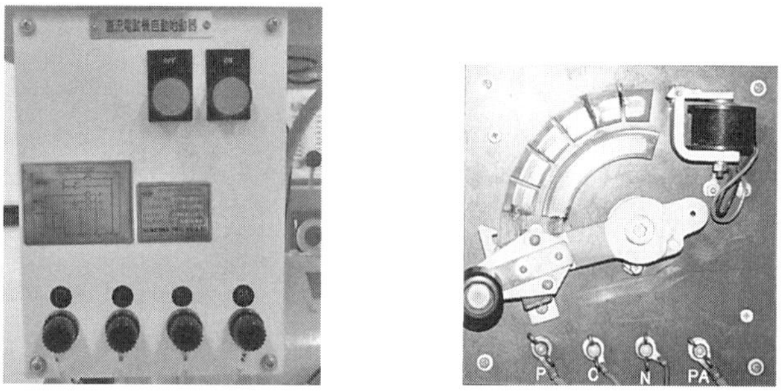

(a) 押しボタン式　(b) ハンドル式

図 1・5 各種始動器

5 (a) は，リレーシーケンス（タイマ）を用いた押しボタン式始動器の外観例である．この装置は，タイマの限時動作により自動的に抵抗値が切り替わる仕組みになっている．図 1・5 (b) は，従来型ハンドル式始動器である．

❹ 用　途

直流分巻電動機は，負荷電流の変化に対する回転速度の変動が少ないため，定速度電動機として用いられ，ポンプや工作機械，圧延機などに使用される．

❺ 端子記号

直流機の端子記号には，表 1・1 のようなアルファベットか数字が用いられる．なお，本書では現在一般的に使用されている旧 JEC 記号を用いた．

表 1・1 直流機の端子記号

端子名	JEC 記号（2120-2000）		旧 JEC 記号	
	高電圧側（＋）	低電圧側（－）	高電圧側（＋）	低電圧側（－）
電　源			P	N
電 機 子	A1	A2	A	B
補極巻線	B1	B2	G	H
補償巻線	C1	C2	GC	HC
直巻巻線	D1	D2	E	F
分巻巻線	E1	E2	C	D
他励巻線	F1	F2	J	K

JEC：電気規格調査会

❻ 使用器具

実習 1 の各実験で用いる機器・器具類を以下に示す．

! 実験で用いる使用器具の一覧表では電流計や電圧計の図記号に測定量の単位の文字の他に直流か交流かの区別の記号も示した．本文中の接続図などでは，直流や交流の記号を省略したので注意してほしい．

器具名	記号	定格，その他
直流分巻電動機	M	2.2 kW，100 V，27 A，4P，1500 min^{-1}
直流電流計	A_{fm}	1/3/10 A，0.5 級
直流電流計	A_m	3/10/30 A，0.5 級
直流電圧計	V_m	30/100/300 V，0.5 級
2 極単投スイッチ	S_1	ヒューズ付き
スイッチ	S_2	
回転数計		
始動器	R_{st}	
界磁抵抗器	R_{fm}	

実験 1　直流分巻電動機の始動・停止と逆転の運転を行う

図 1・6 は，直流分巻電動機の始動を行う回路図である．図 1・6（a）は接続図であり，図 1・6（b）はその実体図である．

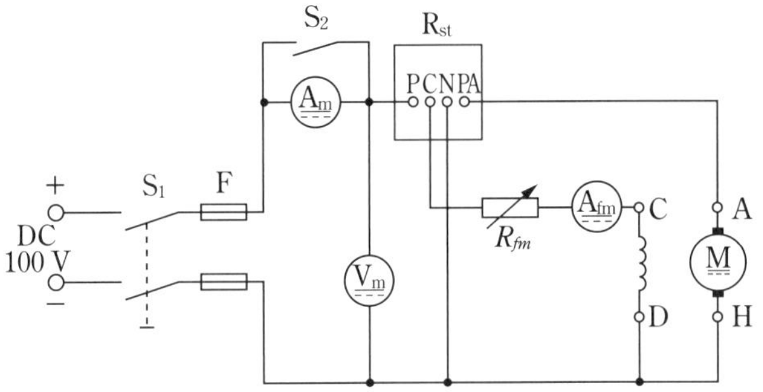

（a）接続図

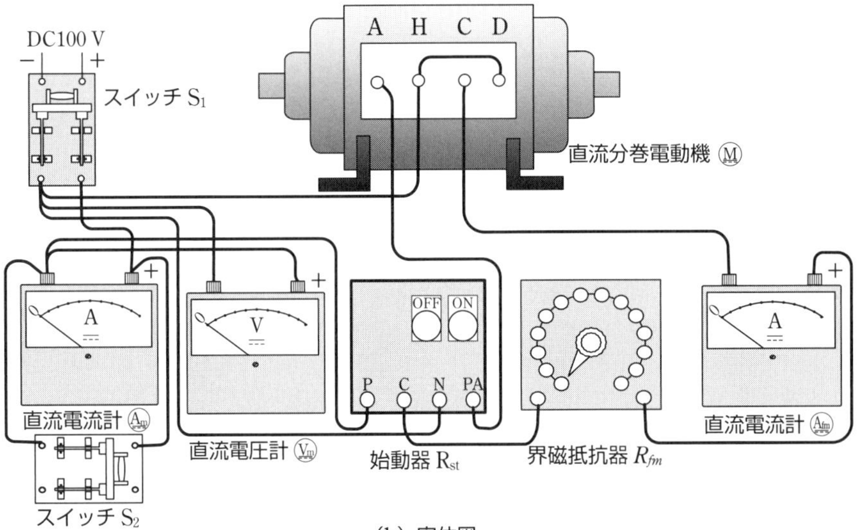

（b）実体図

図 1・6　実験 1 の回路図

直流電動機は始動時の電流が大きいので，図1・6において電流計Ⓐ$_m$と並列にスイッチ S_2 を接続し，始動電流による計器の焼損を防ぐようにしている．

やってみよう 実験の手順

❶ 始動と停止

[1] 図1・6のように結線が正しく接続されているか確かめる．

[2] 界磁抵抗器 R_{fm} を目盛り「0」の位置（最小値）にする．

[3] スイッチ S_2 を閉じる．

[4] スイッチ S_1 を閉じ，電源電圧を調整し，供給電圧 V_m を定格値にする．

! 供給電圧の定格値は 100 V である．

[5] 始動器 R_{st} の ON スイッチを押す．このとき，電動機が回転を始める（数秒すると，自動的に始動器の抵抗が切り替わる）．

[6] スイッチ S_2 を開き，電流計Ⓐ$_m$に無負荷電流が流れるのを確認する．

[7] 界磁抵抗器 R_{fm} を調節し，定格回転速度に合わせる．

! 定格回転速度は 1 500 min^{-1} である．

[8] 定格回転速度のときの界磁電流 I_{fm}（電流計Ⓐ$_{fm}$の値）と無負荷電流 I_m（電流計Ⓐ$_m$の値）を測定し，〈結果 1〉の表に記録する．

[9] 始動器の OFF スイッチを押し，スイッチ S_1 を開き，電動機を停止させる．

❷ 逆　転

[1] 図1・6において，電機子巻線端子 A，H に接続されている線を入れ換える．

[2] ❶「始動と停止」の手順[2]～[7]の操作を行い，逆転することを確認する．

[3] 始動器の OFF スイッチを押し，スイッチ S_1 を開き，電動機を停止させる．

まとめてみよう 実験結果のまとめ

次のような表をつくり，結果を記入する．

〈結果 1〉

供給電圧 V_m〔V〕	界磁電流 I_{fm}〔A〕	無負荷電流 I_m〔A〕	定格回転速度 n〔min^{-1}〕

実験 2　界磁制御法による速度制御を行う

実験 2 は，界磁抵抗器 R_{fm} によって界磁電流 I_{fm} を変化させ，そのときの回転速度の変化を測定するもので，実験 1 と同じ図 1・6 の回路図を用いる．

やってみよう　実験の手順

[1]　実験 1 の[1]～[6]と同様の手順により，直流分巻電動機を始動させる．

[2]　界磁抵抗器 R_{fm} を変化させ，界磁電流 I_{fm}（電流計 Ⓐ$_{fm}$ の値）に対する回転速度 n〔min^{-1}〕を，定格回転速度の 80～120 %（1 200～1 800 min^{-1}）の範囲内で測定し，その値を〈結果 2〉の表に記録する．

[3]　供給電圧 V_m（電圧計 Ⓥ$_m$ の値）が，定格電圧の 110 % になるように電源電圧を調整して，[2]と同様の測定を行う．

[4]　電圧計 Ⓥ$_m$ の値が，定格電圧の 90 % になるように電源電圧を調整して，[2]と同様の測定を行う．

[5]　始動器の OFF スイッチを押し，スイッチ S_1 を開いて，電動機を停止させる．

まとめてみよう　実験結果のまとめ

実験 2 で測定した値を〈結果 2〉の表にまとめるとともに，図 1・7 のようなグラフを作成する．

〈結果 2〉界磁制御による速度測定			
供給電圧 V_m〔V〕	界磁電流 I_{fm}〔A〕	回転速度 n〔min^{-1}〕	備　考

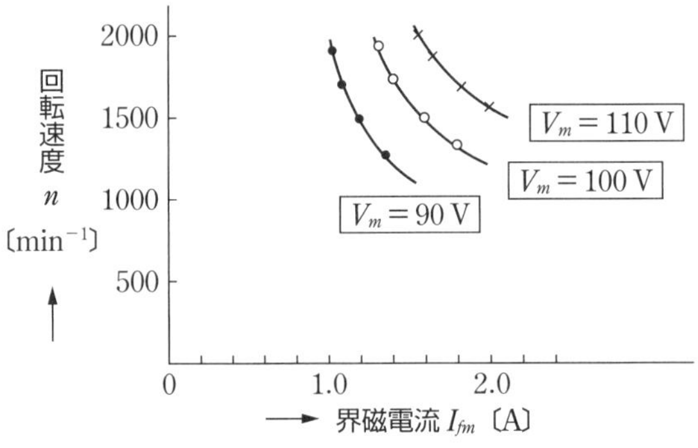

図　1・7　界磁電流に対する回転速度のグラフ

実験 3 電圧制御法による速度制御を行う

実験3は，直流電源の供給電圧 V_m を変化させ，そのときの回転速度の変化を測定するもので，実験1と同じ図1・6の回路図を用いる．

やってみよう 実験の手順

1. 実験1の1～6と同様の手順により，直流分巻電動機を始動させる．
2. 界磁電流 I_{fm} を，実験1の〈結果 1〉で求めた定格界磁電流になるよう，界磁抵抗器 R_{fm} を調整する（ここで，定格界磁電流とは，実験1で得られた界磁電流の値とする）．

   ! 電源電圧を変化させたとき，界磁電流値も変化するので，そのつど界磁抵抗 R_{fm} を調整しながら界磁電流を一定にすること．

3. 定格界磁電流を保ちながら電源電圧を変化させ，供給電圧 V_m〔V〕に対する回転速度 n〔min^{-1}〕を，定格回転速度の 80～120％の範囲内で測定し，その値を〈結果 3〉の表に記録する．
4. 界磁電流 I_{fm} を定格界磁電流の 80％にし，3と同様の測定を行う．
5. 界磁電流 I_{fm} を定格界磁電流の 120％にし，3と同様の測定を行う．
6. 始動器の OFF スイッチを押し，スイッチ S_1 を開いて，電動機を停止させる．

まとめてみよう 実験結果のまとめ

実験3で測定した値を〈結果 3〉の表にまとめるとともに，図1・8のようなグラフを作成する．

〈結果 3〉供給電圧制御による速度測定

界磁電流 I_{fm}〔A〕	供給電圧 V_m〔V〕	回転速度 n〔min^{-1}〕	備　考

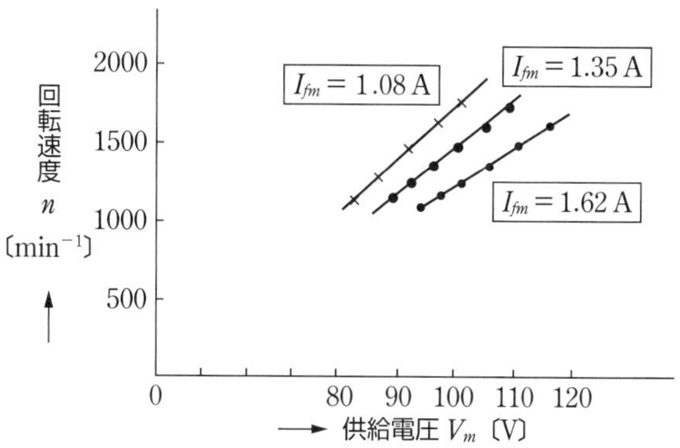

図 1・8 供給電圧に対する回転速度のグラフ

図 1・8 では，定格界磁電流 $I_{fm} = 1.35$ A とする．

考えてみよう　結果の検討

❶ 実験 1 により，始動器の適切な扱い方や始動時の電動機の回転状況（音など）について観測すること．

❷ 実験 1 の逆転の実験で，電機子巻線端子 A，H の接続を入れ換えると逆転する理由を考え，他に逆転させる方法があるか調べなさい．

❸ 実験 2 により，界磁電流と回転速度にはどのような関係にあるといえるか．

❹ 実験 3 により，供給電圧と回転速度にはどのような関係にあるといえるか．

❺ 予備知識で述べた式（3）により，速度制御において扱いやすさや変化の割合などを考慮すると，最も効果的と思われる制御方法は界磁制御法，電圧制御法，抵抗制御法のうちどれか．

補足　銘　板

電気機器の外枠部分に，その規格や定格などを知るための銘板が取りつけられており，実験上大変重要なものである．図 1・9 に銘板の記載例とその意味を示す．

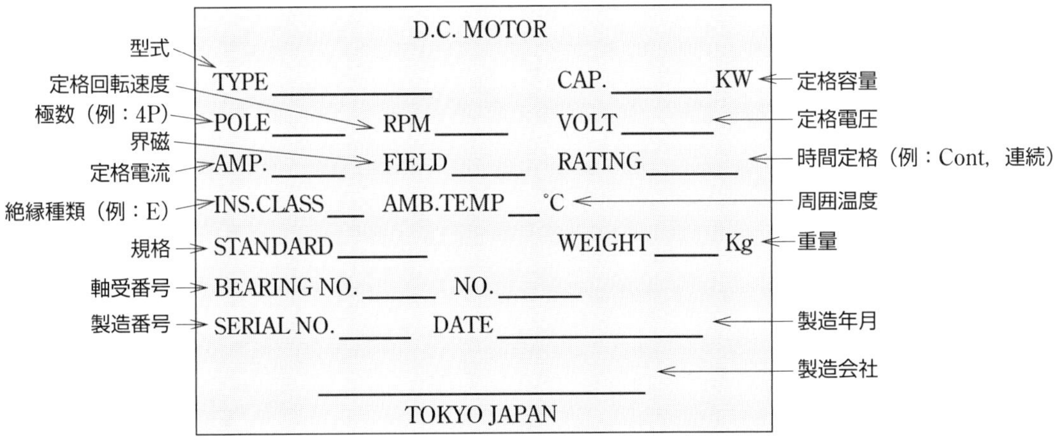

図　1・9　銘板の例

図中の定格回転速度の RPM は毎分の回転速度を表す従前の単位記号である．

実習 2 直流発電機の特性試験

目的
- ●直流分巻発電機の原理や構造を学ぶ.
- ●各種の特性試験により，発電機の仕組みや用途について理解を深める.

実習を始める前の予備知識

❶ 原理について

（a） フレミングの右手の法則

磁界中に置かれた導体が磁束を横切ると，その導体には誘導起電力が生じる．図 1・10 に示した右手の指に磁界の向きと導体の運動の向きを当てはめると，導体内に発生する誘導起電力の向き（電流の流れ出る向き）が定まる．これを**フレミングの右手の法則**という．

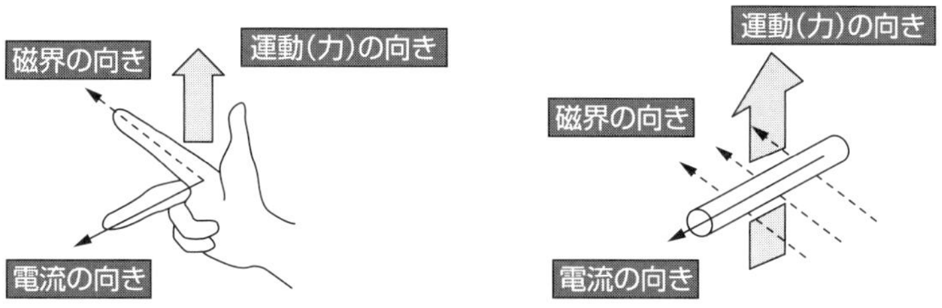

(a) 右手の指　(b) 磁界と力による電流の向きの関係

図 1・10 フレミングの右手の法則

（b） 直流発電機の原理

図 1・11 は，直流発電機の原理図である．発電原理を以下に示す．

① コイル ⓐⓑⓒⓓ を矢印の向き（時計回り）に回転させる．

② フレミングの右手の法則によりコイル辺（電機子）ⓐⓑ，コイル辺 ⓒⓓ に誘導起電力が生じる．

③ 誘導起電力によりコイル端 ⓑ から ⓐ へ，またコイル端 ⓓ から ⓒ の向きに電流が流れ，負荷抵抗 R に A から B へ電流が流れる（コイル辺 ⓐⓑ が上部，コイル辺 ⓒⓓ が下部の位置まで移動する）．

④ コイル辺の運動の向きが反対になるため，コイルに流れる電流の向きも反対になる．

⑤ ブラシと整流子の働きにより，負荷抵抗 R に流れる電流の向きは変わらず（常に A から B へ），直流電流が得られる．

図 1・12 は，コイル ⓐⓑⓒⓓ が 1 回転（2π 〔rad〕）した際，図 1・11 の端子 A–B 間に発生した起電力の波形である（B 点を基準）．通常では，発生する直流電圧を滑らかにするために，コイルおよび整流子の数を多くする方法をとる．

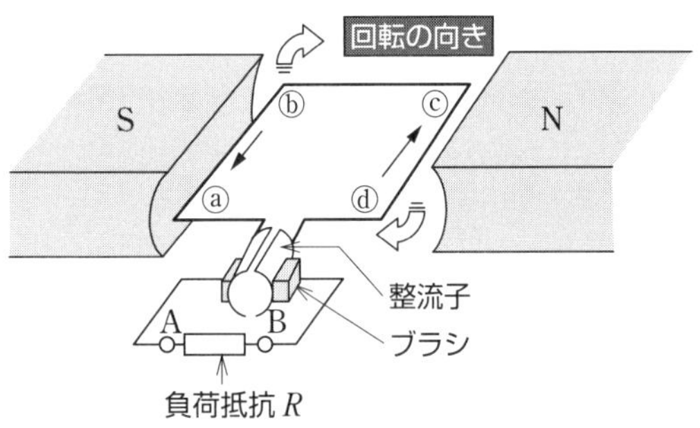

図 1・11 直流発電機の原理（2 極の例）

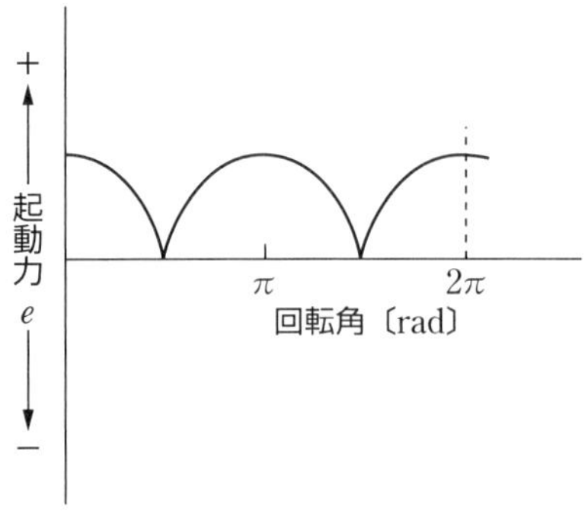

図 1・12 発生した起電力の波形

（c） 電機子反作用

直流発電機に負荷を接続すると，電機子巻線に電流が流れ磁束が発生する．この磁束が，磁極による磁束に影響し界磁磁束の分布が乱される．この現象を**電機子反作用**といい，整流の悪化や端子電圧の低下などを起こす原因となる．

図 1・13 は，その電機子反作用の例である．防止策としては，補償巻線や補極を設けることにより，電機子電流による磁束を打ち消すようにしている．

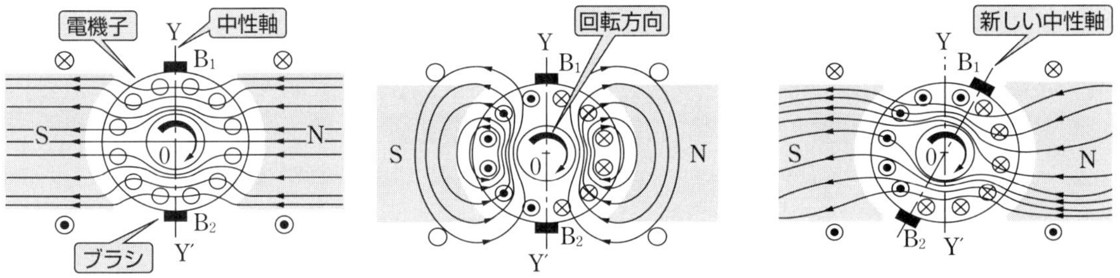

（a）界磁電流のみによる（無負荷時） （b）電機子電流のみによる磁束分布 （c）（a）と（b）が合成された磁束分布

図 1・13 電機子反作用

❷ 直流発電機の分類

直流発電機は，直流電動機とほぼ同様の構造をしているため，分類に関しても直流電動機と同様である（実習 1 の予備知識を参照）．

図 1・14 は，直流分巻発電機の略図と接続図である．

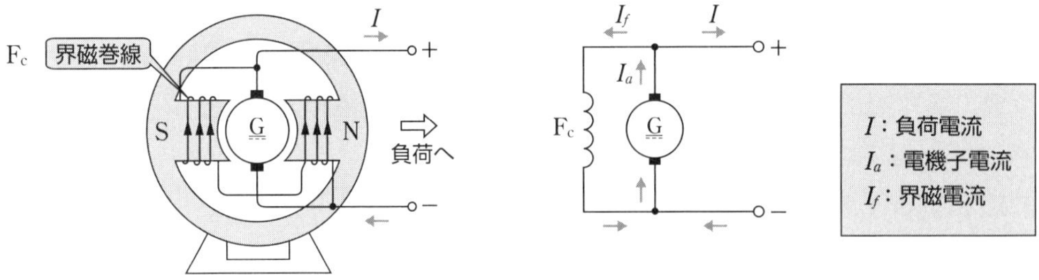

（a）略図（2 極の例） （b）接続図

図 1・14 直流分巻発電機

❸ 直流分巻発電機の特性

（a） 無負荷特性

回転速度を一定にして無負荷運転したときの，界磁電流に対する誘導起電力の変化を測定するものである．図 1・15 は，その関係を表したものである．

〔特　徴〕

① 分巻発電機は，図 1・15 に示すように界磁電流 I_f が零のときでも磁極の残留磁気によってわずかに起電力 E（図 1・15 の $0'$ の点）が発生する．この起電力により界磁巻線に電流が流れ，さらに起電力が誘導され界磁電流が流れるという**自己励磁現象**が生じる．電圧が安定する点（電圧の確立）は，図に示すように界磁抵抗線との交点 m で定まり，ほぼ，他励発電機の無負荷飽和曲線と同じになる．

② 界磁電流の上昇にともなって誘導起電力の増加が鈍るのは，磁極や継鉄の鉄心の磁気飽和によるものである．

③ 界磁電流を増加したときと，減少させたときで誘導起電力の値が異なるのは，鉄心のヒステリシスによるものである．

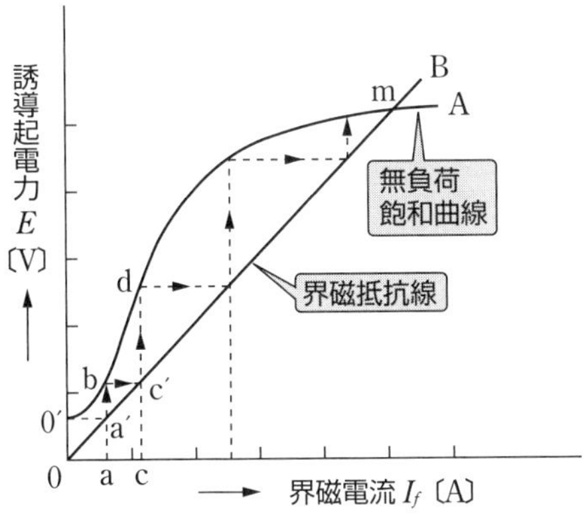

図　1・15　無負荷特性

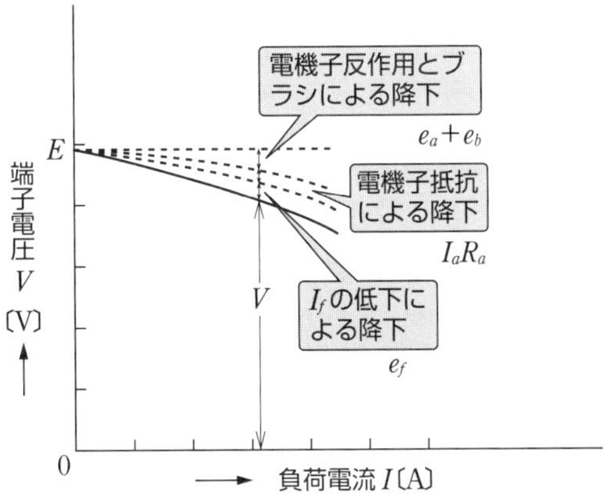

図　1・16　外部特性

（b） 外 部 特 性

回転速度を一定にして負荷運転したときの，負荷電流 I に対する端子電圧 V の変化を測定するものである．図 1・16 は，その関係を表したものである．

〔特　徴〕

負荷電流の増加にともない，ブラシの接触抵抗や電機子抵抗，電機子反作用などにより，端子電圧はわずかに低下する．電圧の変動の割合を表すものとして電圧変動率 ε〔%〕があり，無負荷電圧 V_0〔V〕，定格電圧 V_n〔V〕を用いて次式で表される．

$$\varepsilon = \frac{V_0 - V_n}{V_n} \times 100 \ 〔\%〕$$

4 用　途

直流分巻発電機は，定電圧発電機として同期発電機の励磁機や自動車の充電用発電機など，定電圧用電源として用いられる．

5 使用器具

器 具 名	記号	定格，その他
直流分巻電動機	Ⓜ	2.2 kW，100 V，27 A，4P，1 500 min^{-1}
直流分巻発電機	Ⓖ	2 kW，100 V，20 A，4P，1 500 min^{-1}
直流電流計	Ⓐ$_{fm}$	1/3/10 A，0.5 級
直流電流計	Ⓐ$_{m}$	50 A，0.5 級　分流器外付
直流電流計	Ⓐ$_{fg}$	1/3/10 A，0.5 級
直流電流計	Ⓐ$_{g}$	3/10/30 A，0.5 級
直流電圧計	Ⓥ$_{m}$	100/300 V，0.5 級
直流電圧計	Ⓥ$_{g}$	100/300 V，0.5 級
2 極単投スイッチ	S_1	ヒューズ付き
2 極単投スイッチ	S_2	
2 極単投スイッチ	S_3	ヒューズ付き
回転数計		
始動器	R_{st}	
負荷抵抗	R	100 V，40 A
界磁抵抗器	R_{fm}	
界磁抵抗器	R_{fg}	

実験 1 直流分巻発電機の無負荷特性を調べる

図 1・17 は，直流分巻発電機の無負荷試験を行う回路図である．図 1・17 (a) は接続図であり，図 1・17 (b) はその実体図である．

やってみよう 実験の手順

1. 図 1・17 に示す結線および電動機と発電機のカップリングが正しく接続されているか確かめる．
2. 電動機の界磁抵抗 R_{fm} を目盛「0」(最小値)，発電機の界磁抵抗 R_{fg} を目盛「0」(最大値) にする．

   ! スイッチ S_1～S_3 はすべて開いた状態で実験を開始する．

3. スイッチ S_1 を閉じ，電源電圧を調整し，供給電圧 V_m を定格値にする．
4. 始動器 R_{st} の ON スイッチを押し，電動機を回転させる．

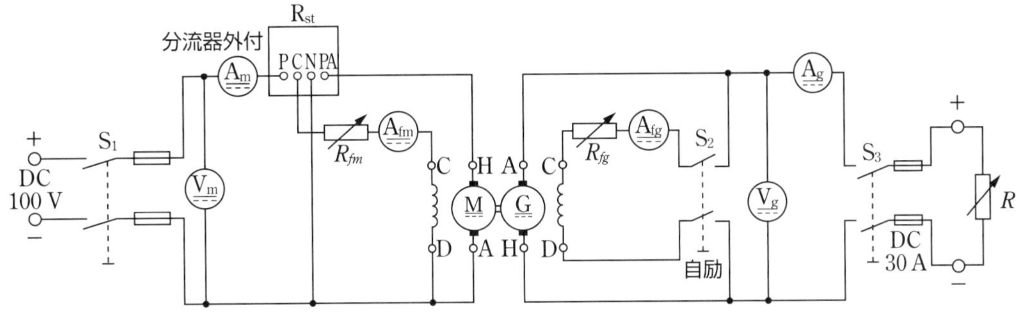

(a) 接続図

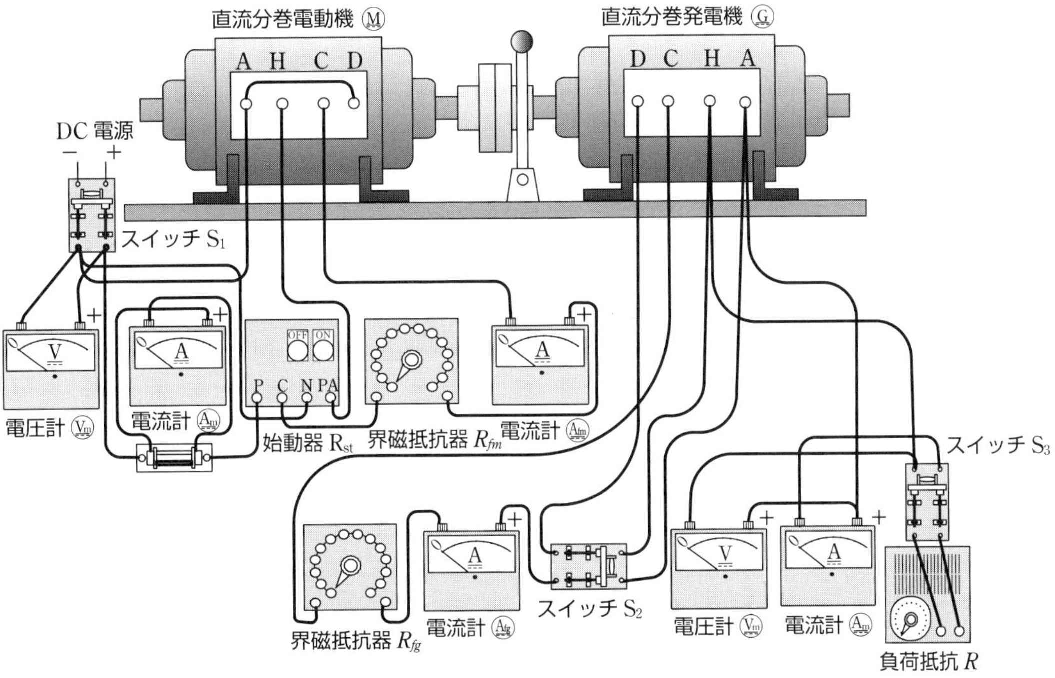

(b) 実体図

図中において，電動機側の電機子端子（A および H）が，実験 1 の図 1・6 の場合と入れ換わっているのは，発電機側の回転方向を基準としているためである．

図 1・17 実験 1 の回路図

5 界磁抵抗 R_{fm} を調節し，定格回転速度にする（以後，回転速度は一定に保つ）．

実験途中，界磁電流のわずかな変化で誘導起電力が上昇（自己励磁による電圧確立現象）するため，慎重に行うこと．また，界磁電流の増加時減少時とでは，誘導起電力の値に違いがあるため，途中で界磁抵抗をもとに戻さないこと．

6 スイッチ S_2 が開いている状態で誘導起電力 V_g の値を測定し，その値を〈結果 1〉の表に記録する．

7 スイッチ S_2 を閉じ，界磁電流 I_{fg} が流れるのを電流計 Ⓐfg で確認する．

8 界磁抵抗 R_{fg} を減じ，界磁電流 I_{fg} に対する誘導起電力 V_g を測定し，その値を〈結果 1〉の表に記録する．

9 誘導起電力 V_g の値が，定格電圧の 125％に達したら，界磁抵抗 R_{fg} を増加させ，同様に界磁電流 I_{fg} に対する誘導起電力 V_g を測定し記録する．

10 スイッチ S_2 を開き，界磁電流 I_{fg} が 0 のときの誘導起電力 V_g の値を測定する．

11 電動機の界磁抵抗 R_{fm} を最小にしてスイッチ S_1 を開き，電動機を停止させる．

まとめてみよう 実験結果のまとめ

実験 1 で測定した値を〈結果 1〉の表にまとめるとともに，図 1・18 のようなグラフを作成する．

〈結果 1〉直流分巻発電機の無負荷試験（回転速度 n〔min^{-1}〕一定）			
界磁電流増加時		界磁電流減少時	
界磁電流 I_{fg}〔A〕	誘導起電力 V_g〔V〕	界磁電流 I_{fg}〔A〕	誘導起電力 V_g〔V〕

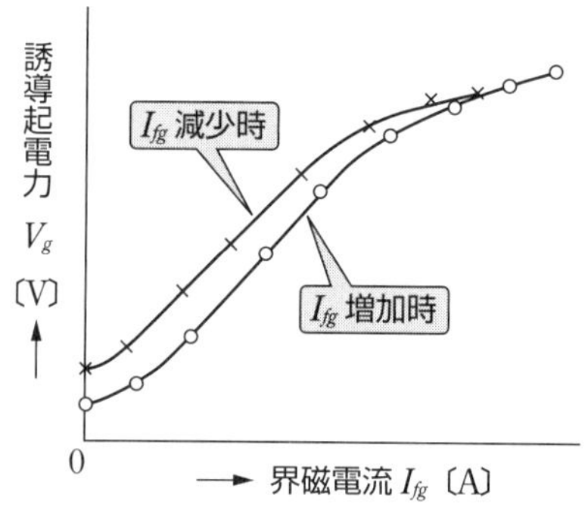

図 1・18 無負荷試験

考えてみよう 結果の検討

❶ 無負荷試験により，界磁電流の増加時と減少時で誘導起電力に違いが生じるのはなぜか．

❷ 界磁電流が増加するのにしたがって，誘導起電力の増加が鈍るのはなぜか．

実験 2 直流分巻発電機の外部特性

実験 2 は，直流分巻発電機に負荷を接続し，負荷電流を変化させたときの端子電圧を測定するもので，実験 1 と同じ図 1・17 の回路図を用いる．

やってみよう 実験の手順

[1] 図 1・17 に示した結線および電動機と発電機のカップリングが正しく接続されており，スイッチ S_2 および S_3 が開いているか確認する．

[2] 負荷抵抗 R を最大にする．

[3] 実験 1 の[2]～[5]の操作を行い，電動機を回転させる．

! 定格電圧 V_n は 100 V である（図 1・19 参照）．

[4] スイッチ S_2 を閉じ，界磁抵抗 R_{fg} を調節して，端子電圧 V_g の値を定格電圧にする．

[5] スイッチ S_3 を閉じ，端子電圧 V_g を定格電圧に保ちながら，負荷電流 I_g が定格電流になるよう R_{fg} と R を調整する（回転数は定格値になるように，R_{fm} をそのつど調整する）．

! 発電機の回転速度は 1 500 min^{-1} 一定とする．

[6] 発電機の界磁抵抗 R_{fg} を一定にして，負荷抵抗 R を増加させ，負荷電流 I_g が最小になるまで各計器の値を測定し，その結果を〈結果 2〉の表に記録する．最後にスイッチ S_3 を開き，無負荷の状態（$I_g = 0$）の値（V_0）を電圧計 Ⓥ$_g$ で測定する．

[7] 発電機の界磁抵抗 R_{fg} を最大，電動機の界磁抵抗 R_{fm} を最小にしてスイッチ S_1 を開き，電動機を停止させる．

まとめてみよう 実験結果のまとめ

実験 2 で測定した値を〈結果 2〉の表にまとめるとともに，図 1・19 のようなグラフを作成する．

〈結果 2〉直流分巻発電機の外部特性（回転速度 n〔min^{-1}〕一定）					
電 動 機			発 電 機		
供給電圧 V_m〔V〕	入力電流 I_m〔A〕	界磁電流 I_{fm}〔A〕	負荷電流 I_g〔A〕	端子電圧 V_g〔V〕	界磁電流 I_{fg}〔A〕

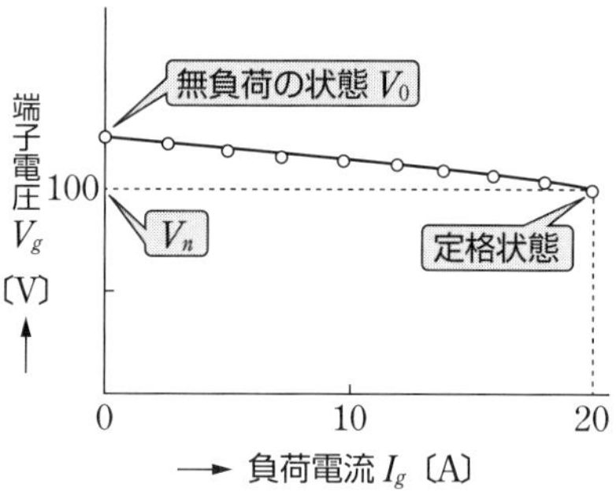

図 1・19 外部特性

考えてみよう 結果の検討

❶ 外部特性から電圧変動率 ε〔%〕を求めなさい.

❷ 外部特性において，負荷電流の増加にともない端子電圧 V_g が減少するのはなぜか.

❸ 他励発電機や複巻発電機ではどのような外部特性が得られるか調べ，それぞれの電圧変動率を比較しなさい.

2 章

変圧器の実習

この章のねらい，目的と実習項目

●ねらい

私たちの生活に深く関わっている交流の電力は，発電所から変圧器を通して送られてきている．送配電系統において，変圧器がになう役割は大変大きい．また，現在では，変圧器の種類や大きさもさまざまで，家庭用電気製品から電子機器などのあらゆるところに利用されている．この章では，変圧器の実習を通して，その性質を知り，実際の使用例について理解を深める．

●目的

- 変圧器の基本的な原理や構造を学ぶ．
- 変圧器の極性や特性を知ることにより，その取扱い方や使用方法について学習する．
- 三相結線を通して，実際の配電方式の仕組みなどについて学ぶ．

●実習項目

1 単相変圧器の巻数比および極性試験
2 単相変圧器の特性試験
3 単相変圧器による三相結線

実習1 単相変圧器の巻数比および極性試験

目的
●単相変圧器の巻数比と電圧比の関係について調べる.
●極性試験により，単相変圧器の極性を調べ，知識を深める.

実習を始める前の予備知識

1 原理および極性

（a） 電 磁 誘 導

磁界中に回路があるとき，その回路を貫く磁束が時間的に変化すると，回路内に起電力が生じる．この現象を**電磁誘導**という．変圧器の場合，この磁束の変化を交流電源による電流の変化により生じさせている．この電磁誘導には，**自己誘導**と**相互誘導**がある.

（b） 変圧器の原理

図 2・1 は，変圧器の原理図と回路図である．図において左側（一次側）に交流電圧 V_1 を加えると一次巻線 N_1 に電流が流れ，自己誘導による一次誘導起電力 E_1 が発生する．その電流により，鉄心を通して二次巻線に磁束Φが伝わり，相互誘導による二次誘導起電力 E_2 が発生する.

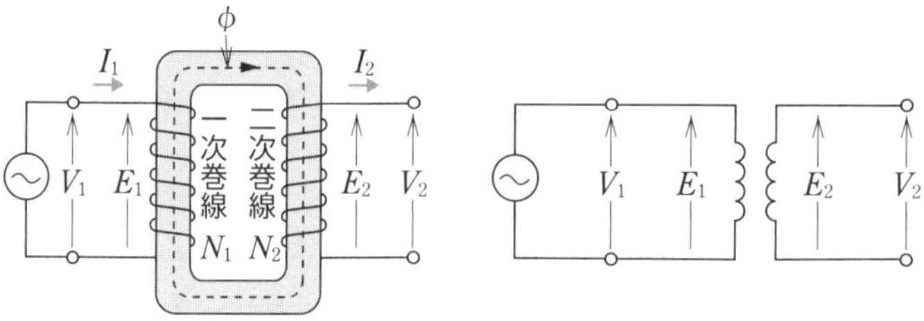

(a) 原理図　　(b) 回路図

図 2・1 変圧器の原理

（c） 巻 数 比

一次・二次誘導起電力の大きさは，一次・二次巻線の巻数に比例する．一次・二次誘導起電力の大きさを E_1，E_2，一次・二次巻線の巻数を N_1，N_2 としたとき，これらの関係は次式で表される.

$$\frac{E_1}{E_2}=\frac{N_1}{N_2}=a,\quad \frac{N_1}{N_2}\fallingdotseq\frac{V_1}{V_2}$$

ここで，a の値を**巻数比**とよぶ.

（d） 極 性

単相変圧器には，減極性と加極性の二つの極性がある．極性とは，一次・二次巻線間に現れる誘導起電力の相対的方向のことであり，図 2・2 に，変圧器のそれぞれの極性を示す．変圧器の端子記号には，高圧側に U，V，低圧側に u，v が用いられ，U と u が向かい合っているものが

減極性, 対角線上にあるものが**加極性**と定められている. わが国では, 減極性が標準となっている.

なお, これらの極性を知ることは, 単相変圧器を複数用いて並行運転する場合や三相結線をする際に大変重要なこととなる.

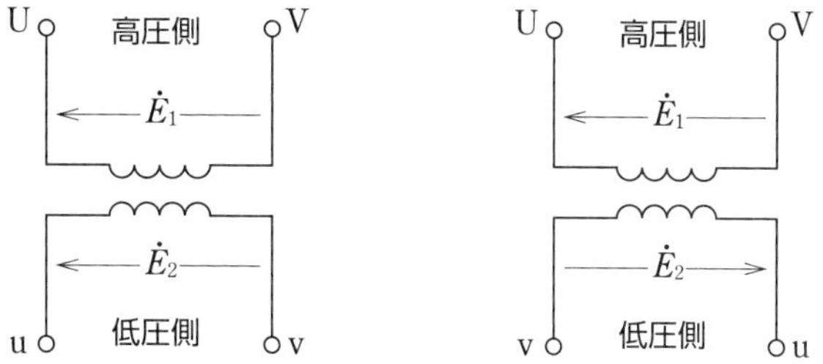

(a) 減極性　(b) 加極性

図 2・2 変圧器の極性

❷ 変圧器の構造

変圧器は, 基本的に鉄心と巻線でできており, 容量や大きさなどに応じて, 外箱, 絶縁油などの冷却装置, ブッシング, コンサベータなどの付属装置が加わる. 鉄心は, 一般的に厚さ 0.35 mm あるいは 0.5 mm のけい素鋼板を積層し形成される. 巻線は一次・二次巻線に分かれ, 丸形あるいは平角形の軟銅線が用いられる.

図 2・3 は, 単相変圧器の接続図の一例である. 一次側には, 高圧中間口出し端子（タップ）がある. 二次側には 2 組の巻線があり, 直列または並列の接続方法により 2 種類の電圧が得られるようになっている.

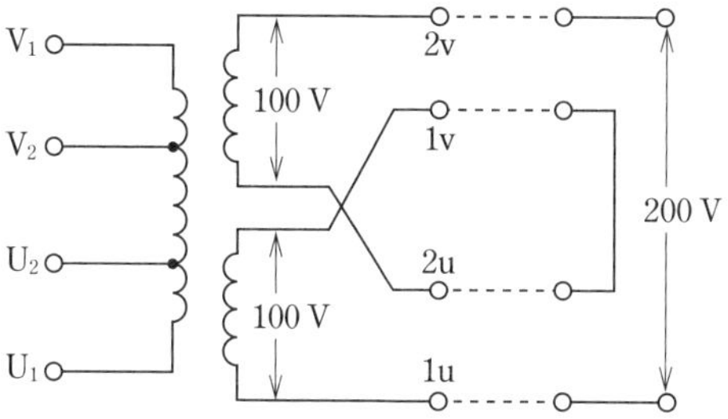

図 2・3 単相変圧器のタップおよび引出し線の例

❸ 使用器具

器 具 名	記号	定格, その他
単 相 変 圧 器	T	1 kV·A, 100 V, 10 A
交 流 電 圧 計	Ⓥ$_1$	150/300 V, 0.5 級
交 流 電 圧 計	Ⓥ$_2$	150/300 V, 0.5 級
交 流 電 圧 計	Ⓥ$_3$	150/300 V, 0.5 級
単相誘導電圧調整器	IR	
2 極単投スイッチ	S_1	ヒューズ付き

実験 1 変圧器の巻数比の測定

図 2・4 は，単相変圧器の一次側および二次側の電圧比を測定することにより，巻数比を求めるときの回路図である．図 2・4（a）は接続図であり，図 2・4（b）はその実体図である．

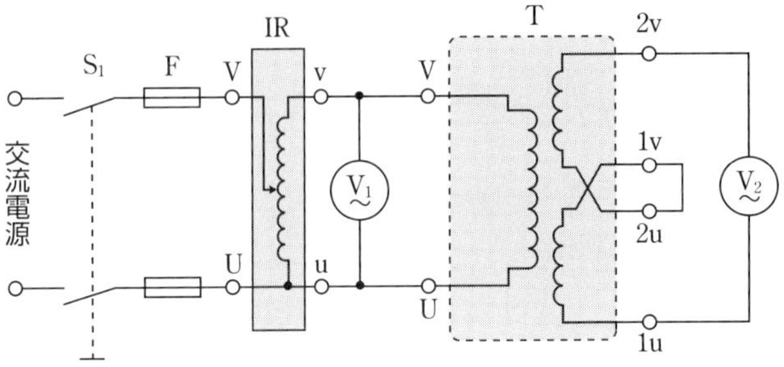

（a）接続図

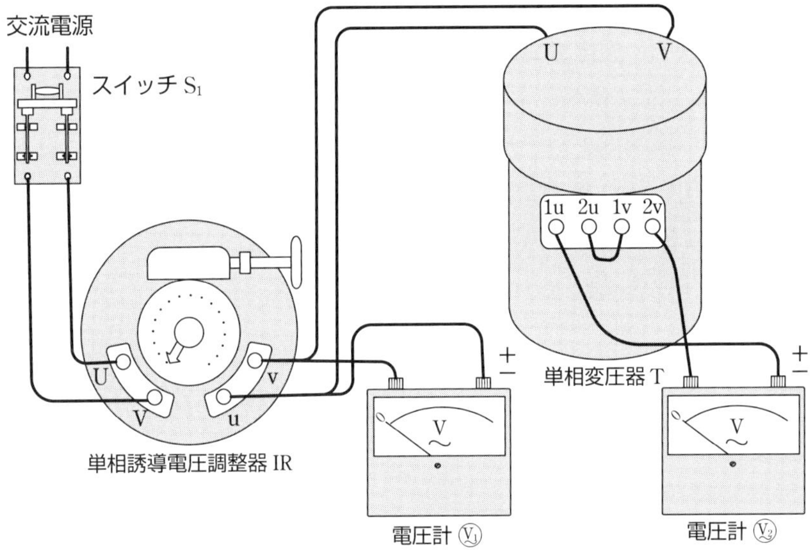

（b）実体図

図 2・4 実験 1 の回路図

やってみよう 実験の手順

1. 図 2・4 の回路図どおりに結線が正しく接続されているか確かめる．
2. 単相誘導電圧調整器 IR の出力が零の位置にあることを確かめ，電源スイッチ S_1 を閉じる．
3. 単相誘導電圧調整器 IR の出力を上げ，一次側電圧計 V_1 の値を 60 ~ 140 V の範囲で変化させ，そのつど二次側電圧計 V_2 の値を測定し，〈結果 1〉の表に記録する．

まとめてみよう 実験結果のまとめ

次のような表をつくり，結果を記入する．

〈結果 1〉単相変圧器の巻数比の測定			
一次側電圧計 Ⓥ$_1$〔V〕	二次側電圧計 Ⓥ$_2$〔V〕	巻数比 a	備　考
			巻数比 $a=\dfrac{N_1}{N_2}\fallingdotseq\dfrac{V_1}{V_2}$

実験 2 変圧器の極性を調べる

図2・5は，単相変圧器の極性試験を行うときの回路図である．図2・5（a）は接続図であり，図2・5（b）はその実体図である．

やってみよう 実験の手順

1 図2・5の回路図のように結線が正しく接続されているか確かめる．

2 単相誘導電圧調整器 IR の出力が零の位置にあることを確かめ，電源スイッチ S_1 を閉じる．

3 単相誘導電圧調整器 IR の出力を上げ，一次側電圧計 Ⓥ$_1$ の値を 60 ~ 140 V の範囲で変化させ，そのつど二次側電圧計 Ⓥ$_2$ および電圧計 Ⓥ$_3$ の値を測定し〈結果 2〉の表に記録する．

4 電圧計 Ⓥ$_1$，Ⓥ$_2$，Ⓥ$_3$ の値が次式に当てはまるか確かめ，減極性か加極性かを調べる．

減極性　$V_3=|V_1-V_2|$

加極性　$V_3=V_1+V_2$

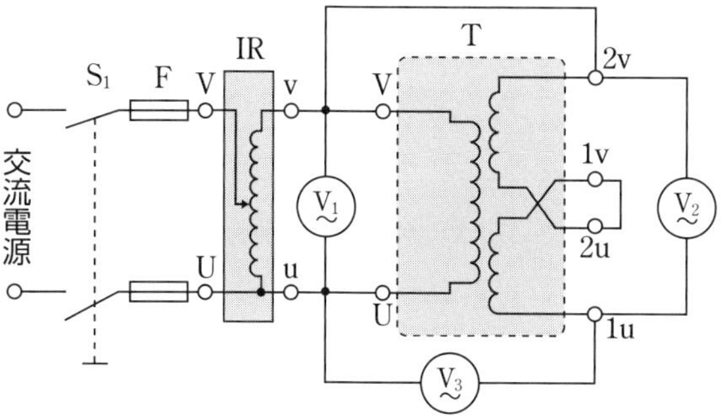

（a）接続図

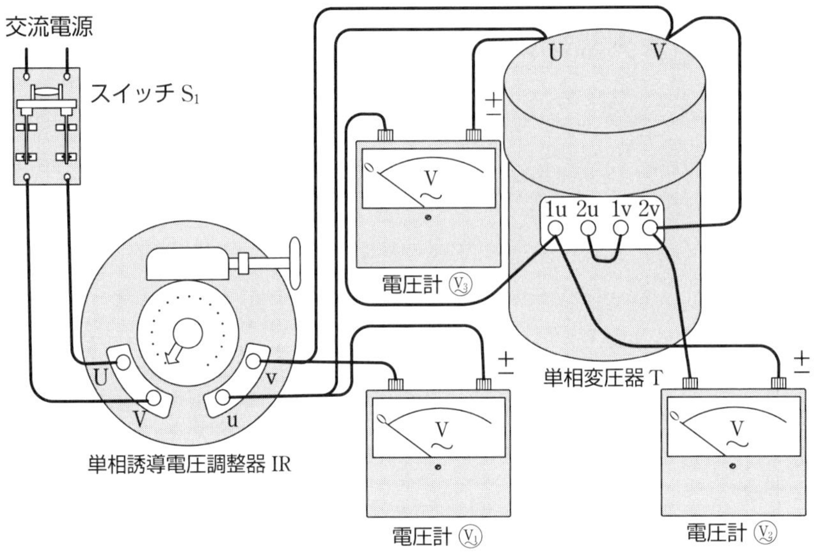

(b) 実体図

図 2・5 実験 2 の回路図

まとめてみよう 実験結果のまとめ

次のような表をつくり，結果を記入する．

〈結果 2〉単相変圧器の極性試験			
一次側電圧計 V_1〔V〕	二次側電圧計 V_2〔V〕	電 圧 計 V_3〔V〕	備 考

考えてみよう 結果の検討

❶ 単相変圧器の構造や仕組みについて調べなさい．また，極性は外観により判断ができるか調べなさい．

❷ 単相変圧器にタップや引出し口がある場合は，端子を変更して一次電圧と二次電圧の関係を調べなさい．

❸ 極性はなぜ大切なのか，また，どのようなときに極性を考慮しなければならないか．

実習 2 単相変圧器の特性試験

目的
- ●単相変圧器の損失の種類について学ぶ.
- ●無負荷試験や短絡試験を通して単相変圧器の性質を理解する.
- ●単相変圧器の効率や電圧変動率を求める.

実習を始める前の予備知識

1 単相変圧器の理論

(a) 無負荷損

変圧器の二次側を開放して，一次側に交流電圧を加えたとき，一次巻線に流れる電流を**励磁電流**という．励磁電流は鉄損として消費される鉄損電流と主磁束をつくる磁化電流に分かれる．鉄損は，ヒステリシス損と渦電流損からなり，無負荷時の損失の大部分がこの**鉄損**である．この他の損失としては，励磁電流による巻線の抵抗損や絶縁物中の誘電損などがある．図 2・6 は，無負荷時の変圧器とその等価回路である．

無負荷損 ≒ 鉄損（ヒステリシス損＋渦電流損）

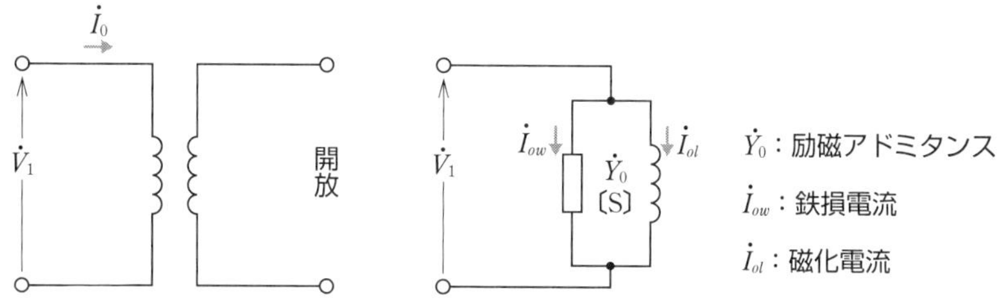

(a) 基本回路　　(b) 等価回路

図 2・6 無負荷時の変圧器

$\dot{Y}_0$ を励磁アドミタンスといい，単位は〔S〕(ジーメンス) を用いる.

(b) 負 荷 損

変圧器の二次側に負荷を接続して，一次側に交流電圧を加えたとき，一次側および二次側の負荷電流により発生する損失を**負荷損**という．負荷損には，一次・二次巻線の抵抗損（**銅損**）と漂遊負荷損がある．**漂遊負荷損**とは，漏れ磁束により変圧器の金属部分などに生じる渦電流損であり，極めて小さい．

負荷損の測定は，二次側を短絡して，一次側に定格周波数の低電圧を加え，一次定格電流が流れるように調整して行う．このときの電力の値を**負荷損**または**インピーダンスワット** P_s，電圧の値を**インピーダンス電圧** V_{1s} という．

負荷損 ＜ 一次・二次巻線の抵抗損（銅損）／漂遊負荷損（極めて小さい）

❷ 使用器具

器　具　名	記号	定格，その他
単 相 変 圧 器	T	2 kV·A，一次：200 V，10 A，二次：100 V，20 A
単 相 電 力 計	W_0, W_1	0.5 級，供試変圧器により選定
交 流 電 流 計	A_0, A_1	0.5 級，供試変圧器により選定
交 流 電 圧 計	V_1, V_2	0.5 級，供試変圧器により選定
直 流 電 流 計	A_{D1}	0.5 級，供試変圧器により選定
直 流 電 圧 計	V_{D1}	0.5 級，供試変圧器により選定
単相誘導電圧調整器	IR	
滑 り 抵 抗 器	R_1	
2 極単投スイッチ	S_1	ヒューズ付き

実験用として低電圧変圧器を用いる場合，巻線の抵抗測定にホイートストンブリッジを使用する方法もある．

実験 1 変圧器の巻線抵抗の測定

図 2・7 は，電圧降下法により単相変圧器の一次巻線抵抗および二次巻線抵抗の測定を行うさいの接続図である．

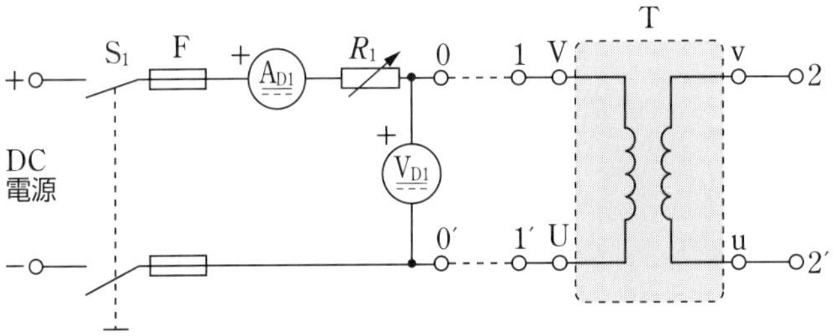

図　2・7　実験 1 の回路図

やってみよう　実験の手順

1 図 2・7 の回路図中の端子 0 と 1，端子 0′ と 1′ をそれぞれ接続する．

2 滑り抵抗器 R_1 を最大にし，スイッチ S_1 を閉じる．

3 滑り抵抗器 R_1 を調節し，電流計 A_{D1} の値を定格電流の 15 % 程度の範囲で変化させ，そのつど電圧計 V_{D1} を測定し，値を〈結果 1〉の表（一次巻線欄）に記録する．

4 滑り抵抗器 R_1 を最大にし，スイッチ S_1 を開く．

5 図 2・7 の回路図中の端子 0 と 2，端子 0′ と 2′ をそれぞれ接続する．

6 2～4 と同様の実験を行い，値を〈結果 1〉の表（二次巻線欄）に記録する．

まとめてみよう 実験結果のまとめ

$$巻線抵抗 = \frac{電圧計の読み}{電流計の読み}$$

〈結果 1〉単相変圧器の一次および二次巻線抵抗の測定					
一次巻線			二次巻線		
電流計 Ⓐ$_{D1}$〔A〕	電圧計 Ⓥ$_{D1}$〔V〕	巻線抵抗 r_1〔Ω〕	電流計 Ⓐ$_{D1}$〔A〕	電圧計 Ⓥ$_{D1}$〔V〕	巻線抵抗 r_2〔Ω〕
巻線抵抗平均値 $r_1 =$ 〔Ω〕			巻線抵抗平均値 $r_2 =$ 〔Ω〕		

実験 2 変圧器の無負荷試験を行う

図2・8は，単相変圧器の無負荷試験を行うときの回路図である．図2・8 (a) は接続図であり，図2・8 (b) はその実体図である．

やってみよう 実験の手順

1. 図2・8の回路図どおりに結線が正しく接続され，変圧器の高圧(一次)側が開放状態になっているか確かめる．

   ! 無負荷試験は，巻数比の大きい変圧器ほど二次側端子に電圧が誘起されるので，注意を要する．

2. 単相誘導電圧調整器 IR の出力が零の位置にあることを確かめ，電源スイッチ S_1 を閉じる．
3. 単相誘導電圧調整器 IR の出力を上げ，低圧（二次）側電圧計 Ⓥ$_0$ の値（供給電圧 V_0〔V〕）が変圧器の二次定格電圧 V_{2n} になるよう調節し，このときの電流計 Ⓐ$_0$ の値（無負荷電流 I_0〔A〕）および電力計 Ⓦ$_0$ の値（無負荷損 P_0〔W〕）を測定し，その値を〈結果 2〉の表に記録する．
4. 単相誘導電圧調整器 IR の出力を調節し，低圧（二次）側電圧計 Ⓥ$_0$ の値を変圧器の定格電圧の 70 ~ 120 % の範囲で変化させ，そのつど電流計 Ⓐ$_0$，電力計 Ⓦ$_0$ の値を測定し，〈結果 2〉の表に記録する．
5. 単相誘導電圧調整器 IR の出力を下げ，スイッチ S_1 を開く．

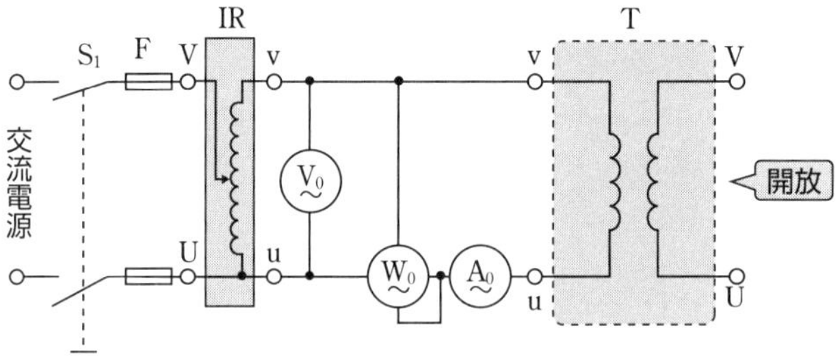

(a) 接続図

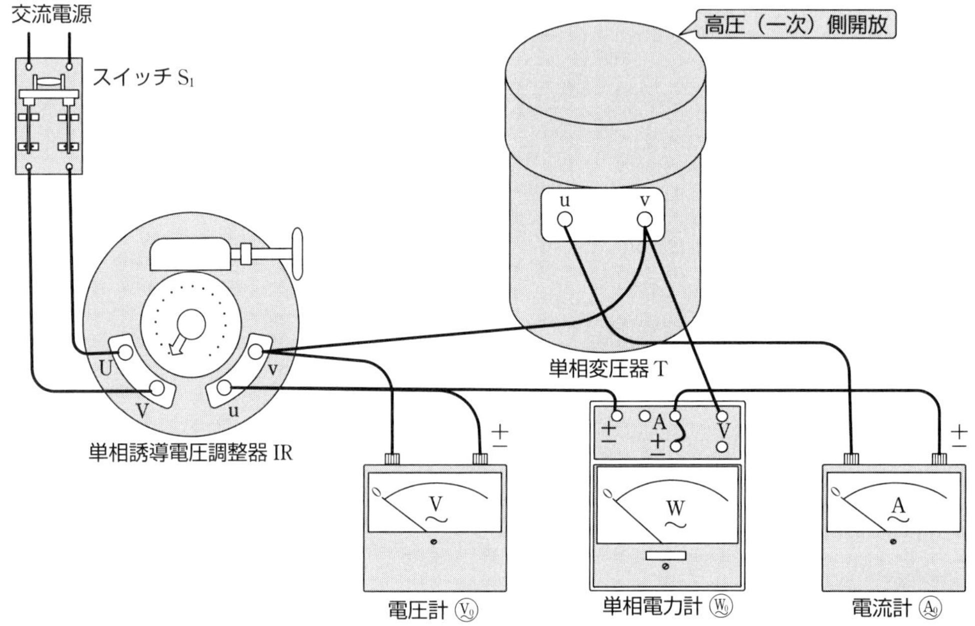

(b) 実体図

図　2・8　実験 2 の回路図

まとめてみよう 実験結果のまとめ

無負荷力率　$\cos\theta_0 = \dfrac{P_0}{V_0 \times I_0} \times 100$〔%〕

〈結果 2〉単相変圧器の無負荷試験			
供給電圧 V_0〔V〕	無負荷電流 I_0〔A〕	無負荷損 P_0〔W〕	無負荷力率 $\cos\theta_0$〔%〕
V_{2n}：			

実験 3 変圧器の短絡試験を行う

図2・9は，単相変圧器の短絡試験を行うときの回路図である．図2・9（a）は接続図であり，図2・9（b）はその実体図である．

やってみよう 実験の手順

1. 図2・9の回路図どおりに結線が正しく接続され，変圧器の二次側が短絡状態になっているか確かめる．
2. 単相誘導電圧調整器 IR の出力が零の位置にあることを確かめ，電源スイッチ S_1 を閉じる．
3. 単相誘導電圧調整器 IR の出力を上げ，一次側電流計 Ⓐ$_1$ の値が変圧器の一次定格電流 I_{1n} になるよう調節し，このときの電圧計 Ⓥ$_1$（インピーダンス電圧：V_{1s}），電力計 Ⓦ$_1$（インピーダンスワット：P_s）の値を測定し，その値を〈結果 3〉の表に記録する．

   ! 温度上昇を避けるため測定は速やかに行う．また，多巻線変圧器で行う場合，測定しない巻線はすべて開放する．

4. 単相誘導電圧調整器 IR の出力を調節し，一次側電流計 Ⓐ$_1$ の値を変圧器の定格電流の 70 ～ 120 %の範囲で変化させ，そのつど電圧計 Ⓥ$_1$，電力計 Ⓦ$_1$ の値を測定し，〈結果 3〉の表に記録する．
5. 単相誘導電圧調整器 IR の出力を下げ，スイッチ S_1 を開く．

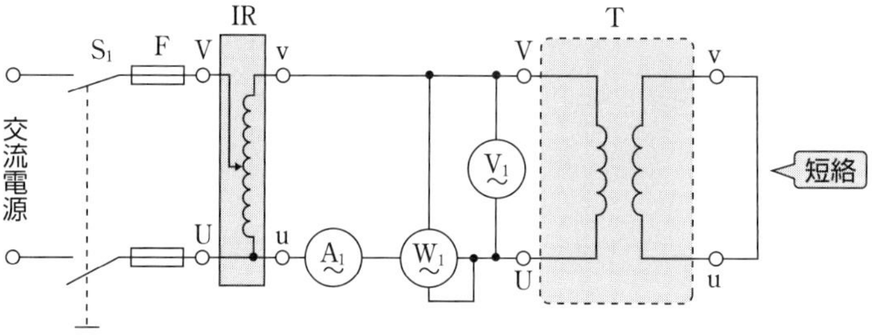

(a) 接続図

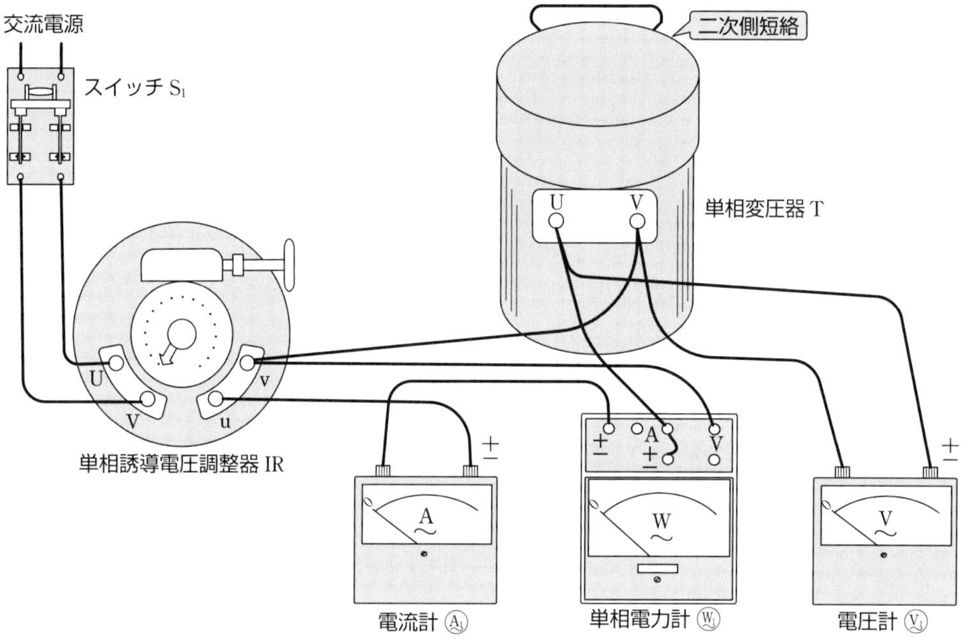

(b) 実体図

図 2・9 実験3の回路図

まとめてみよう 実験結果のまとめ

短絡力率 $\cos\theta_1 = \dfrac{P_1}{V_1 \times I_1} \times 100$ 〔%〕

〈結果 3〉単相変圧器の短絡試験			
一次短絡電流 I_1〔A〕	供給電圧 V_1〔V〕	負 荷 損 P_1〔W〕	短絡力率 $\cos\theta_1$〔%〕
I_{1n}：	V_{1s}：	P_s：	

一次短絡電流の値が定格値のときの V_1 の値 V_{1s} をインピーダンス電圧，このときの P_1 の値 P_s をインピーダンスワットという．

考えてみよう　結果の検討

❶ 実験 1 の巻線抵抗の測定により，一次側に換算した巻線の抵抗を求める．

巻数比　$a=\dfrac{N_1}{N_2}=\dfrac{V_1}{V_2}=(\qquad)$

一次側に換算した抵抗　$r_1+r_2{}'=r_1+a^2r_2=(\qquad)$〔Ω〕

❷ 無負荷試験と短絡試験により図 2・10 の等価回路の各値を求め，図を描き完成させなさい（次式において，$V_0=V_{2n}$ の値とし，また I_0 は，$V_0=V_{2n}$ のときの値を用いる）．

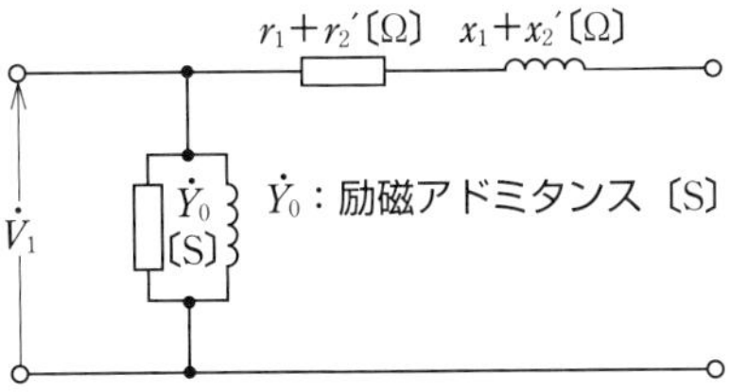

図 2・10 一次側に換算した簡易等価回路

二次側からみた励磁アドミタンス　$Y_0{}'=\dfrac{I_0}{V_0}=(\qquad)$〔S〕

一次側に換算した励磁アドミタンス　$Y_0=\dfrac{1}{a^2}Y_0{}'=(\qquad)$〔S〕

一次側に換算した抵抗　$r_1+r_2{}'=\dfrac{P_s}{I_{1n}{}^2}=(\qquad)$〔Ω〕

一次側に換算したリアクタンス　$x_1+x_2{}'=\sqrt{\dfrac{V_{1s}{}^2}{I_{1n}{}^2}-(r_1+r_2{}')^2}=(\qquad)$〔Ω〕

ただし，P_s〔W〕：インピーダンスワット，V_{1n}〔V〕，I_{1n}〔A〕：一次定格電圧，一次定格電流，V_{1s}〔V〕：インピーダンス電圧である．

❸ ❶で求めた巻線抵抗の値と❷で求めた巻線抵抗の値（r_1+r_2'）と比較し，その違いについて考察する．

❹ 以下の手順により電圧変動率 ε および効率 η を求める．

・電圧変動率

① 次式により百分率抵抗降下 p，百分率リアクタンス降下 q を求める．

$$p=\frac{P_s}{V_{1n}\times I_{1n}}\times 100=(\qquad\quad)〔\%〕$$

$$q=\frac{1}{V_{1n}}\sqrt{{V_{1s}}^2-\left(\frac{P_s}{I_{1n}}\right)^2}\times 100=(\qquad\quad)〔\%〕$$

② 負荷力率 $\cos\theta$ を 100 %（$\cos\theta=1$）として，電圧変動率 ε〔%〕を求める．

電圧変動率　$\varepsilon=p\cos\theta+q\sin\theta=(\qquad\qquad)〔\%〕$

・効率

負荷力率 $\cos\theta$ を 100 %（$\cos\theta=1$）として，次式により効率 η〔%〕を求める．

① 鉄損 P_i

無負荷試験での〈結果 2〉より，V_{2n} 時の P_0 の値を P_i として用いる．

$P_i=P_0=(\qquad\qquad)〔W〕$

② 銅損 P_c

短絡試験での〈結果 3〉より，I_{1n} 時の P_1 の値（P_s）を P_c として用いる．

$P_c=P_s=(\qquad\qquad)〔W〕$

$$効率\eta=\frac{W\cos\theta}{W\cos\theta+P_i+P_c}\times 100=(\qquad\qquad)〔\%〕$$

ただし，W は変圧器容量〔V・A〕である．

補足 負荷損の計算

実際には，負荷損 P_s の値は，次式により 75 °C に換算し（P_{s75}），諸特性を計算する．

$$P_{s75}=\frac{234.5+75}{234.5+t}\times P_s$$

ただし，t：周囲温度〔°C〕である．

実習 3 単相変圧器による三相結線

目的
- 単相変圧器による三相結線の正しい接続方法を学ぶ．
- 各種の三相結線について，一次側・二次側の線間電圧と相電圧の関係について調べる．
- 各種三相結線の特徴や実際の使用例を知り，理解を深める．

実習を始める前の予備知識

❶ 三相結線

三相交流電圧の変圧には，三相変圧器を用いる方法のほか，単相変圧器を 2 台ないし 3 台用いて三相結線を行う方法がある．単相変圧器を複数用いる場合は，各変圧器の容量，周波数，電圧などの定格値が等しく，巻線抵抗やリアクタンスが等しいことが望ましい．単相変圧器の三相結線方法には，△-△ 結線，Y-△ 結線，△-Y 結線，Y-Y 結線または，V-V結線の 5 種類がある．それぞれに特徴があり，使用状況などに応じて使い分けられる．なお，結線を行う場合には，実習 1 で学んだ変圧器の極性に留意し，接続しなければならない．

（a） △-△ 結線

図 2・11 は単相変圧器 3 台を用いた三相結線の △-△ 結線図である．

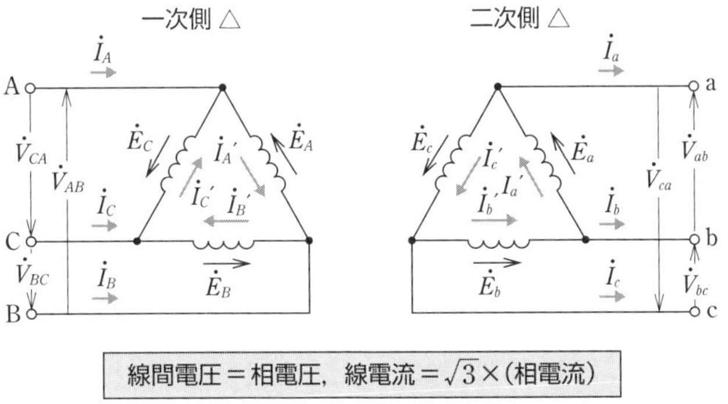

図 2・11 △-△ 結線

〔特 徴〕 ① 単相変圧器が 1 台故障したときでも 2 台でのV-V結線にて送電の継続が可能．

② 低電圧・大電流用配電線路に適する．

③ 中性点接地ができない．

（b） Y-△ 結線

図 2・12 は，Y-△ 結線の接続図である．

〔特 徴〕 ① 第三調波による通信障害が少ない．

② 中性点接地が可能である．

③　高電圧から低電圧へ変換する変電所などに適する．

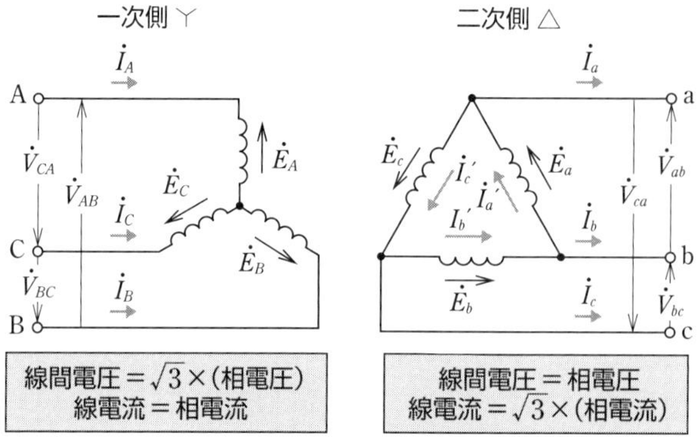

図　2・12　Y-△結線

（a）　△-Y 結線

図 2・13 は，△-Y 結線の接続図である．

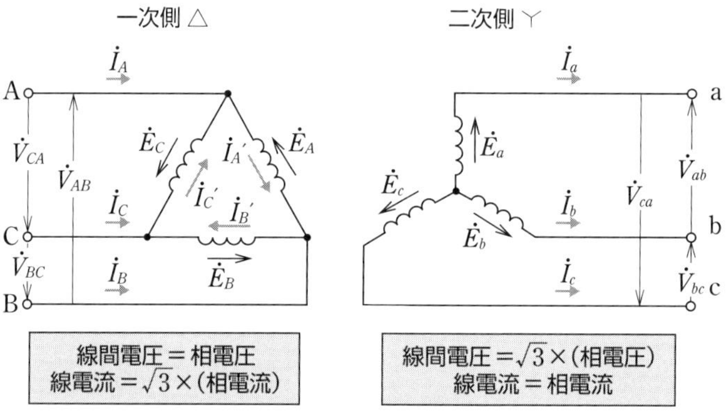

図　2・13　△-Y 結線

〔**特　徴**〕　低電圧から高電圧へ変換する発電所などに適する．

（b）　Y-Y 結線

図 2・14 は，Y-Y 結線の接続図である．

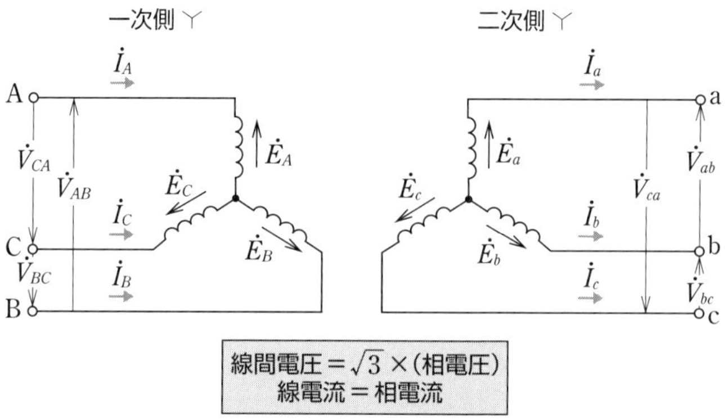

図　2・14　Y-Y 結線

〔特　徴〕 ①　変圧器の絶縁が容易である．

②　中性点接地が可能である．

③　第三調波による通信障害が生じるため，通常は三次巻線を設けた Y-Y-△ 結線にて変電所などに利用する．

（c） V-V結線

図 2・15 は，単相変圧器 2 台を用いた三相結線の V-V 結線図である．

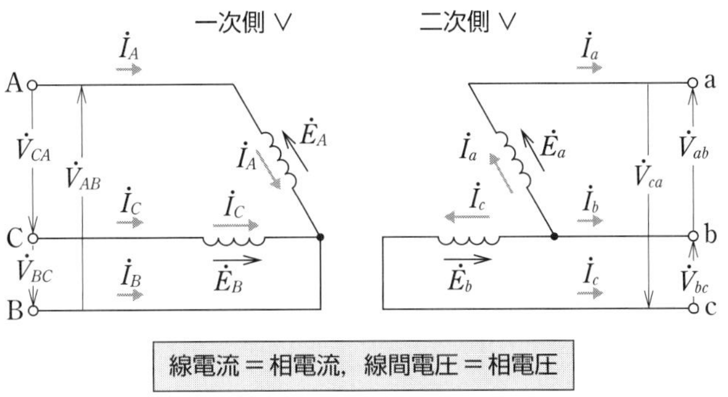

図　2・15　V-V 結線

〔特　徴〕 ①　△-△ 結線の 1 台故障時に利用する．

②　負荷増設を予定しての前段階利用．

③　利用率が悪い．

2 使用器具

器 具 名	記号	定格，その他
単 相 変 圧 器	T_1	1 kV·A，100 V，10 A
単 相 変 圧 器	T_2	1 kV·A，100 V，10 A
単 相 変 圧 器	T_3	1 kV·A，100 V，10 A
交 流 電 圧 計	Ⓥ$_1$	150/300 V，0.5 級
交 流 電 圧 計	Ⓥ$_2$	150/300 V，0.5 級
三相誘導電圧調整器	IR	
テスタリード線		
3 極単投スイッチ	S_1	ヒューズ付き

実験 1 各種の三相結線での電圧測定

図 2・16 は，単相変圧器を用いて三相結線を行うときの接続図である．

なお，実験に使用される単相変圧器の定格が同一であるか確認し，それぞれの単相変圧器の極性をあらかじめ調べておく．端子記号で極性が判別できない場合は，実習 1 実験 2 の単相変圧器の極性試験を行うこと．

やってみよう　実験の手順

1 △-△ 結線

1. 図 2・16（a）の結線が正しく接続されているか確かめる．
2. 三相誘導電圧調整器 IR の出力が零の位置にあることを確かめ，スイッチ S_1 を閉じる．
3. 三相誘導電圧調整器 IR の出力を少しずつ上げ，一次側の線間電圧計 V_1 が 100 V になるよう調節する．
4. テスタリード線をつけた電圧計 V_2 により，一次側の各線間電圧・相電圧および二次側の

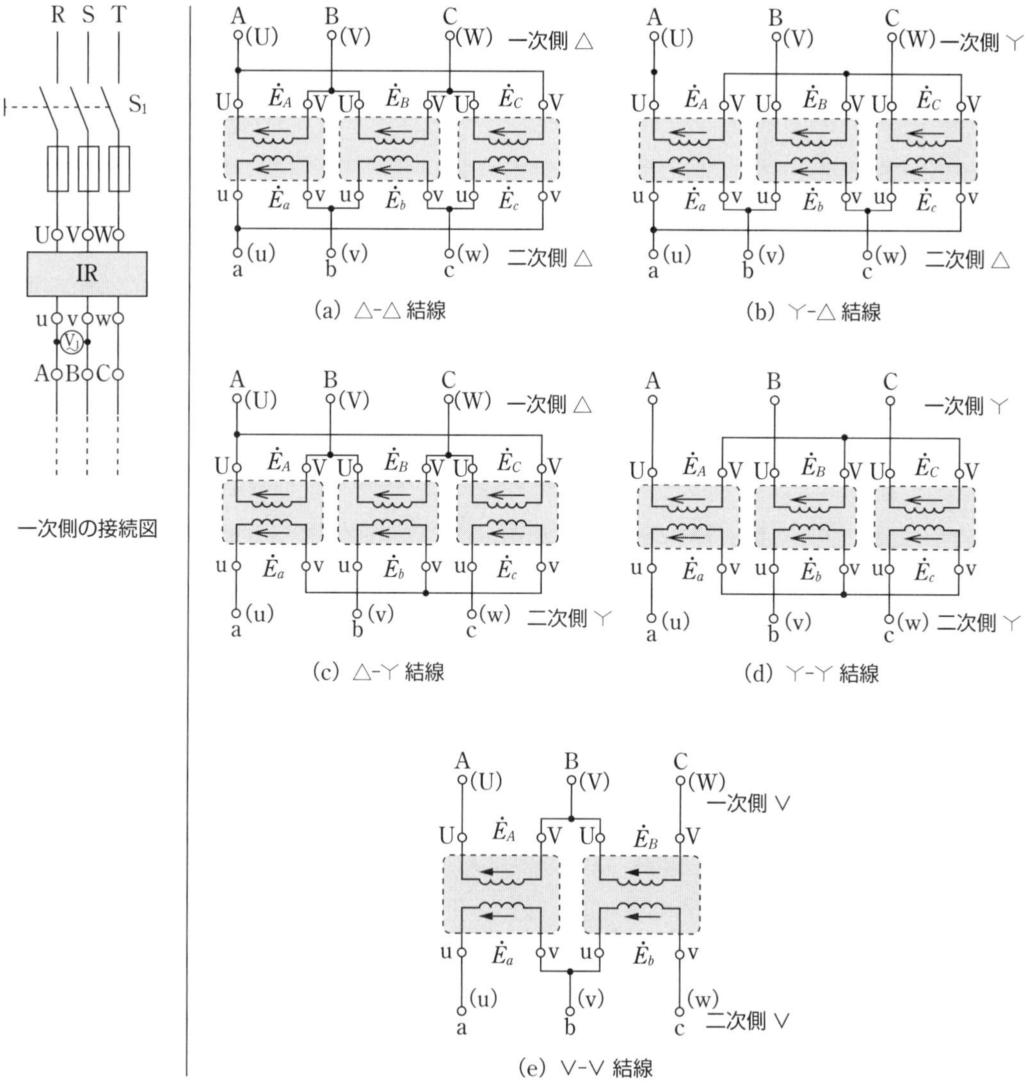

図 2・16 実験 1 の回路図

各線間電圧・相電圧を測定し，その値を〈結果 1〉の表に記録する．

[5] 三相誘導電圧調整器 IR の出力を下げ，スイッチ S_1 を開く．

❷ Y-△ 結線

[1] 図 2・16（b）の結線が正しく接続されているか確かめる．

[2] ❶の[2]～[5]と同様の測定を行う．

❸ △-Y 結線

[1] 図 2・16（c）の結線が正しく接続されているか確かめる．

[2] ❶の[2]～[5]と同様の測定を行う．

❹ Y-Y 結線

[1] 図 2・16（d）の結線が正しく接続されているか確かめる．

[2] ❶の[2]～[5]と同様の測定を行う．

❺ V-V 結線

[1] 図 2・16（e）の結線が正しく接続されているか確かめる．

[2] ❶の[2]～[5]と同様の測定を行う．

まとめてみよう 実験結果のまとめ

次のような表をつくり，結果を記入する．

〈結果 1〉単相変圧器による三相結線の測定													
結線方式	一 次 側						二 次 側						備考
	相電圧〔V〕			線間電圧〔V〕			相電圧〔V〕			線間電圧〔V〕			
	E_A	E_B	E_C	V_{AB}	V_{BC}	V_{CA}	E_a	E_b	E_c	V_{ab}	V_{bc}	V_{ca}	
△-△ 結線													
Y-△ 結線													
△-Y 結線													
Y-Y 結線													
V-V 結線													

考えてみよう　結果の検討

❶ 〈結果 1〉より，一次側および二次側の相電圧と線間電圧の関係を調べ，図 2・11～図 2・15 に示したそれぞれの結線方法による関係式が成り立つことを確かめなさい．

❷ 発電所，一次変電所，二次変電所，配電用変電所では，どのような三相結線方式を採用しているか調べなさい．

❸ 各種三相結線において，相電圧と線間電圧の位相の関係について，ベクトル図などを用いて調べなさい．

3 章

誘導機の実習

この章のねらい，目的と実習項目

●ねらい

誘導電動機は構造が簡単で，取扱いも容易であり，工場の動力として，また家電機器の動力として最も広く使われている．直流電動機が主であった鉄道においても，半導体素子を用いた制御技術の進歩により高速化，軽量化，メンテナンス等に優れた電動機として，かご形三相誘導電動機が使われている．三相誘導電動機の構造，原理，取扱いを理解し，基本的な特性を学ぶ．

●目的

・三相誘導電動機の分解や組立を通して構造を知り，誘導機の回転の原理である回転磁界の現象を観察する．

・実負荷試験で出力やトルクなどの基本的な特性を求め，また円線図法により特性算出の方法を学ぶ．

●実習項目

1　三相誘導電動機の構造（分解・組立）および回転磁界の観察

2　電気動力計による三相誘導電動機の特性試験

3　円線図法による三相誘導電動機の特性算出

実習 1　三相誘導電動機の構造（分解,組立）および回転磁界の観察

目的
- 三相誘導電動機の分解・組立を通して，構造を理解する.
- 回転磁界の現象を観察し，回転の原理を理解する.

実習を始める前の予備知識

1 回転の原理

（a） 回 転 磁 界

図 3・1 において，NS の磁石を矢印の方向に回転させると回転磁界となり，回転子には誘導起電力が発生し，フレミングの右手の法則により，図 3・1 に示す向きに誘導電流 I が流れる．また，磁石の磁界と誘導電流から，フレミングの左手の法則により，回転子導体に図 3・1 に示す向きに電磁力 F が発生し回転子は回転する.

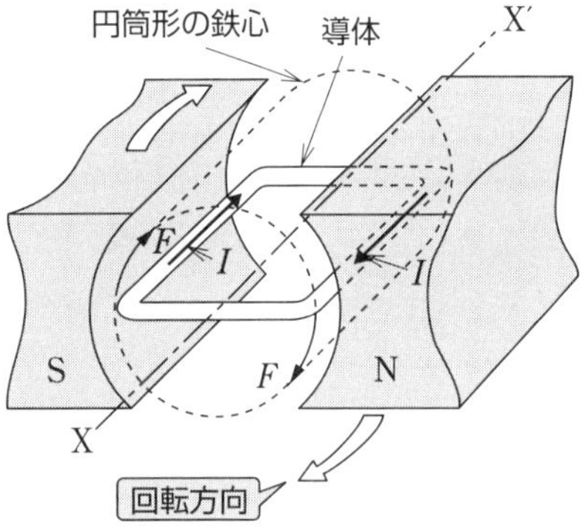

図　3・1　回転の原理

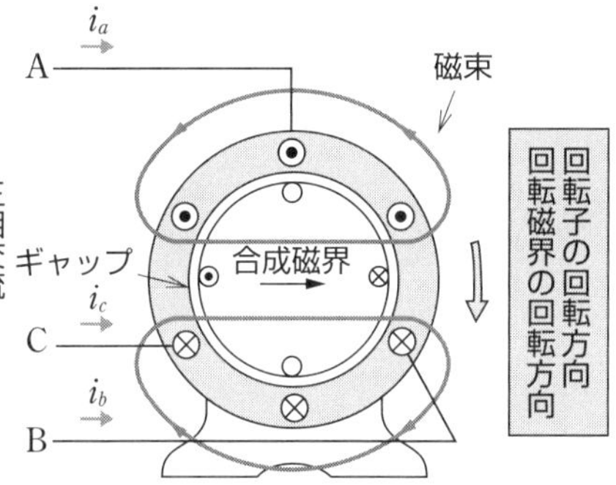

図　3・2　回転磁界の発生原理

NS の磁石を回転させる代わりに，回転磁界を発生させるには，図 3・2 のように 3 つのコイルを配置し三相交流を供給することにより，回転磁界を発生することができる.

（b） 同期速度と滑り

回転磁界の速度を**同期速度** n_s〔min^{-1}〕といい，周波数 f〔Hz〕と極数 P から決まる．また，実際の回転子の回転速度 n〔min^{-1}〕は，同期速度よりも遅く，この速度の差と同期速度との比を，**滑り** s〔%〕という.

$$n_s = \frac{120f}{P}\ 〔\mathrm{min}^{-1}〕$$

$$s = \frac{n_s - n}{n_s} \times 100\ 〔\%〕$$

❷ 低圧三相誘導電動機の定格

① 定格電圧　　200 V を標準とする.

② 定格出力　　0.2　0.25　0.37　0.4　0.55　1.1　1.5　2.2　3.7　5.5　7.5　11　15　18.5　22　30　37 kW

❸ 三相誘導電動機の構造

(a) 固定子

回転磁界を作るための固定子巻線と鉄心からなる（図 3・3 参照）.

(b) 回転子

回転力を発生する回転子巻線，鉄心，通風翼，軸などからなる（図 3・4 参照）. 回転子の構造により，巻線形とかご形がある.

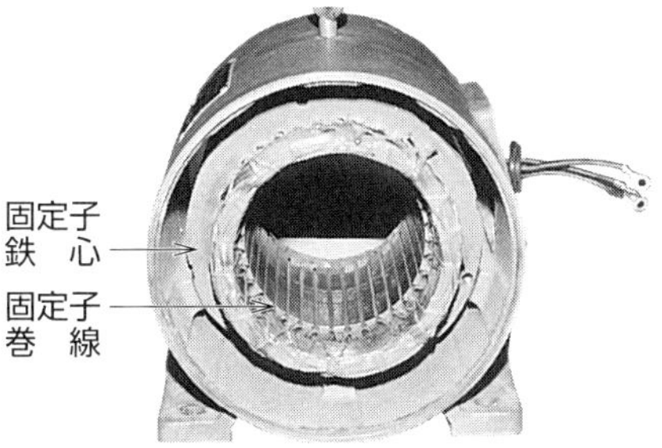

図 3・3 固定子の外観

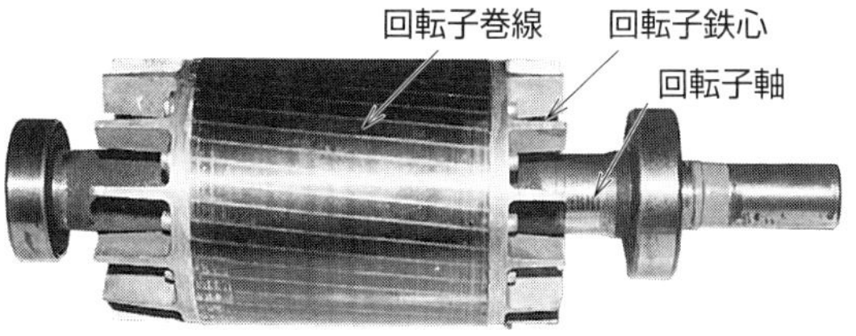

図 3・4 回転子の外観

❹ 使用器具

器 具 名	記号	定格，その他
三相誘導電動機	Ⓜ	かご形，2.2 kW，200 V，9.3/8.8 A（50/60 Hz） 4P，1 420/1 710 min^{-1}
絶縁抵抗計		500 V
工具類		ドライバ⊕，⊖，たがね，ハンマ，スパナ，ブラシ，軍手，オイル，布など
テスタ		
三相誘導電圧調整器		200 V/200 ± 200 V，5 kV·A
交流電圧計	IR	0.5 級，300 V
交流電流計	Ⓥ	0.5 級，10 A
ホイートストンブリッジ	Ⓐ	×1 ～ 1000，4 ダイヤル，0.001 ～ 1000 MULTIPLY
方位磁針		
缶		アルミ缶
スイッチ		ヒューズ付き
スイッチ	S_1 S_2	

実験 1　三相誘導電動機の分解と組立を行う

以下の説明および分解図の手順にしたがって，かご形三相誘導電動機の分解を行う．組立は，回転磁界の観察を行ってから，分解の作業と逆の手順で行う．

やってみよう　実験の手順

1 分解・組立の方法

分解・組立は誘導電動機の形や構造により，分解の方法・手順に違いがあるので，形式にあった方法で行うこと．

1 双方のブラケットのネジを抜き取り，軸受けカバーを外す（図 3・5 ①）．

2 ブラケットを取り外す．カップリングの反対側からたがねやハンマ等を用いて，溝を丁寧に打ちながら外す（図 3・5 ②）．

3 回転子を丁寧に傷つけないように抜き出す（図 3・5 ③）．

4 端子カバーを外す．端子線を傷つけるようならば外さない（図 3・5 ④）．

5 回転子と固定子の汚れやゴミを拭き取る．

以上が，分解の手順であり，組立は逆に作業を行う．

まとめてみよう　実験結果のまとめ

（1） 分解した回転子と固定子のスケッチを行い，各部の名称や特徴を調べなさい．

（2） テスタを用いて固定子巻線の断線の試験を行いなさい．

（3） ホイートストンブリッジを用いて固定子巻線の各線間の抵抗を測定し，その平均値 R'〔Ω〕と固定子巻線一相分の抵抗 R〔Ω〕を求めなさい．

	UV 間	VW 間	WU 間	平均値 R'
巻線抵抗値〔Ω〕				

固定子巻線一相分の抵抗　$R=\frac{R'}{2}$〔Ω〕

（4） 絶縁抵抗計を用いて，次の絶縁抵抗を測定しなさい．
絶縁抵抗値 0.2 MΩ 以上（2.2 kW，200 V 機器）

測定箇所	絶縁抵抗値	判　定
固定子巻線と鉄心間	〔MΩ〕	合・否

●分解の手順

① ブラケットの取り外し

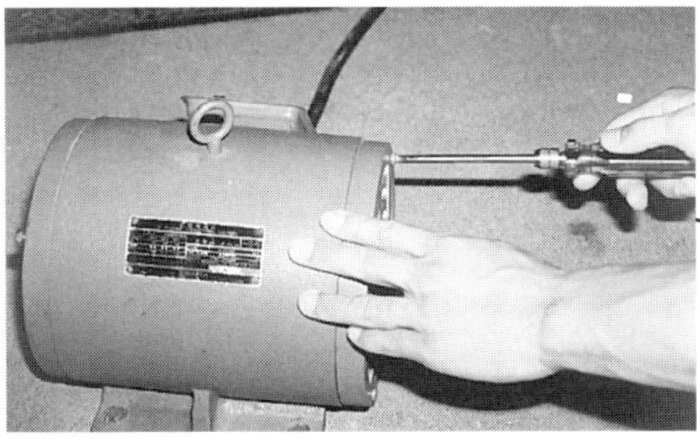

② ブラケットの取り外し

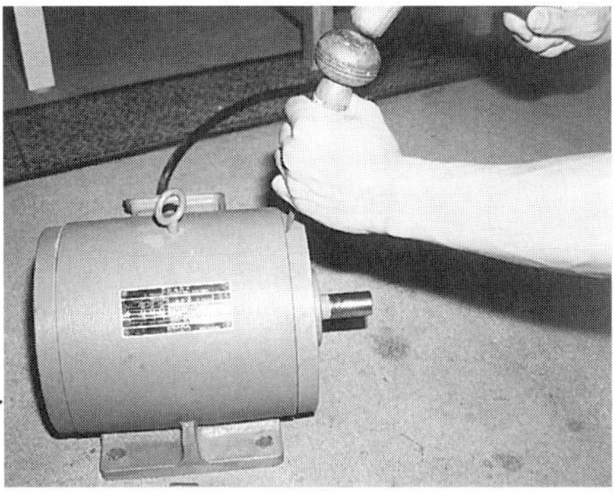

③ 回転子の抜き出し

④ 端子カバーの取り外し

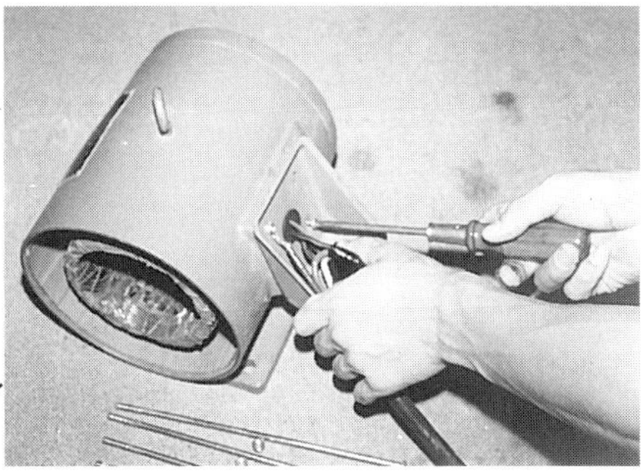

⑤ 固定子の構造

⑥ 分解した部品

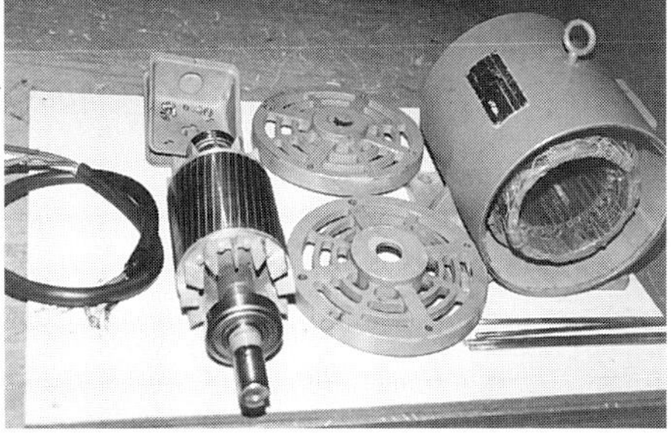

図　3・5　三相誘導電動機の分解（写真①～⑥）

実験 ② 回転磁界を観察しよう

図3・6は回転子としてアルミ缶を用いて回転磁界の観察を行う.

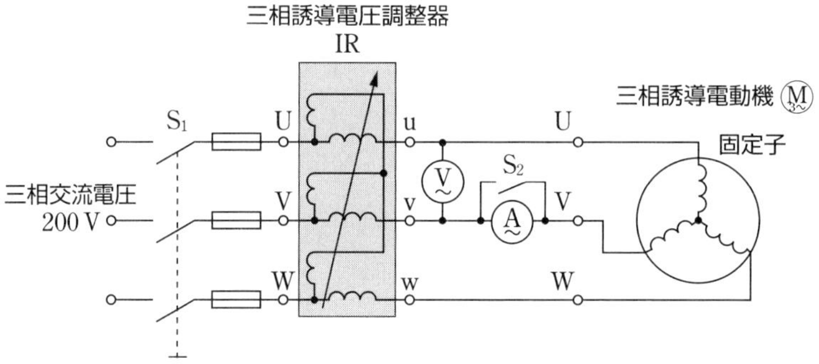

(a) 接続図

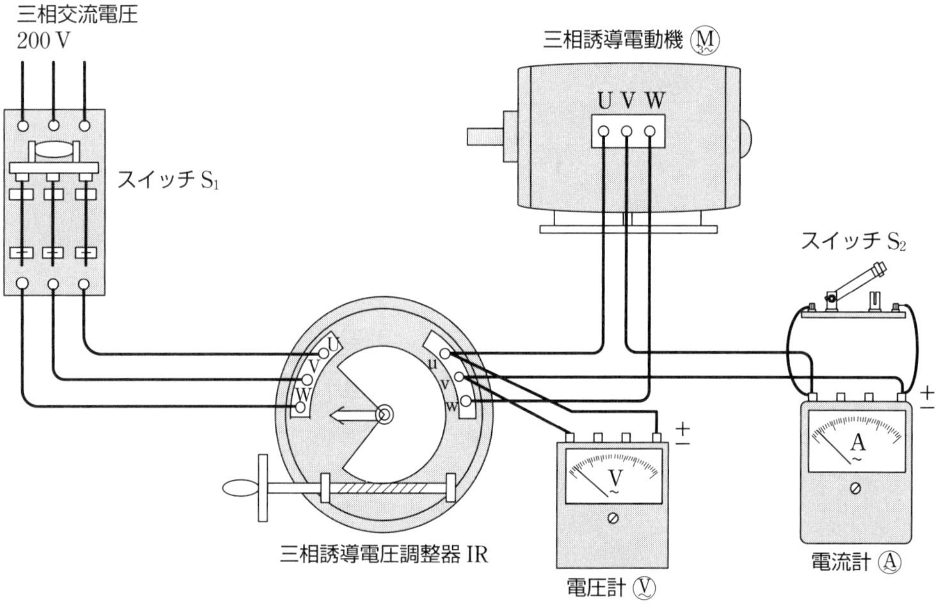

(b) 実体図

図 3・6 実験2の回路

やってみよう 実験の手順

1 分解した誘導機の固定子の中にアルミ缶を挿入する.

分解した誘導機の固定子内の鉄心や巻線を傷つけないように注意すること.

2 三相誘導電圧調整器 IR を調整し，誘導電動機の定格電流を流し，アルミ缶の回転状況を観察する.

実験中は固定子内に安易に手を入れるようなことはしない.

固定子やアルミ缶は熱をもつので，加熱状態に注意し，短時間ですませるようにすること.

3 また，加える三相交流電源の 2 線を入れ換えて，回転状況を観察する.

固定子の巻線抵抗値は小さいので，加える電圧・電流に注意すること.

4 固定子の中に方位磁針を入れ，磁針の状況を観察する．また，電源の 2 線を換えて，状況を観察する.

まとめてみよう 実験結果のまとめ

（1） 右の写真のように，アルミ缶を挿入し，三相交流を加えたとき，アルミ缶の様子はどうであったか.

（2） 固定子巻線の中に方位磁針を挿入したとき，方位磁針はどうであったか.

（3） 三相交流電源の 2 線を入れ換えたとき，回転はどのようになったか.

考えてみよう　結果の検討

❶　図 3・7 の三相交流電流の波形から回転磁界が発生することを，基準電流方向図と例にならって描きなさい.

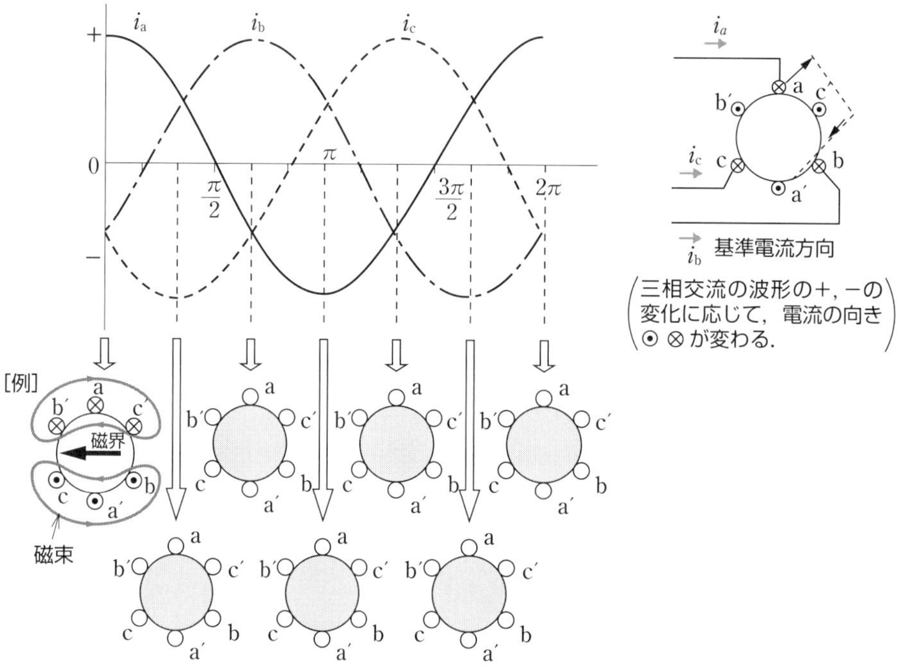

図　3・7　回転磁界の発生

❷　アルミ缶や方位磁針が回転をする原理について考えなさい.

❸　三相電源の 2 線を入れ換えたとき，回転が逆転したのはなぜか.

❹　三相誘導電動機の 1 線が外れた（断線した）とき，回転はどうなるか.

❺　身近にある単相誘導電動機について，分解・組立をしてみよう.

実習 2

電気動力計による三相誘導電動機の特性試験

目的 ●三相誘導電動機の出力とトルクを電気動力計を用いて測定する.

実習を始める前の予備知識

1 三相誘導電動機の出力とトルク

電動機のトルク T〔N·m〕と回転速度 n〔min^{-1}〕で運転しているときの機械的出力（定格出力）P_0〔W〕との関係は，回転子導体の角速度$\omega = 2\pi n/60$〔rad/s〕とすると

$$P_0 = \omega T = 2\pi \frac{n}{60} \cdot T \text{〔W〕}$$

滑り s，同期速度 n_s とすると，二次入力 P_2〔W〕は

$$n = n_s(1-s) \text{〔min}^{-1}\text{〕}$$

$$P_2 = 2\pi \frac{n_s}{60} \cdot T \text{〔W〕}$$

この P_2 を**同期ワット**ともいう.

2 滑りsと入力，出力，効率の関係

一次（固定子）入力 P_1〔W〕，回転子入力 P_2〔W〕，二次出力 P_0〔W〕とすると

二次抵抗損　$P_{c2} = sP_2$〔W〕

二次出力　$P_0 = P_2 - sP_2 = (1-s)P_2$〔W〕

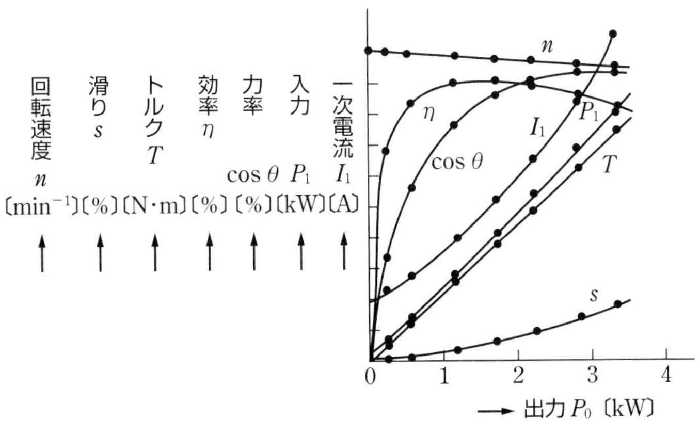

図 3・8　出力特性

二次入力　$P_2 = \dfrac{P_0}{1-s}$〔W〕

二次効率　$\eta_2 = \dfrac{P_0}{P_2} \times 100 = (1-s) \times 100$〔%〕

電動機効率　$\eta = \dfrac{P_0}{P_1} \times 100$〔%〕

❸ 渦電流形電気動力計の構造，原理

図3・9のように，磁極に励磁電流を流し，円盤を電動機で回転させれば，円盤内に渦電流が流れ，制動力が加わる．この制動力と同一の回転力が磁極に生じるので，この磁極を可動として，ばねばかりでこの力を測定する．

電動機のトルク T〔N·m〕は，ばねばかりの重さ W〔kg〕，腕の長さ L〔m〕とすると，次式で表される．

$T = 9.8\,WL$〔N·m〕

回転子の回転速度を n〔min^{-1}〕，トルク T〔N·m〕とすると，出力 P_0〔kW〕は

$$P_0 = \omega T = 2\pi \frac{n}{60} \cdot T \times 10^{-3}\ \text{〔kW〕}$$

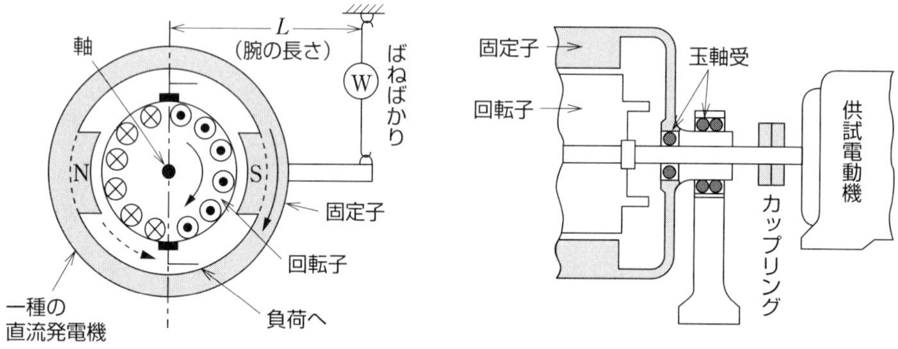

(a)　(b)

図　3・9　渦電流形電気動力計

図3・10に過電流形電気動力計実験装置の外観例を示す．

図 3・10 渦電流形電気動力計実験装置の外観例

❹ 使用器具

器 具 名	記号	定格，その他
三相誘導電動機	$\textcircled{M}$	1.5 kW，4 極，200 V，6.8 A，1 420 min^{-1}，50 Hz
渦電流形電気動力計	ECD	2 kW，1 500 min^{-1}，4 極，100 V，3.2 A，腕長 20 cm
三相誘導電圧調整器	IR	5 kV·A，200 V/200 ± 200 V
三 相 電 力 計	$\textcircled{W}$	0.5 級，5/25 A，120/240 V
交 流 電 圧 計	$\textcircled{V_1}$	0.5 級，300 V
交 流 電 流 計	$\textcircled{A_1}$	0.5 級，10 A
直 流 電 流 計	$\textcircled{A_2}$	0.5 級，3 A
ディジタル表示器		
ス イ ッ チ	S_1, S_3	ヒューズ付き
ス イ ッ チ	S_2	

補足 ディジタル表示器

トルクの測定には従来のばねばかりに代えて，センサにロードセルを使用し，ディジタル表示器で直接トルク〔N·m〕を表示している．また，回転速度の測定にはセンサにロードエンコーダを使用し，パルスカウンタにより，回転速度〔min^{-1}〕をディジタル表示器に表示する．

実験 1 三相誘導電動機の実負荷特性試験を行う

図3・11は，三相誘導電動機の実負荷試験を行う回路図である．図3・11(a)は接続図であり，図3・11(b)はその実体図である．また，図3・12は実験1の接続をした外観例の写真である．

やってみよう 実験の手順

1 図3・11に示す回路図にしたがって結線する．

2 励磁調整器を左いっぱいに回した位置に置く（励磁電流が最小の位置）．

3 ディジタル表示器の電源スイッチを入れ，渦電流形電気動力計のトルクが0となるように，動力計のバランスウエイトを左右平衡にとる．

4 電源スイッチ S_1 を入れ，誘導電圧調整器の出力電圧を少しずつ上げて三相誘導電動機を始動し，入力電圧 V_1（電圧計 Ⓥ$_1$ の値）は定格電圧200V一定にする（実験中は200V一定に保つ）．

5 ディジタル表示器には，少量のトルクと回転速度が表示される．

6 励磁電流 I_f（電流計 Ⓐ$_2$ の値）を0Aから0.2Aごとに2.4Aまで上げ，そのときの回転速度 n〔min^{-1}〕とトルク T〔N･m〕の値をディジタル表示器で測定する．また，誘導電動機の入力電流 I_1（電流計 Ⓐ$_1$ の値）および入力電力 P_1（三相電力計 Ⓦ の値）を測定し，〈結果1〉の表に記録する．

7 誘導電動機の出力 P_0〔W〕と効率 η〔%〕の算出については，次の式を用いて計算する．

$$P_0 = \omega T = 2\pi \frac{n}{60} \cdot T \times 10^{-3} \text{〔kW〕}$$

$$\eta = \frac{P_0}{P_1} \times 100 \text{〔%〕}$$

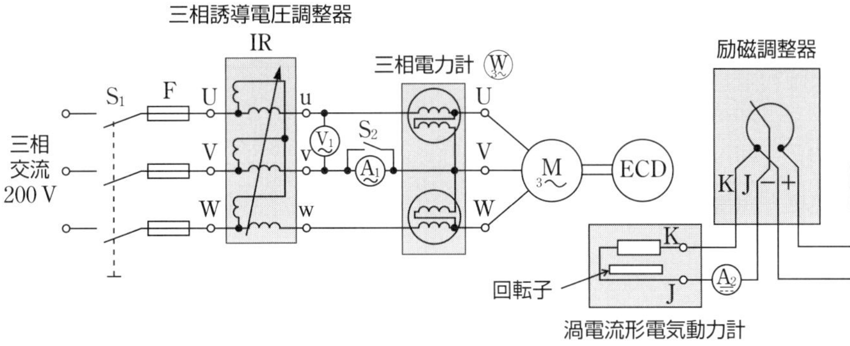

(a) 接続図

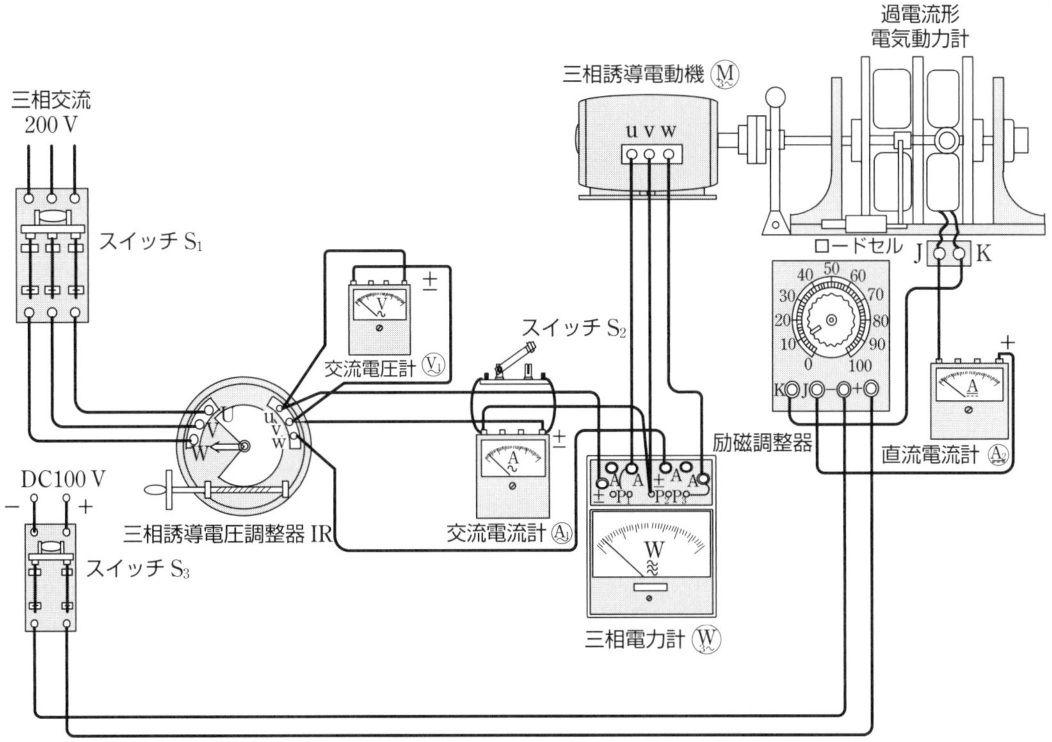

(b) 実体図

図 3・11 実験 1 の回路図

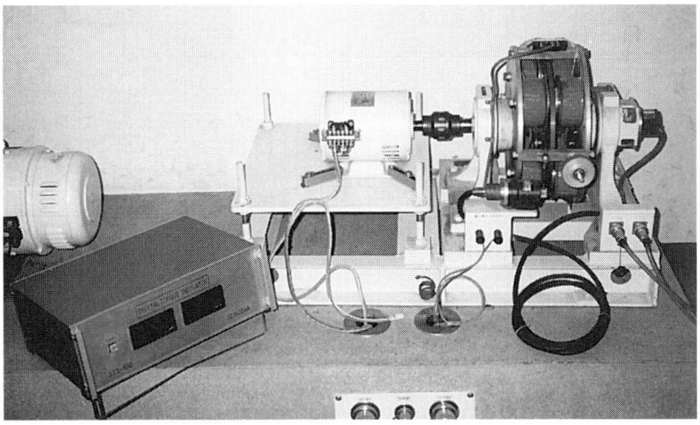

図 3・12 実験 1 の外観例

〈結果 1〉三相誘導電動機の実負荷試験							
誘導電動機			動力計	誘導電動機の特性			
入力電圧	入力電流	入力電力	励磁電流	回転速度	トルク	出　力	効　率
V_1〔V〕	I_1〔A〕	P_1〔W〕	I_f〔A〕	n〔min^{-1}〕	T〔N·m〕	P_0〔kW〕	η〔%〕
			0				
			0.2				
			0.4				
			0.6				
			0.8				
			1.0				
			1.2				
			1.4				
			1.6				
			1.8				
			2.0				
			2.2				
			2.4				

まとめてみよう　実験結果のまとめ

（1）　測定結果から出力 P_0〔kW〕を横軸に，トルク T〔N·m〕，回転速度 n〔min^{-1}〕，効率 η〔%〕，一次電流 I_1〔A〕を縦軸に表す出力特性曲線のグラフを作成しなさい．

（2）　描いた出力特性曲線から，次の項目について値を記入しなさい．

	出　力〔kW〕	トルク〔N·m〕	回転速度〔min^{-1}〕	効　率〔%〕	一次電流〔A〕
定格出力のとき					
最大効率のとき					

実習 3 円線図法による三相誘導電動機の特性算出

目的 ●三相誘導電動機の特性を円線図法により求める.

実習を始める前の予備知識

誘導電動機の特性を表す諸量は，図 3・13 に示すような円線図を描くことによって求めることができる．円線図は実験 1 ~ 3 で行う誘導電動機の巻線抵抗測定，無負荷試験，拘束試験から算出した基本量をもとに描くことができる．

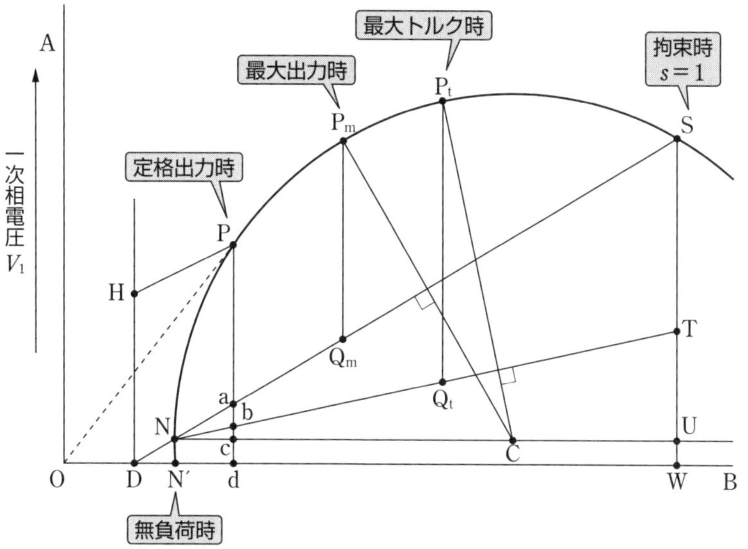

図 3・13 L 形円線図

❶ L形円線図の原理

誘導電動機は図 3・14 に示すような簡易等価回路で表すことができる．この等価回路の電流のベクトル軌跡を表したのものが円線図である．

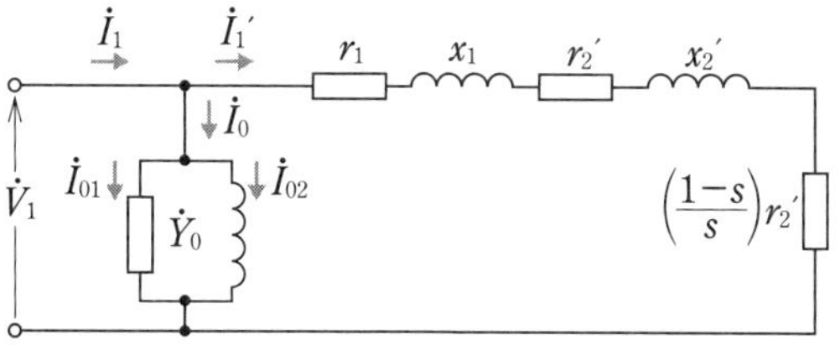

図 3・14 誘導電動機の L 形等価回路

図 3・14 の等価回路に流れる電流を求めると

一次負荷電流　$I_1{}' = \dfrac{V_1}{x_1 + x_2{}'} \sin\theta_1$〔A〕

ただし，V_1：一次供給電圧，x_1：一次リアクタンス，$x_2{}'$：一次に換算した二次リアクタンス，θ_1：V_1 と $I_1{}'$との位相差

無負荷電流（励磁電流）$\dot{I}_0 = \dot{I}_{01} + \dot{I}_{02}$〔A〕

ただし，$\dot{I}_{01}$：鉄損電流（有効分），$\dot{I}_{02}$：磁化電流（無効分，回転磁界を生じる）

したがって，一次電流 $\dot{I}_1$ は

$\dot{I}_1 = \dot{I}_0 + \dot{I}_1{}'$〔A〕

一次電流 $\dot{I}_1$ のベクトル軌跡を図 3・15 に表す．（φ_1 は V_1 と I_1 の位相差）

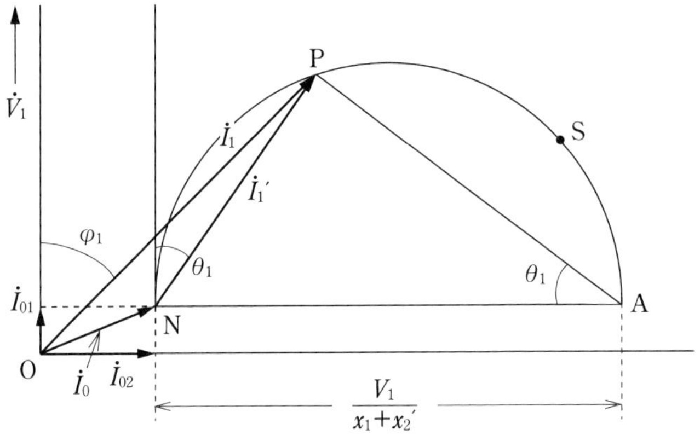

図　3・15　一次電流 $\dot{I}_1$ の軌跡

❷ 使用器具

器 具 名	記号	定格，その他
三相誘導電動機	Ⓜ	かご形，2.2 kW，8.9/8.5 A，4P，1 425/1 710 min^{-1}
三相誘導電圧調整器	IR	200 V/200 ± 200 V，5 kV·A
交流電圧計	Ⓥ	300 V，100 V
交流電流計	Ⓐ	10 A
三相電力計	Ⓦ	120/240 V，10 A/20 A
ホイートストンブリッジ		×1〜×1000，4 ダイヤル，0.001〜1000 MULTIPLY
スイッチ	S_1, S_2	S_1 はヒューズ付き

実験 1 巻線抵抗の測定を行う

やってみよう 実験の手順

ホイートストンブリッジを用いて三相誘導電動機の一次側の各端子間の巻線抵抗値を測定し，一相当たりの巻線抵抗値（星形換算値）を算出する．

まとめてみよう 実験結果のまとめ

誘導機の定格値を記入しなさい．また，巻線の抵抗値の測定結果は〈結果 1〉に記入し，抵抗 R_T〔Ω〕を下の計算式から求めなさい．

三相誘導電動機の定格値

形式		容量	〔kW〕	定格電圧	〔V〕
定格電流	〔A〕	極数		回転速度	〔min^{-1}〕

〈結果 1〉巻線抵抗の測定　　室内温度 t =（　　　）〔°C〕			
UV 間〔Ω〕	VW 間〔Ω〕	WU 間〔Ω〕	平均値 R_t〔Ω〕

$$R_T = \frac{R_t}{2} \cdot \frac{234.5 + T}{234.5 + t} \text{〔Ω〕}$$

$T = 75\ ^\circ\mathrm{C}$　　A，E，B 種絶縁の場合

$T = 115\ ^\circ\mathrm{C}$　　F，H 種絶縁の場合

実験 ② 無負荷試験を行う

図 3・16 は，三相誘導電動機の無負荷試験を行う回路図である．また，図 3・16（a）は接続図であり，図 3・16（b）はその実体図である．

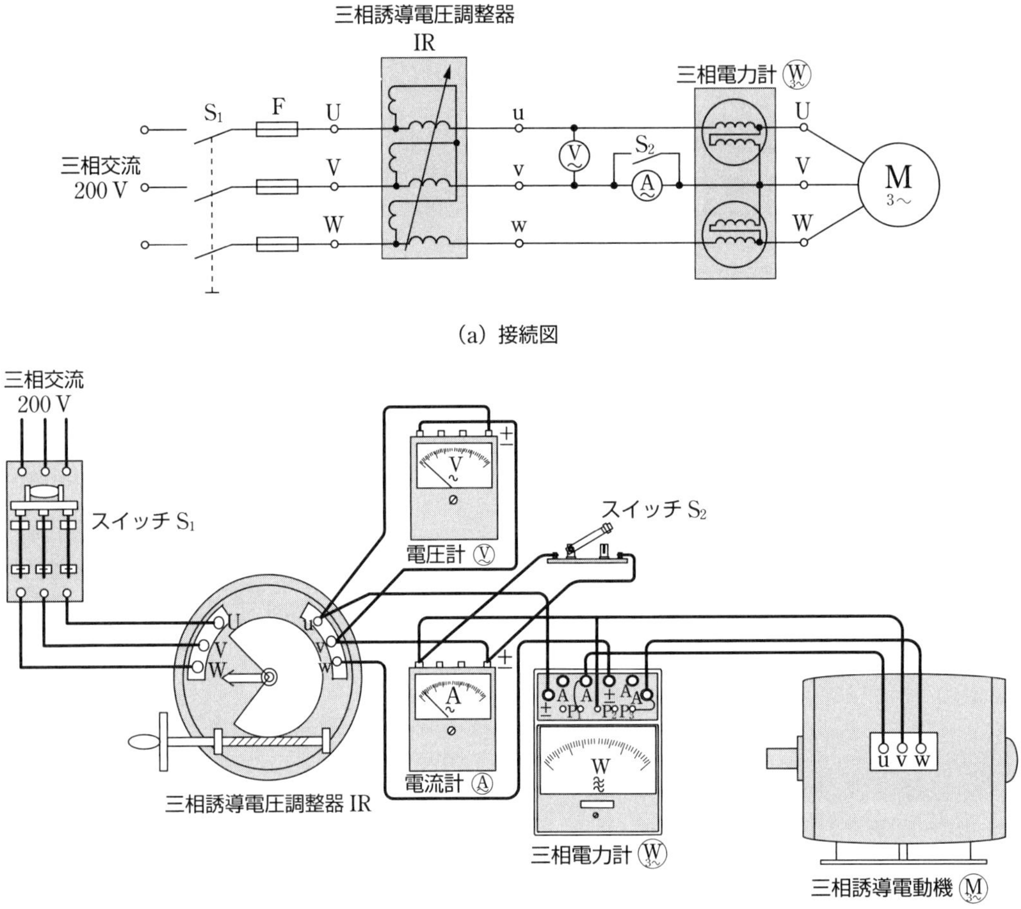

（a）接続図

（b）実体図

図 3・16 実験 2 の接続回路図

やってみよう 実験の手順

1 図3・16に示す回路図にしたがって結線する．

2 電源スイッチS_1を入れて，誘導電圧調整器IRを0Vから20Vごとに240Vまで変化させ，そのときの無負荷電圧 V_0（電圧計 Ⓥ の値），無負荷電流 I_0（電流計 Ⓐ の値），無負荷電力 P_0（電力計 Ⓦ の値）を測定し，〈結果2〉の表に記録する（定格電圧のときの記録を必ず取ること）．

3 無負荷時の力率 $\cos\theta$ を次式で求める．

$$\cos\theta = \frac{P_0}{\sqrt{3}V_0 I_0}\times 100 \ 〔\%〕$$

まとめてみよう 実験結果のまとめ

〈結果2〉無負荷試験			
無負荷電圧 V_0〔V〕	無負荷電流 I_0〔A〕	無負荷電力 P_0〔W〕	無負荷力率 $\cos\theta$〔%〕

実験 ③ 拘束試験を行う

図 3・16 と同じ結線である（回転子を工具や機材等で安全に拘束する）.

やってみよう　実験の手順

1 図 3・16 に示す回路図にしたがって結線する.

2 回転子を適当な工具や機材等を使用して拘束（回転しないように）する．実験中は常に拘束状態にしておく.

3 電源スイッチ S_1 を入れ，誘導電圧調整器 IR の出力電圧を少しずつ上げ，拘束電流 I_s（電流計 Ⓐ の値）を 0 A から 0.5 A ごとに定格電流になるまで可変し，そのときの拘束電圧 V_s（電圧計 Ⓥ の値）を測定し，〈結果 3〉の表に記録する（定格電流のときのデータを必ず取ること）.

4 拘束試験の測定が終了後，誘導電圧調整器 IR の出力電圧を下げ，電圧を 0 V にしてから回転子の拘束を外し，実験を終了する.

5 拘束時の力率 $\cos\theta$ を次式によって求める.

$$\cos\theta = \frac{P_s}{\sqrt{3}\,V_s I_s} \times 100 \ [\%]$$

まとめてみよう　実験結果のまとめ

〈結果 3〉拘束試験			
拘束電流 I_s〔A〕	拘束電圧 V_s〔V〕	拘束電力 P_s〔W〕	拘束時の力率 $\cos\theta$〔%〕

実験 4 円線図から特性算出する

1 円線図を描くための計算処理

実験1の〈結果1〉の実験データをもとに下記の手順で計算をする.

〔1〕 巻線抵抗測定から $T=75$ °C に換算した抵抗値を求める.

測定した抵抗値 $R_t=(\qquad)$〔Ω〕

測定時の温度 $t=(\qquad)$〔°C〕

温度 75 °C に換算した抵抗計算

$$R_{75}=\frac{R_t}{2}\cdot\frac{234.5+75}{234.5+t}=(\qquad)〔\Omega〕$$

〔2〕 実験2の〈結果2〉の実験データをもとに, 無負荷電流の有効分と無効分を求める.

定格電圧 $V_n=200$ V のときの

無負荷電流 $I_0=(\qquad)$〔A〕

無負荷電力 $P_0=(\qquad)$〔W〕

無負荷電流の有効分 $\mathrm{NN}'=\dfrac{P_0}{\sqrt{3}\cdot V_n}=(\qquad)$〔A〕

無負荷電流の無効分 $\mathrm{ON}'=\sqrt{I_0^2-(\mathrm{NN}')^2}=(\qquad)$〔A〕

〔3〕 実験3の〈結果3〉の実験データをもとに, 拘束電流の有効分と無効分を求める.

定格電流 $I_n=(\qquad)$〔A〕のときの（実験データから）

定格電流 I_n が流れたときの一次電圧 $V_s'=(\qquad)$〔V〕

定格電流 I_n が流れたときの拘束電力 $P_s'=(\qquad)$〔W〕

拘束電流 $I_s=I_n\cdot\dfrac{V_n}{V_s'}=(\qquad)$〔A〕

拘束電力 $P_s=P_s'\cdot\left(\dfrac{V_n}{V_s'}\right)^2=(\qquad)$〔W〕

拘束電流の有効分 $\mathrm{SW}=\dfrac{P_s}{\sqrt{3}\cdot V_n}=(\qquad)$〔A〕

拘束電流の無効分 $\mathrm{OW}=\sqrt{I_s^2-(\mathrm{SW})^2}=(\qquad)$〔A〕

〔4〕 円線図（図3・17）を描きながら一次負荷電流（一次短絡負荷電流ともいう）I_s' を円線図から求める.

一次負荷電流 $I_s'=\mathrm{NS}=(\qquad)$〔A〕

〈注意〉 線分 NS の長さを求め, 電流の縮率倍する.

$$\mathrm{TU}=\frac{\sqrt{3}\cdot R_{75}\cdot(I_s')^2}{V_n}=(\qquad)〔\mathrm{A}〕$$

定格出力 $P_n=(\qquad)$〔W〕のときの定格電流を求める.

$$DH = \frac{P_n}{\sqrt{3} \cdot V_n} = (\qquad)〔A〕$$

❷ 円線図を描く

〔1〕 用意する物

方眼紙（A3 あるいは適当な大きさを用意して縮尺を決める）

製図用具（三角定規，スケール，コンパス大）

〔2〕 描く手順

① 電流尺度を 1 cm あたり 2 A とする（縮尺 2 A/cm）.

② 方眼紙の左側および下側を数 cm 程度あけて軸線 OA と OB を引く.

③ 無負荷試験のデータから，ON′と NN′ をとり，N 点を決める.

④ N 点から，軸線 OB に平行に線 NU を引く.

⑤ 拘束試験のデータから，OW と SW をとり，S 点を求める.

⑥ N 点と S 点を結ぶ（線分 NS は一次負荷電流を表す）.

⑦ 線分 NS の垂直二等分線を引き，線分 NU との交点を C 点とする.

⑧ C 点を中心に円弧 NS をコンパスで描く.

⑨ C 点から，線分 NS の二等分点に向かって線を引き上げて，円弧との交点を P_m とする. P_m から垂線を下ろし，Q_m 点を決める.

⑩ 線分 NS を測定し，一次負荷電流値 I_s' を求める. この I_s' の値を用いて線分 TU を計算から求め，T 点を決める.

⑪ N 点と T 点を結ぶ線分を引く.

⑫ C 点から線分 NT に垂直線を引き上げ，円弧との交点 P_t を決める.

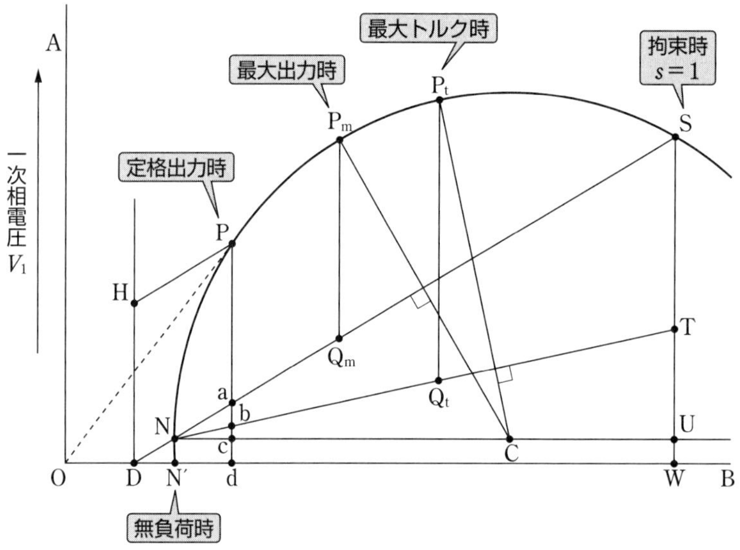

図 3・17 L 形円線図

⑬　線分 NS を下に延長し D 点を決める．D 点から上に垂直線を引き，DH の値から H 点を決める．

⑭　H 点から，線分 NS と平行に線を引き，円弧との交点を P 点とする．

⑮　P 点から，垂直線を下ろし，各線との交点を小文字の a，b，c，d 点とする．

❸ 円線図から特性値を求める（図 3・15 および図 3・17 参照）

〔1〕　電流値

線分の長さ〔cm〕を測り，2 A/cm であるから 2 倍する．

①　一次電流　I_1 = 線分 OP の長さ×2

②　無負荷電流　I_0 = 線分 ON の長さ×2

③　一次負荷電流　I_1' = 線分 NP の長さ×2

④　始動電流　I_s = 線分 OS の長さ×2

〔2〕　損失・電力

円線図は電流目盛で描かれているため，電力目盛にするには換算をしなくてはならない．

電力目盛〔W/cm〕= $\sqrt{3}$ ×定格電圧〔V〕×2 A/cm

⑤　無負荷損　P_0' = 線分 cd の長さ×電力目盛

⑥　一次抵抗損　P_{c1} = 線分 bc の長さ×電力目盛

⑦　二次抵抗損　P_{c2} = 線分 ab の長さ×電力目盛

⑧　一次入力　P_1 = 線分 Pd の長さ×電力目盛

⑨　二次入力　P_2 = 線分 Pb の長さ×電力目盛

⑩　二次出力　P_0 = 線分 Pa の長さ×電力目盛

⑪　最大出力　P_m = 線分 P_mQ_m の長さ×電力目盛

⑫　最大トルク（停動トルク）　$T_m = \dfrac{\text{線分 } P_tQ_t \text{ の長さ×電力目盛}}{\omega}$〔N·m〕

⑬　始動トルク　$T_s = \dfrac{\text{線分 ST の長さ×電力目盛}}{\omega}$〔N·m〕

角速度　$\omega = 2\pi \dfrac{n}{60}$〔rad/s〕

回転速度　n〔min^{-1}〕

〔3〕　力率，効率，滑り

⑭　力率　$\cos\theta = \cos(\angle \mathrm{AOP}) \times 100$〔%〕

⑮　滑り　$s = \dfrac{\mathrm{ab}}{\mathrm{Pb}} \times 100$〔%〕

⑯　効率　$\eta = \dfrac{P_0}{P_1} \times 100$〔%〕

4章 同期機の実習

この章のねらい，目的と実習項目

●ねらい

同期機には，同期電動機と同期発電機がある．

火力，水力，原子力発電所などで使われている交流発電機は三相同期発電機である．一定の回転をさせることにより，一定の周波数の交流電圧や電力を発生することができる．

同期電動機は，インバータ制御技術により家電機器や自動車，鉄道の動力など，幅広く活用されている．

この章では，同期機の実習を通して，その性質を知り，実際の使用例について理解を深める．

●目的

・三相同期発電機の基本的な特性をとり，そのデータから同期インピーダンス等を求める．

・三相同期電動機では自己始動方法と位相特性をとり，力率改善の方法を学ぶ．

●実習項目

1　三相同期発電機の特性試験

2　三相同期電動機の始動および位相特性試験

実習 1 三相同期発電機の特性試験

目的

●家庭用・産業用の電力は，火力発電，水力発電，原子力発電などにより作られている．この発電に使われている同期発電機の構造や原理を学び，特性を求める．

実習を始める前の予備知識

❶ 同期機の原理

同期発電機は回転子の NS の磁極を外力（火力蒸気や水力など）により回転させることにより，固定子の電機子巻線に交流起電力が発生する．図 4・1（a）のように 3 組の巻線を $2\pi/3$〔rad〕ずつずらして配置することにより，図 4・1（b）に示すような三相交流起電力が得られる．

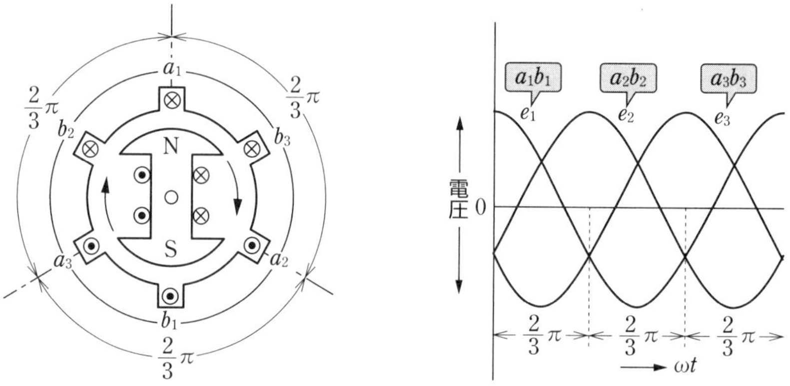

（a）3 組の巻線の配置

（b）三相起電力のようす

図 4・1 三相同期発電機の原理

❷ 同期速度，誘導起電力について

同期速度 $n_S = \dfrac{120f}{P}$〔min^{-1}〕

誘導起電力（一相あたり）$E = 4.44kfw\Phi$〔V〕

三相同期発電機の端子電圧 $V = \sqrt{3} \times 4.44kfw\Phi$〔V〕

ただし，k：巻線係数，f：周波数，w：一相あたりの巻数，Φ：1 極あたりの磁束，P：極数である．

❸ 構造と種類

（a） 原動機による分類

・水車発電機

水車を原動機とする．低速度（125 ～ 1 200 min^{-1}），突極界磁（48 ～ 6 極），縦軸形

・タービン発電機

蒸気タービンを原動機とする．高速（1 500 ～ 3 600 min^{-1}），円筒形界磁，横軸形

・エンジン発電機

内燃機関を原動機とする．100 ～ 1 000 min^{-1}，回転電機子形

（b） 回転子による分類

・回転界磁形

固定子に電機子，回転子に界磁極を備えた形式．固定子（電機子）が静止しているので絶縁が容易であり，スリップリングを用いないため，集電が容易である．高電圧・大電流に適する．

・回転電機子形

固定子に界磁極，回転子に電機子を備えた形式．外部への発電の取り出しは，スリップリングを通して行う．低電圧，小電流，小型用．

・誘導子形

界磁および電機子ともに固定され，磁路のエアギャップに歯車形の凹凸を持った誘導子とよばれる鉄心が回転する．高周波発電機や高周波電気炉用発電機などに使われる．

❹ 同期インピーダンス

電機子反作用を代表するリアクタンス x_a〔Ω〕と漏れリアクタンス x_i〔Ω〕を合わせ

$$x_s = x_a + x_i \ 〔\Omega〕$$

となり，この x_s を**同期リアクタンス**という．

また，同期リアクタンス x_s〔Ω〕と電機子巻線抵抗 r_a〔Ω〕とからなる

$$\dot{z}_s = r_a + jx_s \ 〔\Omega〕,\quad z_s = \sqrt{r_a{}^2 + x_s{}^2} \ 〔\Omega〕$$

この $\dot{z}_s$ と z_s を**同期インピーダンス**という．

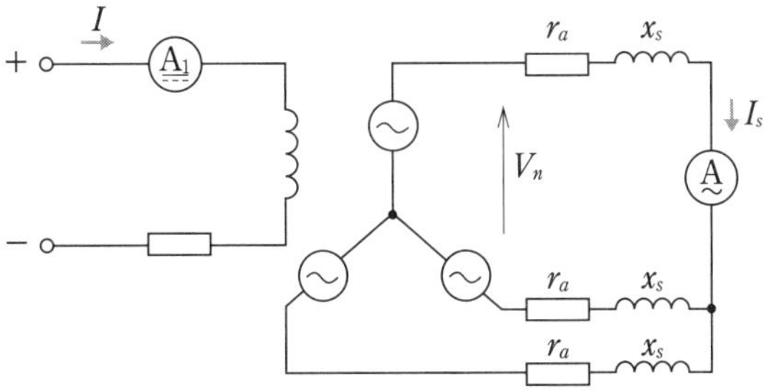

図 4・2 三相同期発電機の同期インピーダンス

図 4・2 から，無負荷電圧 V_n を短絡電流で割ることにより，一相分のインピーダンス z_s〔Ω〕を求めることができる．

$$z_s = \frac{V_n}{\sqrt{3}I_s}\ \text{〔Ω〕}$$

したがって，図 4・3 からは

$$z_s = \frac{\mathrm{cd}}{\sqrt{3}\,\mathrm{ed}} = \mathrm{fd}\ \text{〔Ω〕}$$

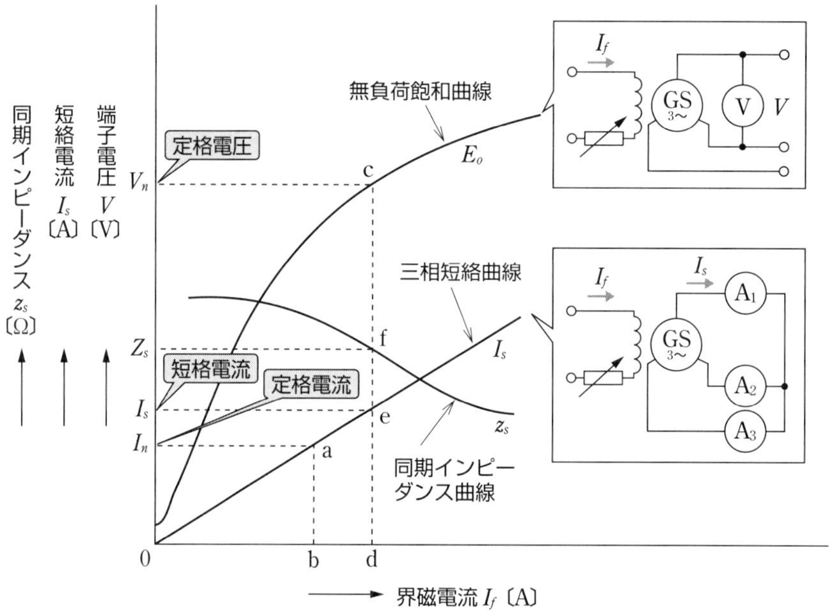

図 4・3 同期発電機の無負荷特性および短絡特性

❺ 短 絡 比

無負荷で定格電圧の発生に要する界磁電流 I_{f1} と，定格電流に等しい三相短絡電流の発生に要する界磁電流 I_{f2} との比を**短絡比** K_s という．

$$K_s = \frac{I_{f1}}{I_{f2}}$$

短絡比は，タービン発電機では 0.6 ~ 1.0，水車発電機では 0.8 ~ 1.2 程度のものが多い．短絡比の小さい機械は同期インピーダンスが大きく，電機子反作用が大きい．

6 使用器具

器具名	記号	定格，その他
同期発電機	GS	2 kW，3φ，200 V，5.8 A，1 500 min^{-1}，4 極，50 Hz
直流電動機	M	2.2 kW，27 A，100 V，4 極
交流電圧計	V_2	0.5 級，300 V
交流電流計	A_3	0.5 級，10 A
直流電圧計	V_1	0.5 級，100 V
直流電流計	A_1	0.5 級，30 A
直流電流計	A_2	0.5 級，3 A
三相電力計	W	0.5 級，5/25 A，120/240 V
三相負荷装置		200 V，8.7 A，抵抗負荷 3 kW
滑り抵抗器	R_f	2.5/5 A，228/72 Ω
周波数計	Hz	
始動器		
スイッチ	S_1～S_4	S_1，S_2，S_4 ヒューズ付き

実験 1 三相同期発電機の特性試験を行う

実験 1 では無負荷試験および短絡試験を通して，同期インピーダンス，短絡比，電圧変動率，効率を導き，同期発電機の特性を理解する．

〔1〕 無負荷試験

図 4・4 は，三相同期発電機の無負荷試験を行う回路図である．

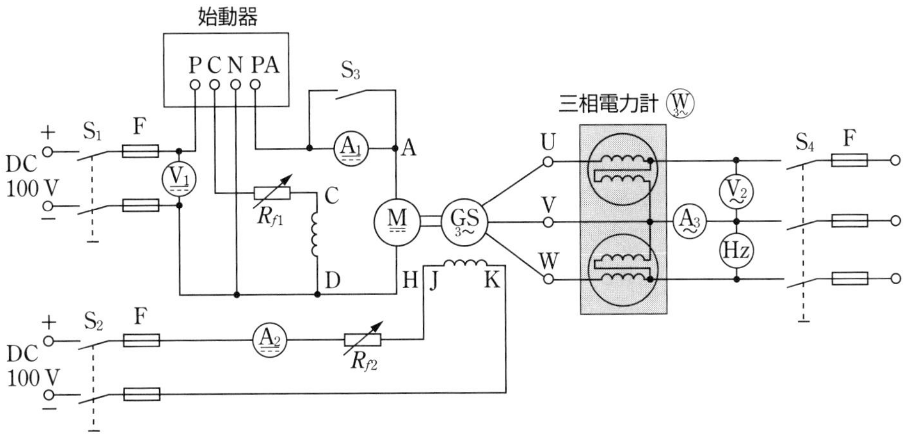

図 4・4 実験 1 無負荷試験の回路図

〔2〕 短絡試験と負荷試験

図 4・5 に回路図を示す．図 4・5 (a) は接続図であり，図 4・5 (b) はその実体図である．負荷試験を行うときは図の右端の短絡試験の部分を右端下の負荷試験用にかえて接続する．

やってみよう　実験の手順

❶ 無負荷試験

1 図4・4に示す実験回路図にしたがって結線する．

2 図4・5の右端のスイッチ S_4 は開いておく．

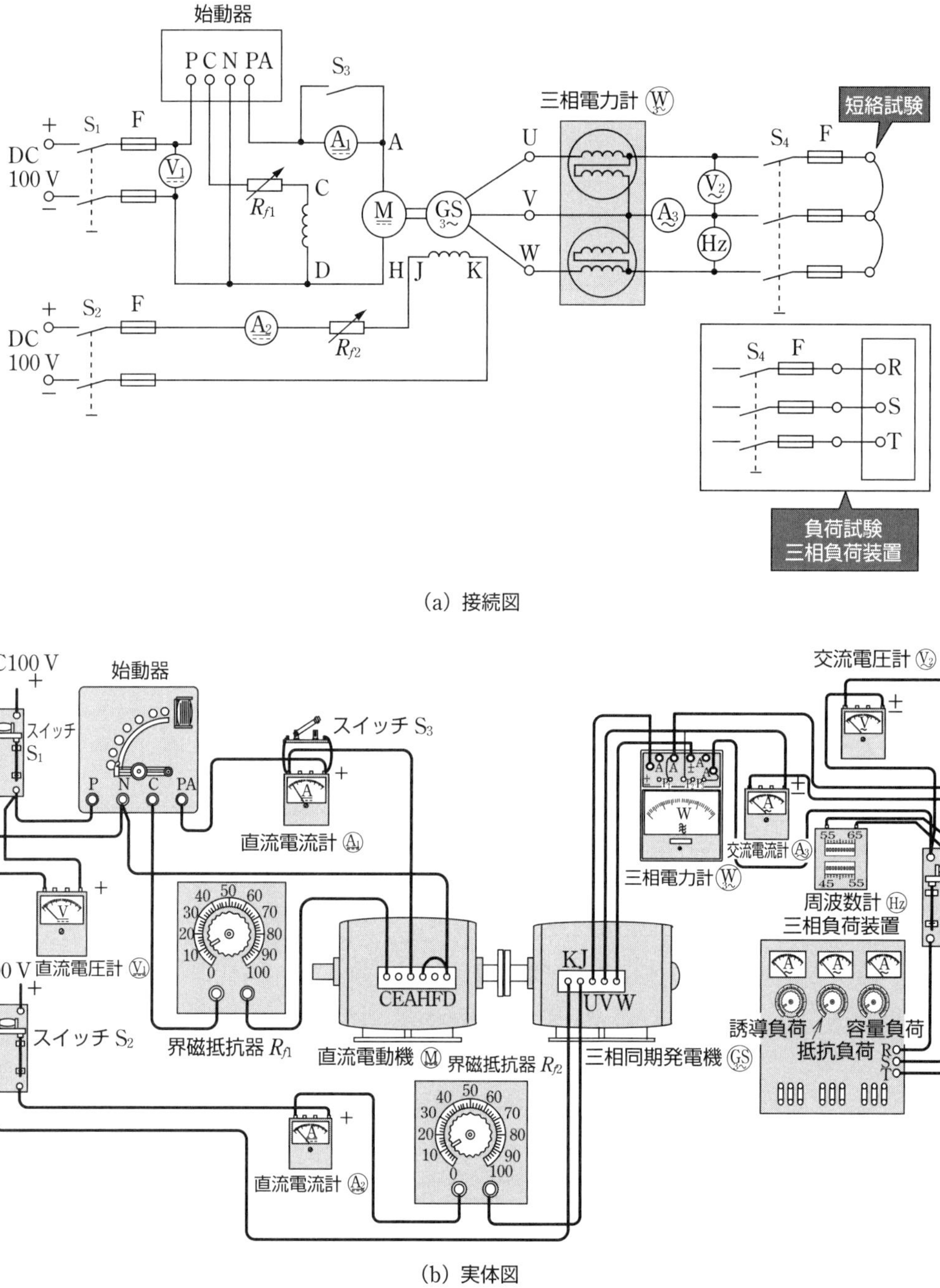

(a) 接続図

(b) 実体図

図　4・5　実験1　短絡試験，負荷試験の回路図

3 スイッチ S_1 を入れ，直流電動機用界磁抵抗 R_{f1} を最小にして，直流電動機を始動する．定格回転速度は 1 500 min^{-1} になるように R_{f1} を調整する．以後，実験中は回転速度を一定に保つこと．

直流電動機の始動時には大きな電流が流れるので，始動時にはスイッチ S_3 を入れ，始動後，運転が安定してからスイッチ S_3 を切ること．

4 同期発電機用界磁抵抗 R_{f2} を最大にしてスイッチ S_2 を入れる．

5 同期発電機用界磁抵抗 R_{f2} により，界磁電流 I_{fg}（電流計 Ⓐ$_2$）を増加し，そのときの同期発電機の端子電圧 V を電圧計 Ⓥ$_2$ で測定するとともに，直流電動機の電機子電流 I_1（電流

〈結果 1〉無負荷試験						
直 流 電 動 機			同 期 発 電 機			グラフより計算
回転速度 n〔min^{-1}〕	入力電圧 V_1〔V〕	電機子電流 I_1〔A〕	界磁電流 I_{fg}〔A〕	誘導電圧 E_0〔V〕		同期インピーダンス z_s〔Ω〕
				上昇	下降	
			0.5			
			0.6			
			0.7			
			0.8			
			0.9			
			1.0			
			1.1			
			1.2			
			1.3			
			1.4			
			1.5			
			1.6			
			1.7			
			1.8			
			1.9			
			2.0			
			2.1			
			2.2			
			2.3			

計 Ⓐ$_1$ の値）を測定し，〈結果 1〉の表に記録する．

[6] 端子電圧が定格の 120 % になるまで測定を行う．

❷ 短絡試験

[1] 図 4・5 に示す右側の短絡試験用の接続を行う（スイッチ S_4 の部分である）．

！ 短絡試験は界磁抵抗を小さくして始動すると大きな短絡電流が流れて，非常に危険である．必ず界磁抵抗 R_{f2} を最大にして（界磁抵抗が小さい場合はさらに抵抗を加えて大きくする）から速やかに実験を行うこと．

[2] スイッチ S_1 を入れ，直流電動機用界磁抵抗 R_{f1} を最小にして，直流電動機を始動する．定格回転速度は 1 500 min^{-1} になるように R_{f1} を調整する．以後，実験中は回転速度を一定に保つこと．

[3] 同期発電機用界磁抵抗 R_{f2} を最大にして，スイッチ S_2 を入れる．また，同期発電機用界磁抵抗 R_{f2} が小さい場合には，さらに直列に抵抗を接続する．

[4] 同期発電機用界磁抵抗 R_{f2} を変えて，そのときの同期発電機の短絡電流 I_s（電流計 Ⓐ$_3$）と界磁電流 I_{fg}（電流計 Ⓐ$_2$ の値）を測定するとともに，直流電動機の電機子電流 I_1（電流計 Ⓐ$_1$ の値）を測定し〈結果 2〉の表に記録する．

[5] 短絡電流が定格の 120 % になるまで測定を行う．

〈結果 2〉短絡試験				
直流電動機			同期発電機	
回転速度 n〔min^{-1}〕	入力電圧 V_1〔V〕	電機子電流 I_1〔A〕	界磁電流 I_{fg}〔A〕	短絡電流 I_s〔A〕
				2.0
				2.5
				3.0
				3.5
				4.0
				4.5
				5.0
				5.5
				6.0
				6.5

❸ 負荷試験

1 図4・5に示す右側の接続を負荷試験用に変えて結線をする（スイッチ S_4 を入れる）．

2 スイッチ S_1 を入れ，直流電動機用界磁抵抗 R_{f1} を最小にして，直流電動機を始動する．定格回転速度は 1 500 min^{-1} になるように R_{f1} を調整する．以後，実験中は回転速度を一定に保つこと．

3 同期発電機が，定格回転速度，定格電圧，定格電流（5.8 A）になるように界磁調整器 R_{f1}，R_{f2} を調整する

4 この状態で回転速度，界磁電流 I_{fg} を一定にして負荷を減らし，負荷電流 I_g を 0 A から定格の 120％（6.5 A）まで 0.5 A ごとに変えて，そのときの直流電動機の入力電圧 V_1，電機子電流 I_1 および同期発電機の界磁電流 I_{fg}，端子電圧 V，電力 P をそれぞれ測定し〈結果3〉の表に記録する．

まとめてみよう 実験結果のまとめ

（1） 三相同期発電機の無負荷試験，短絡試験および負荷試験の実験で測定した各データから〈結果1〉から〈結果3〉の表を作成する．

（2） グラフを作成し，同期インピーダンス（無負荷試験では上昇のときの値を使う）を導きなさい．無負荷試験と短絡試験から，横軸に界磁電流 I_{fg} を，縦軸に無負荷電圧と短絡電流をとり，グラフを作成する．また，求めた同期インピーダンスをグラフ上に表すこと．

（3） 無負荷特性試験から界磁電流が 0 A のとき，無負荷電圧が何〔V〕あるか調べなさい．また，上昇と下降では値が違うのはなぜか．

（4） 同期インピーダンスの値が一定でないのはなぜか．

〈結果 3〉負荷試験						
直流電動機			同期発電機			
回転速度 n〔min^{-1}〕	入力電圧 V〔V〕	電機子電流 I_1〔A〕	界磁電流 I_{fg}〔A〕	負荷電流 I_g〔A〕	端子電圧 V〔V〕	電　力 P〔W〕
				0		
				0.5		
				1.0		
				1.5		
				2.0		
				2.5		
				3.0		
				3.5		
				4.0		
				4.5		
				5.0		
				5.5		
				6.0		
				6.5		

実習2 三相同期電動機の始動および特性試験

目的 ●三相同期電動機の始動方法を学ぶとともに，位相特性を測定し，同期電動機の原理や特徴を理解する．

実習を始める前の予備知識

❶ 同期電動機の原理

同期電動機は同期発電機とほぼ同じ構造で，同期発電機を同期電動機としても使用できる．回転子には三相巻線が施され，回転磁界を発生している．図4・6（b）では，回転子は同じ方向に力が働き $F_1=F_2$ となり，回転しない．図4・6（c）では回転磁界と固定子導体との間にフレミングの左手の法則が成り立ち $F_1>F_2$ となり，トルクを発生し回転する．実際の回転子には，回転子の磁極片のスロットに銅製の導体を入れ，両端を短絡環で短絡し，この導体に生じる電流と回転磁界との間に働くトルクによって始動する．

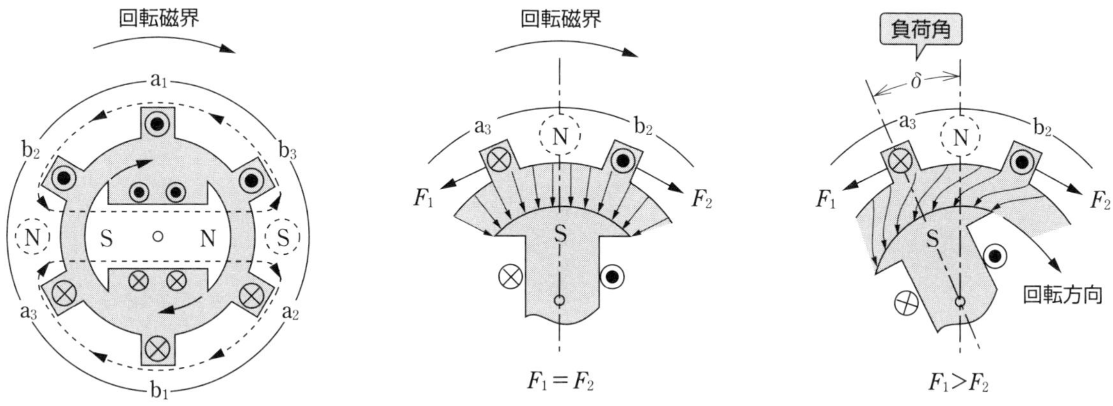

（a）無負荷のとき　（b）トルクは発生しない　（c）負荷があるとき

図 4・6 同期電動機の原理

❷ 始動方法（自己始動法）

回転子磁極面に施した制動巻線を利用して始動トルクを発生させる方法で，制動巻線は誘導電動機のかご形回転子巻線と同じ働きにより，始動ができる．この始動方法を**自己始動法**という．固定子に全電圧を加えると，大きな始動電流が流れるので，始動時に始動補償器や直列リアクトルを接続し，低電圧で始動する．始動後，同期速度に近くなったときに全電圧を加えて運転する．

③ 位相特性

同期電動機は一定負荷のもとでは，図 4・7 のように界磁を強めれば進み力率で，界磁を弱めれば遅れ力率で運転することになる．この位相特性を応用して力率調整を行うことができる．

曲線 A は無負荷の場合であり，曲線 B，C は徐々に負荷を大きくした場合である．

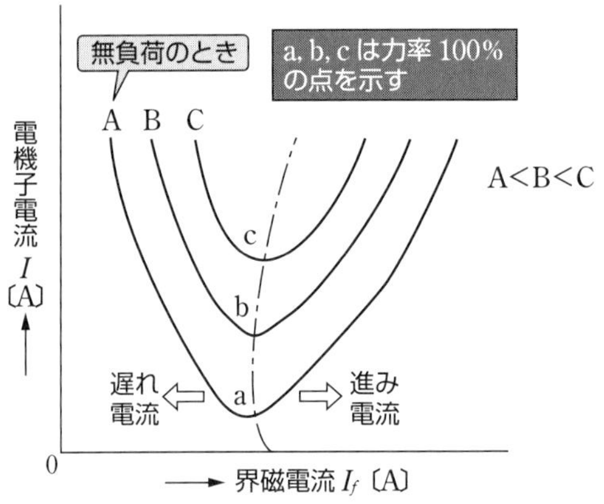

図 4・7 同期電動機の位相特性（V 曲線）

④ 同期電動機の用途

（a） 永久磁石同期機

ハイブリッド自動車，鉄道，各種発電・家電機器などに用いられている．

（b） 同期調相機

図 4・8 のように，送電線の受電端に負荷と並列に接続し，同期電動機の界磁電流を調整すると，界磁電流が小さいときは電機子電流が遅れ無効電流となり，大きいときは進み無効電流となる．したがって，送電線の負荷が大きいときは進み電流をとり，負荷が小さいときは遅れ電流をとることにより，受電端の電圧を一定に保つ．

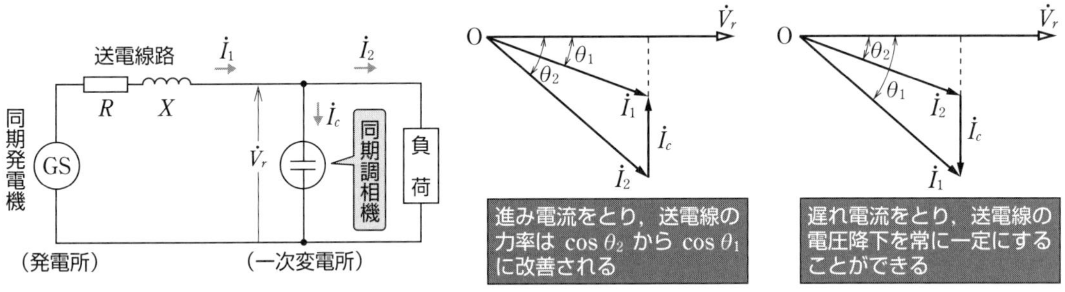

(a) 同期調相機の接続（一相分のみ）　(b) 重負荷の場合　(c) 軽負荷の場合

図 4・8 同期調相機の働き

❺ 使用器具

器具名	記号	定格，その他
同期電動機	(MS 3〜)	2 kW，4 極，200 V，5.8 A，1 500 min^{-1}（50 Hz）
直流発電機	(G)	2.2 kW，4 極，100 V，27 A，1 500 min^{-1}
三相誘導電圧調整器	IR	5 kV·A，200 V/200 ± 200 V
交流電圧計	(V_1)	0.5 級，300 V
交流電流計	(A_1)	0.5 級，10 A
直流電圧計	(V_2)	0.5 級，150 V
直流電流計	(A_2)	0.5 級，3 A
直流電流計	(A_3)	0.5 級，30 A
抵抗負荷	R	3 kW
スイッチ	S_1〜S_6	S_1，S_3，S_6 ヒューズ付き

実験 1 三相同期電動機の始動と位相特性試験を行う

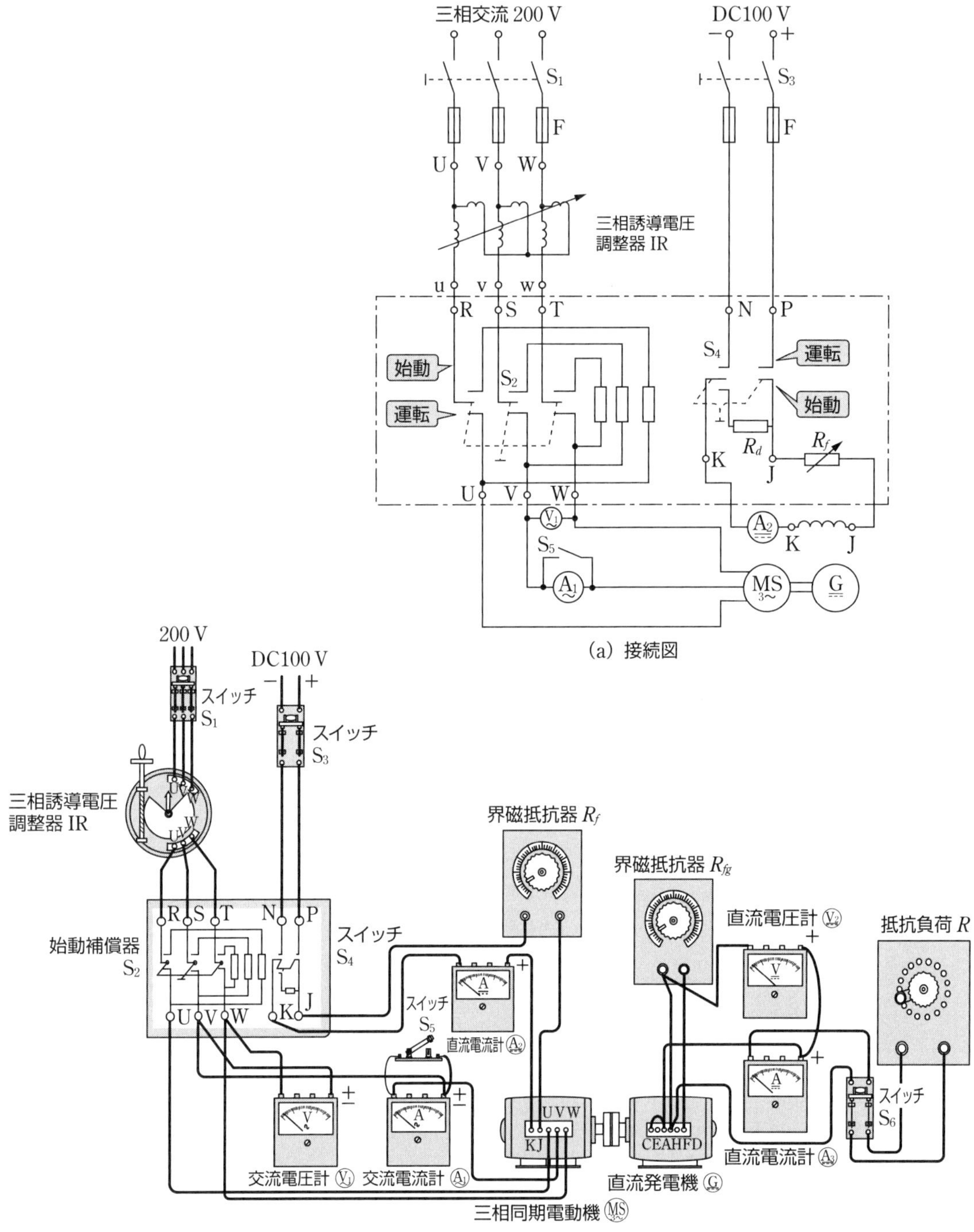

(a) 接続図

(b) 実体図

図 4・9 実験1 自己始動法の回路図

〔1〕 自己始動法

三相同期電動機の自己始動法による実験回路図を図 4・9 に示す．図 4・9 (a) は接続図であり，

図 4・9（b）はその実体図である．

〔2〕 **位相特性試験**

三相同期電動機の位相特性曲線の測定を行う負荷側の実験回路図を図 4・10 に示す．

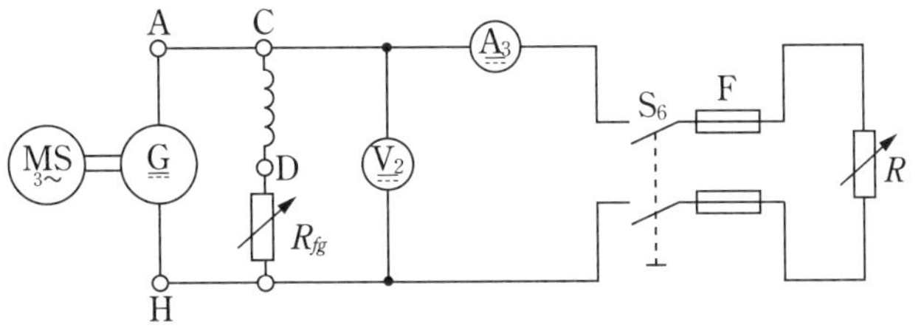

図　4・10　実験 1　位相特性試験の負荷側の回路図

やってみよう　実験の手順

1 自己始動法による始動

1. 図 4・9 に示す回路図にしたがって結線をする．界磁用電流スイッチ S_3 は開いておく．
2. 界磁用スイッチ S_4 を始動側に入れて，界磁回路を抵抗で短絡しておく．
3. 電源スイッチ S_1 および始動補償器 S_2 を始動側に入れて，誘導電圧調整器 IR を調整し，低い電圧で始動させる．

   ！ 電動機の始動時は大きな始動電流が流れるので，図 4・9 のスイッチ S_5 を入れて電流計と電力計の電流端子を短絡し，メータを保護する．

4. 同期電動機が回転し，同期速度（1 500 min^{-1}）近くになり安定したら，界磁用電流スイッチ S_3 を入れ，界磁用スイッチ S_4 を運転側に入れる．この状態で，同期電動機が始動したことになる．
5. 始動補償器を運転側に切り替えて，定格電圧を加える．
6. 界磁抵抗 R_f を変えて，定格回転速度にする．

2 位相特性試験

1. 図 4・10 に示すように直流発電機の負荷を接続する．
2. 自己始動法により始動させ，回転速度を定格回転速度（1 500 min^{-1}）にする．実験中，回転数は常に一定とする（負荷がかかることにより，回転速度は変動するのでそのつど調整し，一定に保つ）．
3. 負荷の直流発電機の電圧を定格電圧（100 V）に保ち，電流計 Ⓐ$_3$ で示すそれぞれの負荷電流（0 A，5 A，10 A）を一定に保ち，同期電動機の界磁電流 I_f（電流計 Ⓐ$_2$ の値）を変えて，そのときの同期電動機の電機子電流 I（電流計 $\textcircled{A}_1$ の値）を測定し，〈結果 1〉の表に記録する．

4 同期電動機の界磁電流は最小の値から，0.1 A ごとに測定し，同期電動機の電機子電流が定格値になるまで行う（図 4・7 の V 字形が描ける）．

まとめてみよう 実験結果のまとめ

〈結果 1〉位相特性試験			
界磁電流 I_f〔A〕	電機子電流 I〔A〕		
	負荷電流 0 A	負荷電流 5 A	負荷電流 10 A

考えてみよう　結果の検討

（1） 位相特性試験から，横軸に界磁電流 I_f〔A〕をとり，縦軸に電機子電流 I〔A〕をとった位相特性のグラフを作成しなさい.

（2） 位相特性曲線から力率調整の方法について考察しなさい.

（3） 位相特性曲線のような特異な特性をとるのはなぜか.

（4） 同期調相機の原理・構造について調べなさい.

（5） 同期電動機の利用について調べなさい.

5 章

屋内配線の基礎

この章のねらい，目的と実習項目

●ねらい

最近の屋内配線を取り巻く状況は，生活様式の変化，居住空間の快適性，電化住宅の普及など従前と比較し著しい変化がみられる．こうした時代のニーズに対応した新たな屋内配線が望まれる．

電気技術者を目指す人，特に電気工事に携わる人は新しい視点に立った屋内配線の知識が必要となる．また，時代の流れとともに屋内配線の取扱いに電気設備施工《せこう》図用 CAD（Computer Aided Design）も利用されている．ここでは屋内配線を具体化した単線図や複線図について学ぶ．

●目的

一般に屋内配線は簡易《かんい》な単線図で表し，必要に応じて実体に即した複線図に書き換えて取り扱う．家電製品や電気機器の使用に際して，電灯回路やコンセント回路の組合せによっては多岐《たき》にわたる電気回路となるが，ここでは基礎的な配線図を学ぶことにする．

●実習項目

1　屋内配線図の見方・読み方・書き方

2　屋内配線の単線図と複線図

実習 1 屋内配線図の見方・読み方・書き方

目的

●屋内の電気回路を表す配線図は，安全な電気の使用や工事施工のための基本図である．この共通性を持たせるため，屋内配線図は JIS C0303 による構内電気設備の配線用図記号を使用することになっている．

●実習を通して屋内配線図の見方，読み方を学ぶとともに，新たな屋内配線図が作成できるようにする．

実習を始める前の予備知識

屋内配線図を学ぶにあたって国家規格である日本産業規格 JIS C 0303「構内電気設備の配線用図記号」を正しく理解するとともに，経済産業省令「電気設備技術基準とその解釈」，民間規程である日本電気協会「内線規程」などの関係法令や規則についても確認しておく．

JIS…Japanese Industrial Standards

実験 1 屋内配線図と図記号（シンボル）を調べる

図 5・1 は新築平屋建住宅の配線図，表 5・1 は配線図に関する図記号の一例である．図 5・1(a) の受電点より単相 3 線式電源（1 ϕ 3 W・100/200 V）を電力量計を通し，屋側露出配線から屋内の分電盤へ引き込む．

1 ϕ 3 W…single-phase three-wire system

また，図 5・1 (b) の分電盤結線図に示すように漏電《ろうでん》遮断器（[BE]：過負荷保護付）を経て，a～e の電灯・コンセント用 100 V 20 A 配線用遮断器，f のルームエアコン専用 200 V 20 A 配線用遮断器への配線を表す．

また，配線方式は，図 5・1 (a) に示すように，分電盤から a，d の床隠ぺい配線（– – – – –），b，c，e，f の天井隠ぺい配線（————），また屋外灯への地中埋設配線（—‐—‐—）からなる．使用配線器具は，電灯回路には蛍光灯，シーリング，埋込器具，ペンダント，そしてこれら点滅用として単極スイッチや 3 路スイッチが，コンセント回路には壁付の接地極付コンセントや壁付の 3 口《くち》コンセントが使われている．さらに小勢力回路（呼び鈴やインターホン）には壁付押ボタン（[●]），チャイム（[♪]）や小形変圧器（Ⓣ$_B$：ベル変圧器）が使われている．

まとめてみよう 実験結果のまとめ

図 5・1 (a) と図 5・1 (b) を書きなさい．

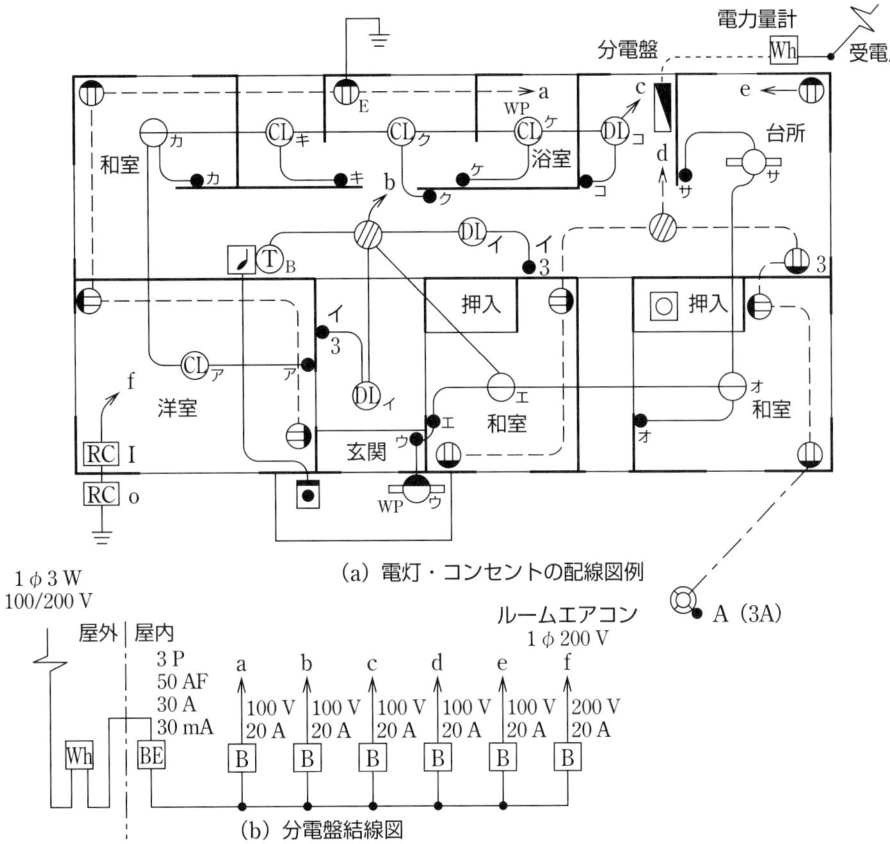

図 5・1 屋内配線図

表 5・1 主な屋内配線用図記号

種類	名称	図記号
配線	天井隠ぺい配線	———
	床隠ぺい配線	- - -
	露出配線	-------
	プルボックス	⊠
	ジョイントボックス	□
	VVF 用ジョイントボックス	
	接地端子	
	接地極	
	受電点	
照明	一般用照明 (白熱灯 HID 灯)	○
	ペンダント	⊖
	シーリング（天井直付）	CL
	ランプレセプタクル	R
	埋込器具（ダウンライト）	DL
	引掛シーリング（角）	( )

種類	名称	図記号
照明	引掛シーリング（丸） 壁付は，壁側を塗るか，W を傍記する．また，容量を示す場合は，ワット (W)×ランプ数を傍記する． 例 ◐ 100×3，○ W	◎
	屋外灯 自動点滅器付きは A および容量を傍記する． 例 A(3A)	
	蛍光灯 器具の種類を示す場合は，文字記号を記入する．	
コンセント	コンセント（一般形） 天井に取り付ける場合は，，床面に取り付ける場合は とする．また，種類を示す場合は，接地極付は E，接地端子付は ET，また防雨形は WP を傍記する． 例 WP	

種類	名称	図記号
点滅器	点滅器（一般形） 3 路，4 路スイッチまた極数を示す場合は，それぞれ 3，4，または P を傍記する． 例 ●3，●4，●2P 別置された確認表示灯（パイロットランプ）は○とする． 例 ○● また位置表示灯を内蔵するものは H を，確認表示灯を内蔵するものは L を傍記する． 例 ●H，●L	●
開閉器・その他	分電盤	
	開閉器	S
	配線用遮断器	B
	漏電遮断器	E
	電力量計 (箱入りまたはフード付)	Wh
	換気扇	
	ルームエアコン	RC

JIS C 0303-2000

実習 2 屋内配線の単線図と複線図

目的

●一般に屋内配線は JIS に規定された図記号によって書かれた単線図であるが，配線接続点や照明器具と点滅器による電灯回路，家電製品のコンセント回路などは複線図で表したほうが便利である．

●実習を通して屋内配線の基礎である電灯点滅回路やコンセント回路，ならびにこれらを組み合わせた単線図から複線図への変換について学ぶ．

実習を始める前の予備知識

❶ 電線の色別

屋内で使用する電気は，図 5・2 のように引込線を通して引き込まれるが，屋外の柱上変圧器の接地につながる配線は接地側電線といい，他方の線を非接地側電線という．事故防止や工事施工の作業効率向上の観点から，絶縁被覆の色別により使い分けている．接地側電線（白）は電灯などの負荷に配線され，点滅器側は非接地側電線（黒）に配線される．

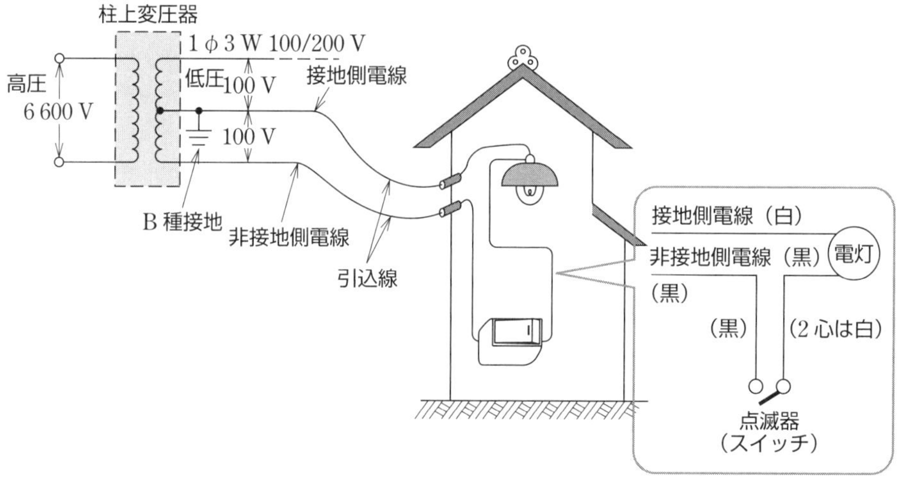

白線……接地側電線
黒線……非接地側電線
赤線……非接地側電線
緑線……接地線

IV　：600 V ビニル絶縁電線
VVF：600 V ビニル絶縁ビニルシースケーブル平形
VVR：600 V ビニル絶縁ビニルシースケーブル丸形
EEF：600 V ポリエチレン絶縁耐熱性ポリエチレンシースケーブル平形
（エコケーブルともいう）

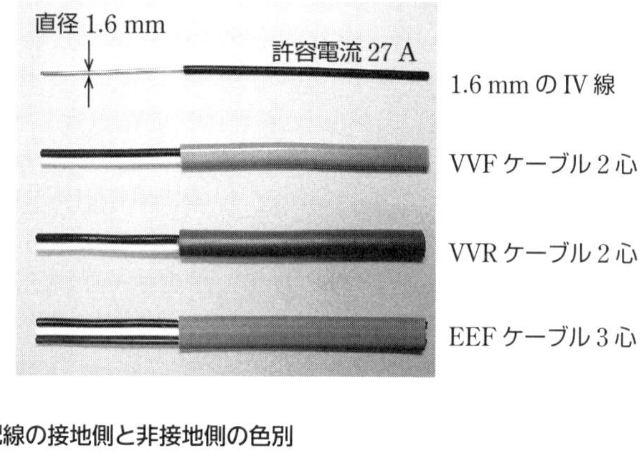

図　5・2　屋内配線の接地側と非接地側の色別

❷ 器具の極性

(1) 極性のある器具

図 5・3 のように，極性のある器具は，一般的に「接地側」または「W」，「N」の表示があり，白線を接続しなければ不合格となる．

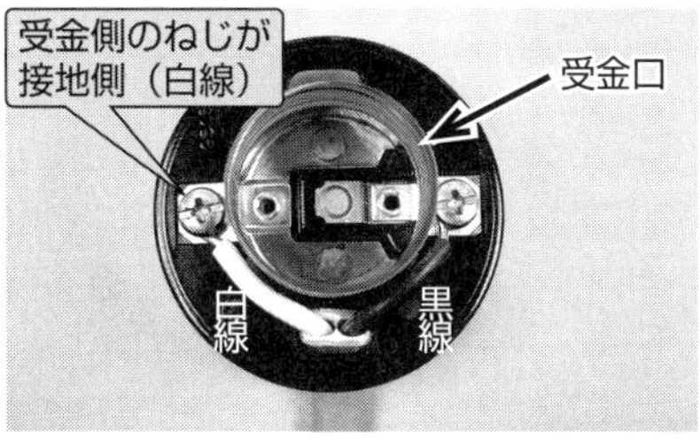

(a) ランプレセプタクル

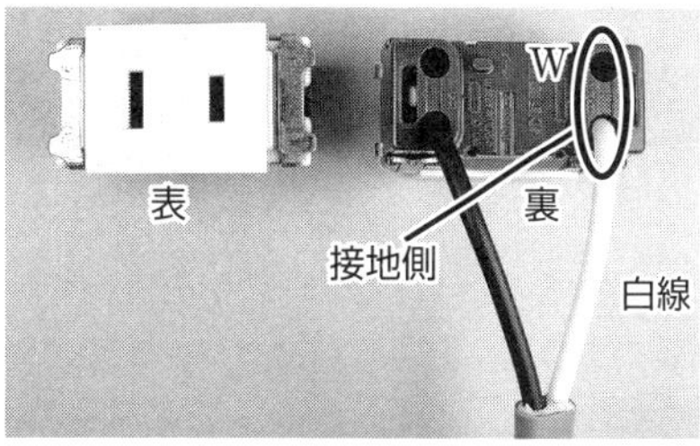

(b) 埋込用コンセント

(c) 露出形コンセント

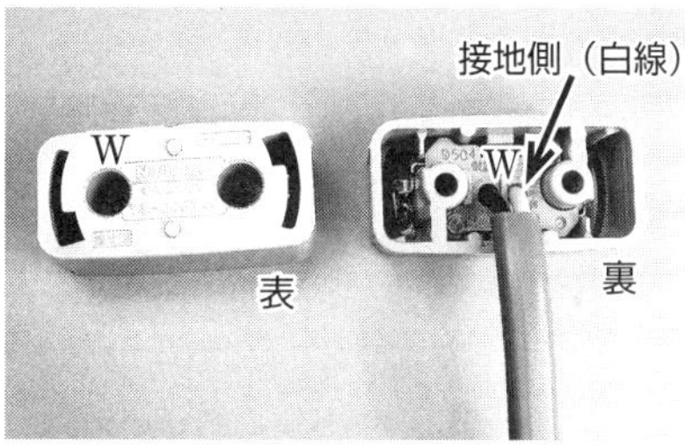

(d) 引掛シーリングローゼット

図 5・3 極性のある器具

(2) 極性のない器具

図 5・4 (a) のように，タンブラスイッチやパイロットランプ等は極性がないので，電線の色別指定はなく，図 5・4 (b) と (c) のどちら側に接続してもよいが，誤配線を防ぐため図 5・4 (b) に統一する．

❗ 上図の埋込用コンセント裏の左側は黒線を接続しなければならないので，誤配線を防ぐため，図 5・4 (b) のように左側に黒線を接続することに統一する．

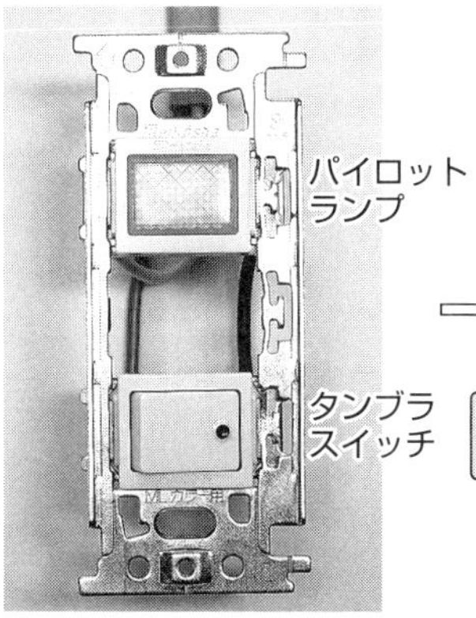

(a)

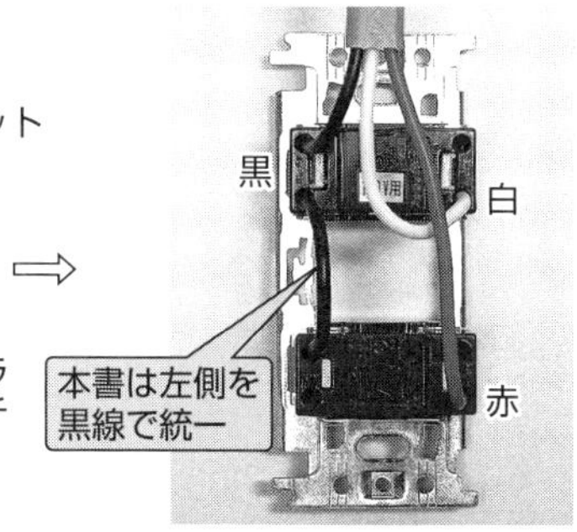

(b)

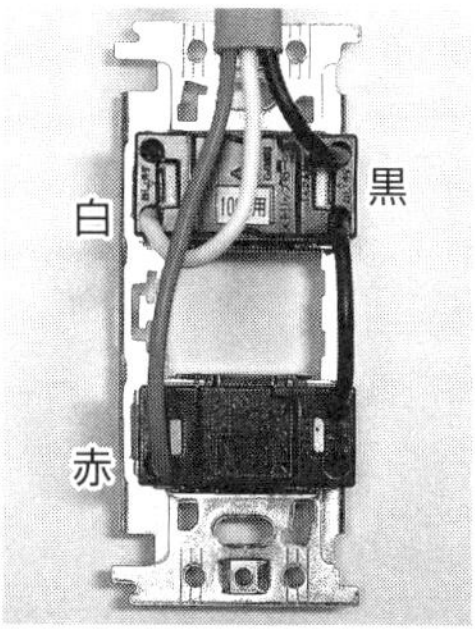

(c)

図 5・4 極性のない器具

実験 1　単線図を複線図に変換する（基本回路）

❶ 1灯点滅回路

次の単線図を複線図に変換する手順を覚え，次ページの練習問題を解きなさい．

複線図を書く手順

どのような複雑な回路も，手順通り書けば簡単に書くことができる．

手順1　配置図を書く

単線図から電源（W，B）と器具等の図記号を書く．

手順2　接地側の接続

電源の白線（W）を負荷（電灯等）とコンセント（長い方）に接続する．

手順3　非接地側の接続

電源の黒線（B）をスイッチとコンセント（短い方）に接続する．

手順4　スイッチから負荷へ接続

スイッチから点滅したい負荷（電灯等）に接続する．

例　題　1

単線図

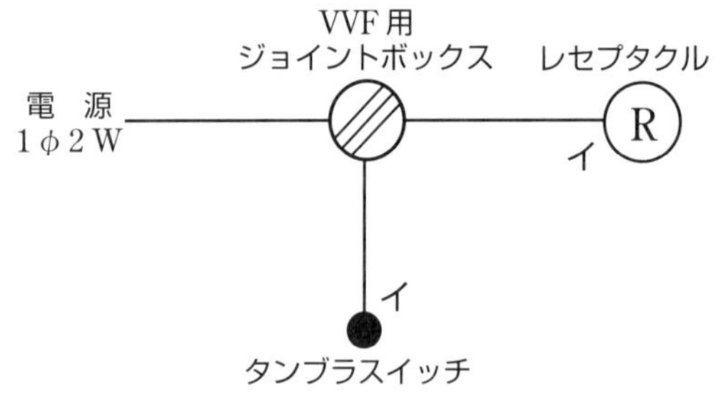

⇩

複線図

手順1　配置図を書く

電源（W，B）と器具等の図記号を書く

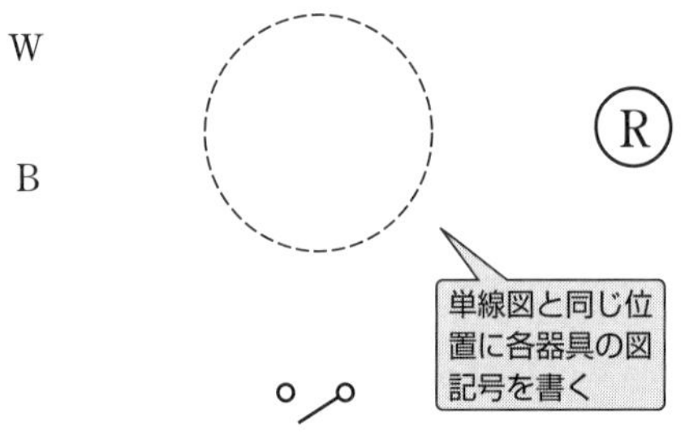

複線図

手順2　接地側の接続

電源の白線（W）を負荷（レセプタクル）に接続する

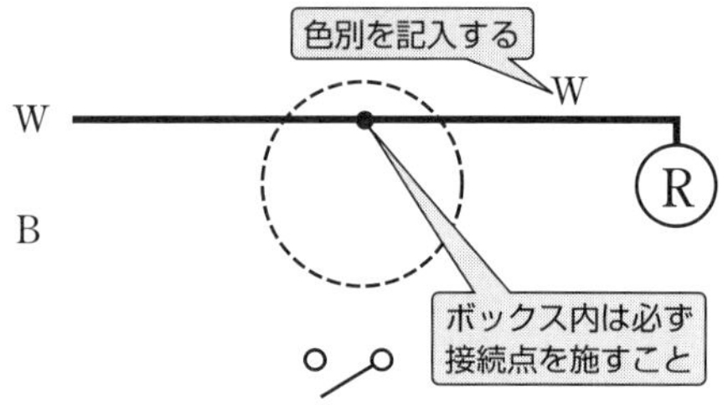

手順3　非接地側の接続

電源の黒線（B）をスイッチの○側に接続する

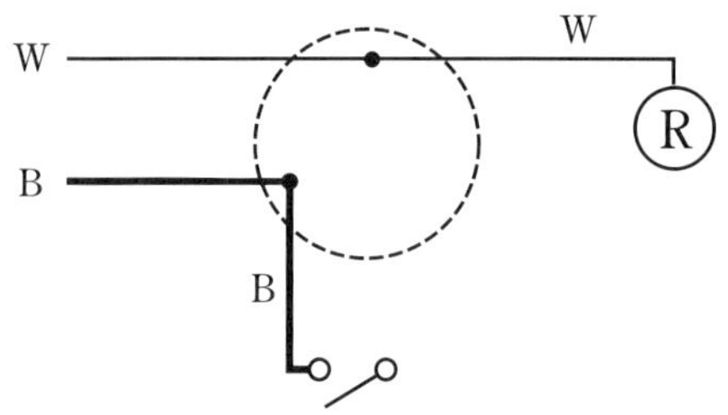

❗ ここまで接続した線の色別が最優先となる．間違えると欠陥で不合格になる．

手順4　スイッチから負荷へ接続

スイッチから点滅したい負荷（レセプタクル）に接続する

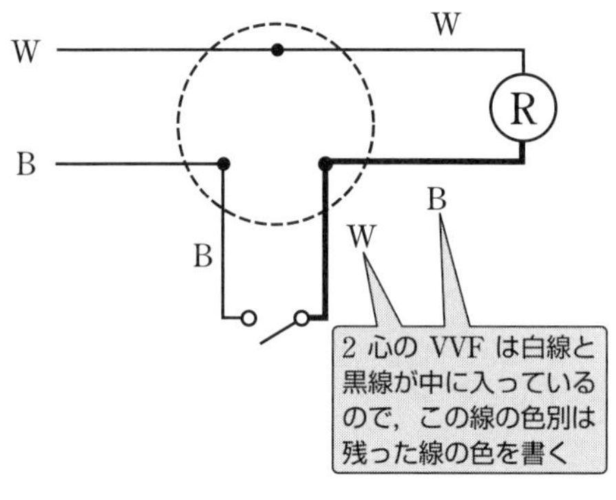

やってみよう　実験の手順

例題 1 の単線図を複線図に変換する手順を覚え，練習 1-1 は灰色部分を手順にしたがって，なぞって書きなさい．また，練習 1-2 は複線図を書き，練習 1-3 を完成させなさい．

練習 1-1（なぞる）

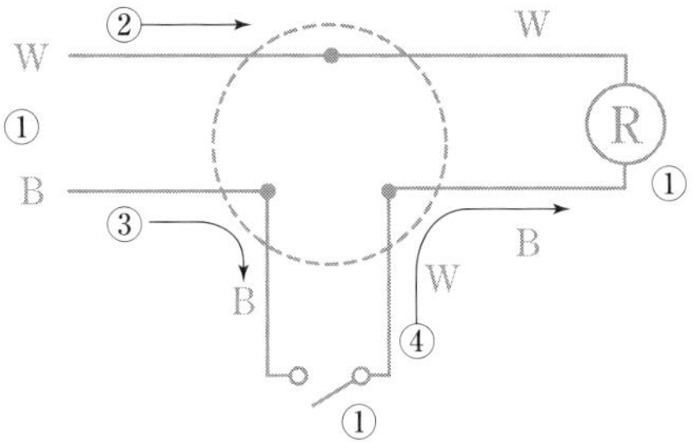

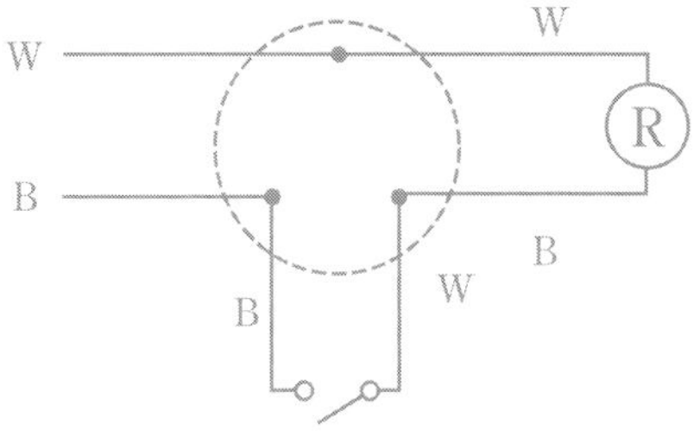

練習 1-2（書く）

複線図を書く

施工写真例

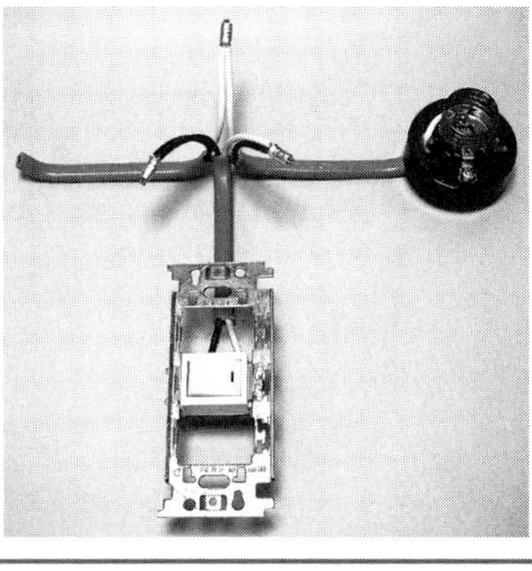

練習 1-3（応用）

単線図

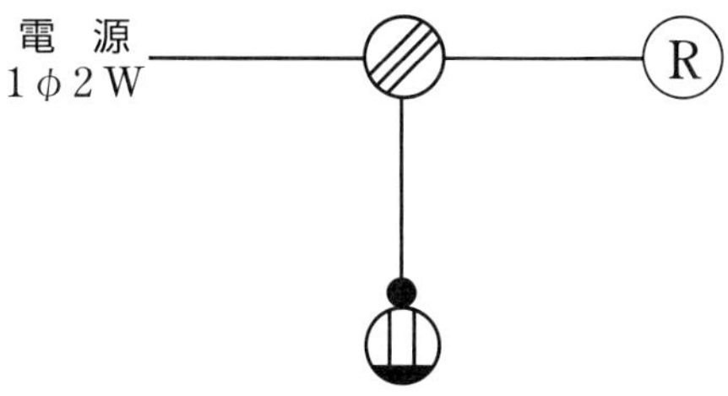

複線図

手順にしたがってなぞる

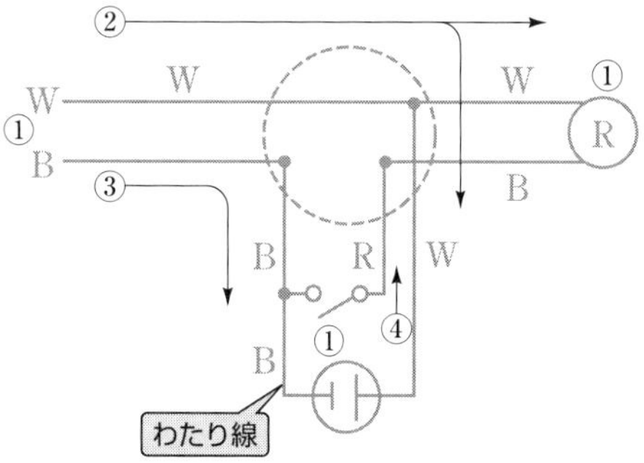

複線図を書く

複線図を書く

❷ 3灯点滅回路

次の単線図を複線図に変換する手順を覚え，次ページの練習問題を解きなさい．

例　題　2

単線図

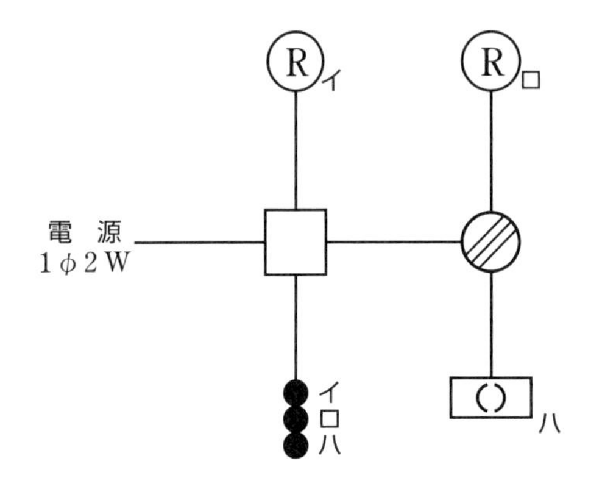

❶ イロハのスイッチで各負荷を点滅する．

❷ スイッチから点滅したい負荷にそれぞれ接続すればよい．

⇩

複線図

手順1 配置図を書く

電源（W，B）と器具等の図記号を書く

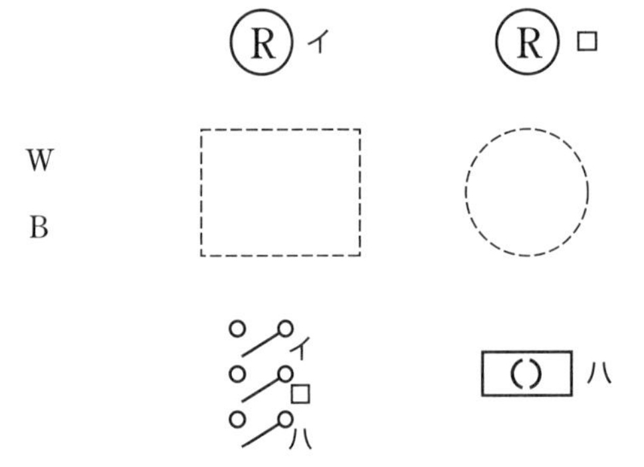

複線図

手順2 接地側の接続

電源の白線（W）を負荷に接続する

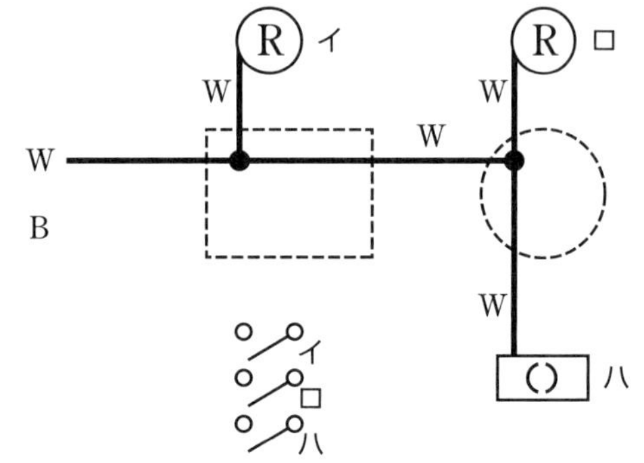

手順3 非接地側の接続

電源の黒線（B）をスイッチの○側に接続する

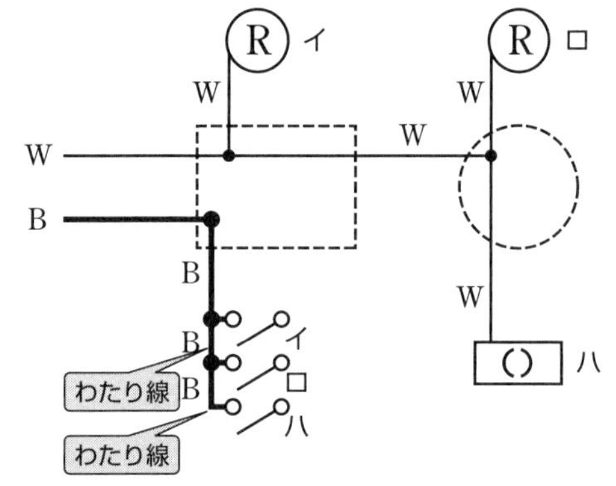

手順4 スイッチから負荷へ接続

スイッチから点滅したい負荷に接続する

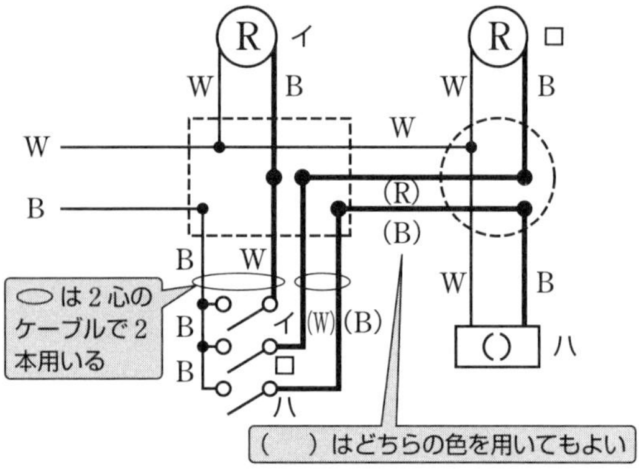

やってみよう 実験の手順

例題 2 の単線図を複線図に変換する手順を覚え，練習 2-1 は灰色部分を手順にしたがって，なぞって書きなさい．また，練習 2-2 は複線図を書き，練習 2-3 を完成させなさい．

練習 2-1（なぞる）

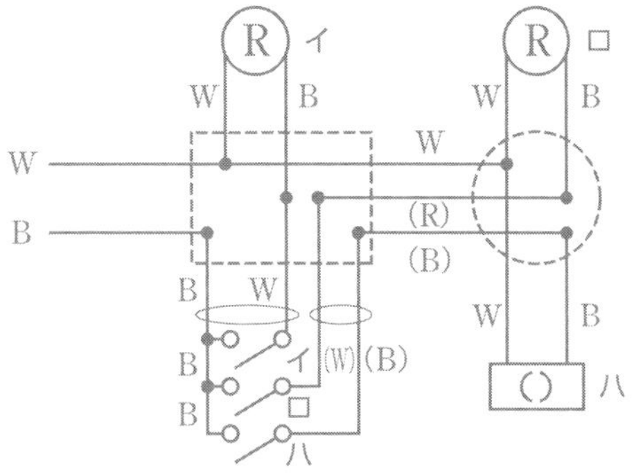

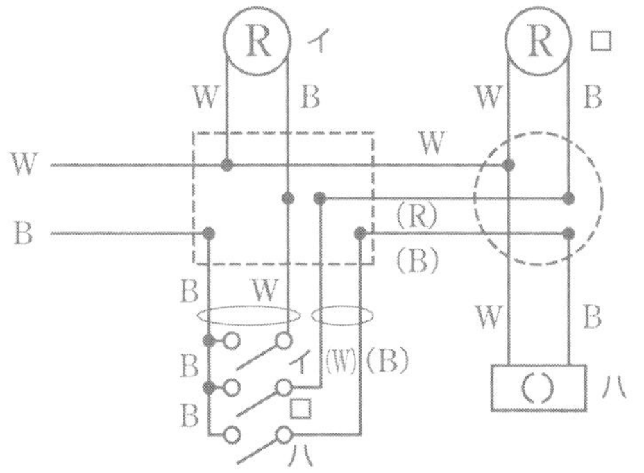

練習 2-2（書く）

複線図を書く

複線図を書く

練習 2-3（応用）

単線図

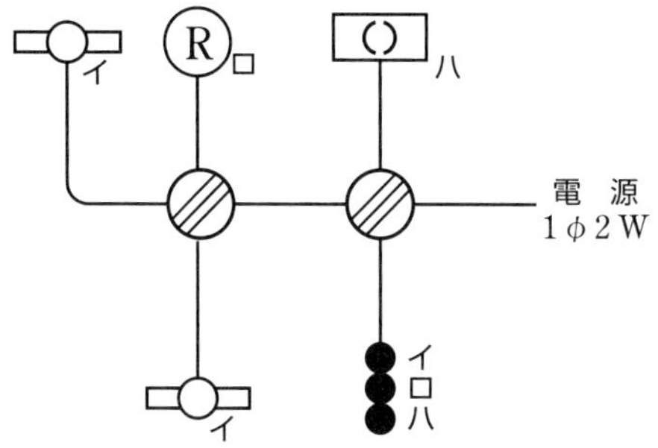

複線図

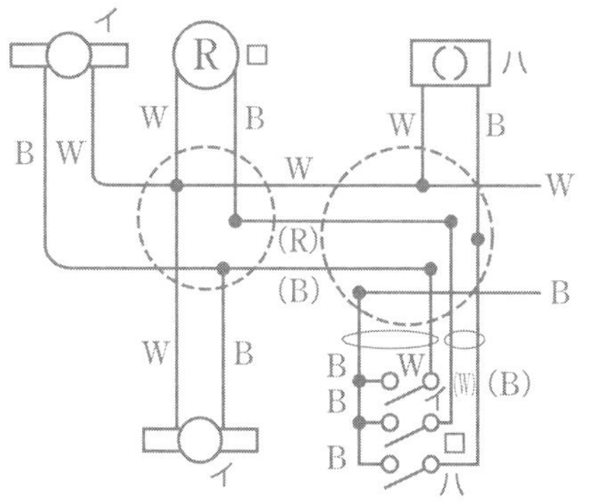

複線図を書く（別紙に大きく書いても可）

複線図を書く

❸ 3路スイッチ回路

次の単線図を複線図に変換する手順を覚え，次ページの練習問題を解きなさい．

例 題 3

単線図

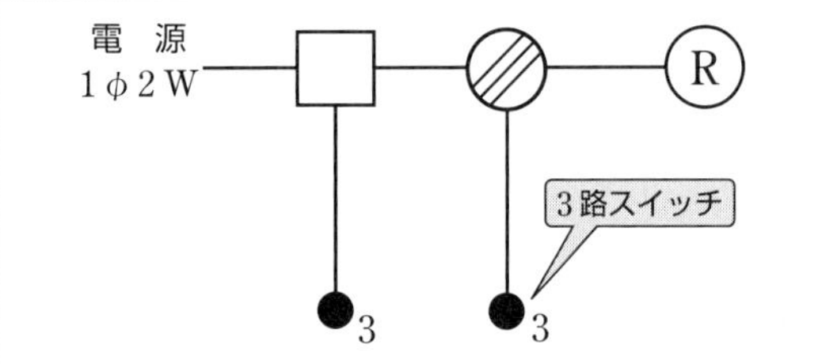

❶ 3 路スイッチ回路とは，3 路スイッチを 2 個用いて，2 箇所で電灯等を点滅させる回路をいう（例：階段の電気を 1 階と 2 階の 2 箇所で点滅させる）．

❷ 3 路スイッチの構造

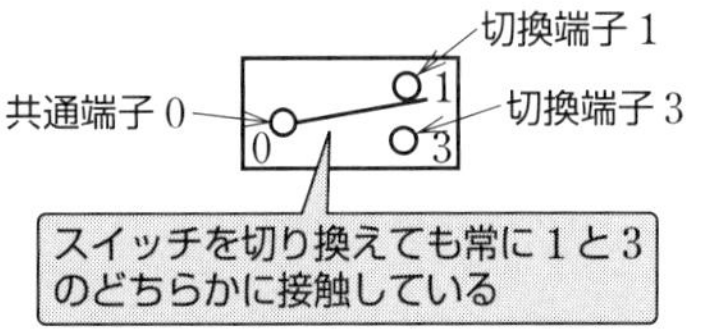

❸ 回路図

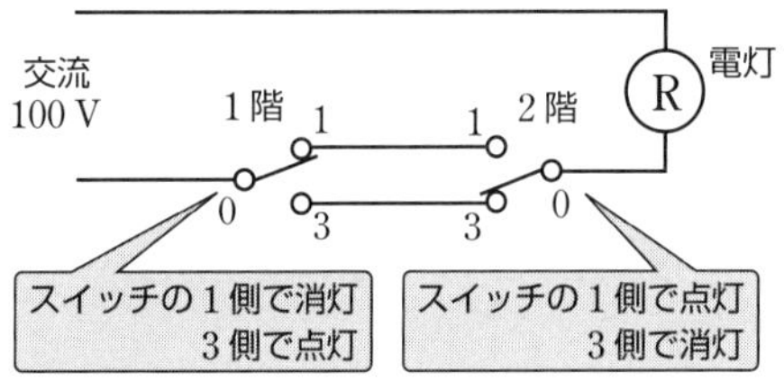

⇩

複線図

手順 1 配置図を書く

電源（W，B）と器具等の図記号を書く

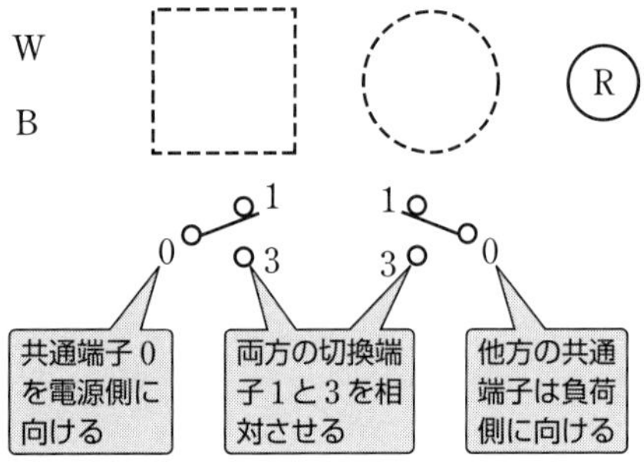

複線図

手順 2 接地側の接続

電源の白線（W）を負荷（レセプタクル）に接続する

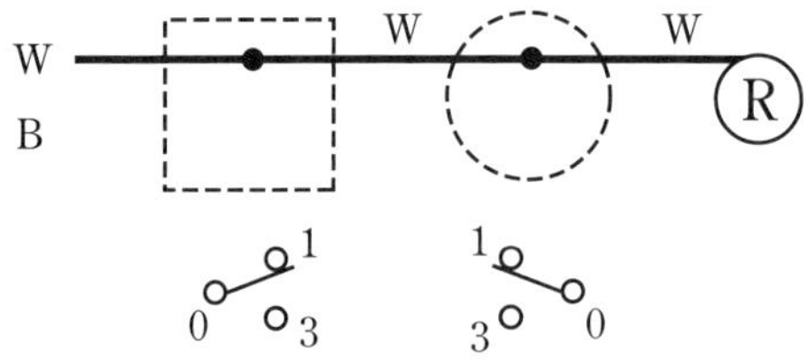

手順 3 非接地側の接続

電源の黒線（B）をスイッチの共通端子 0 に接続し，双方の切換端子を接続する

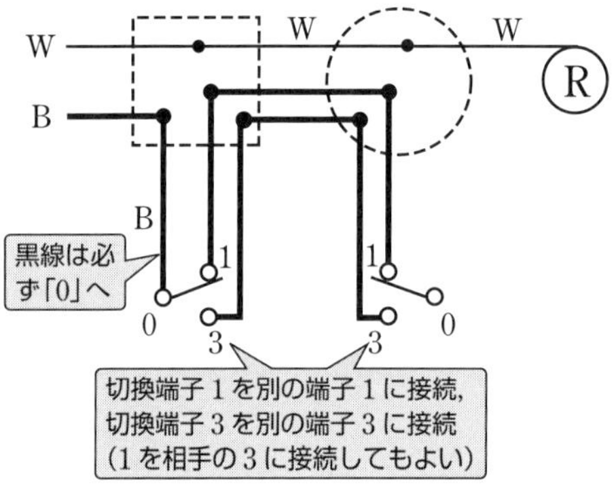

手順 4 スイッチから負荷へ接続

負荷側の 3 路スイッチの共通端子 0 を点滅したい負荷（レセプタクル）に接続する

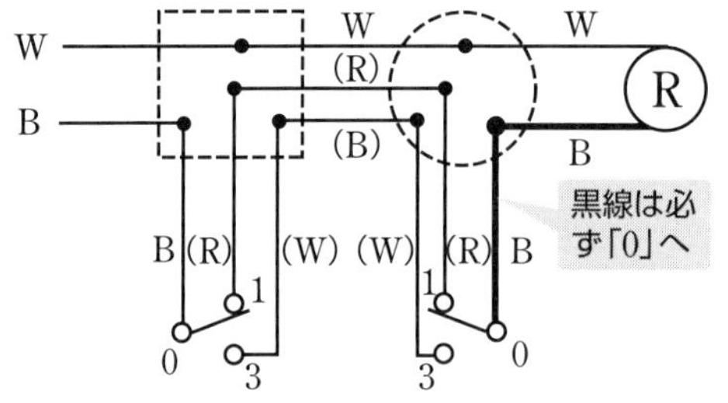

（ ）内の電線の色別は問わないので，残った線を用いるが，できるだけ同色で接続するように配慮する

やってみよう　実験の手順

例題3の単線図を複線図に変換する手順を覚え，練習3-1は灰色部分を手順にしたがって，なぞって書きなさい．また，練習3-2は複線図を書き，練習3-3を完成させなさい．

練習3-1（なぞる）

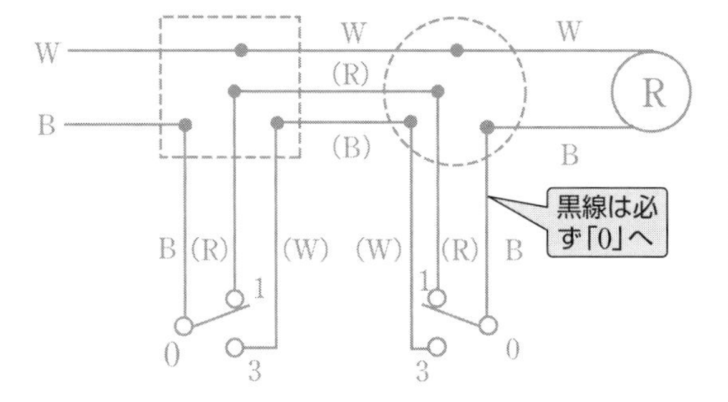

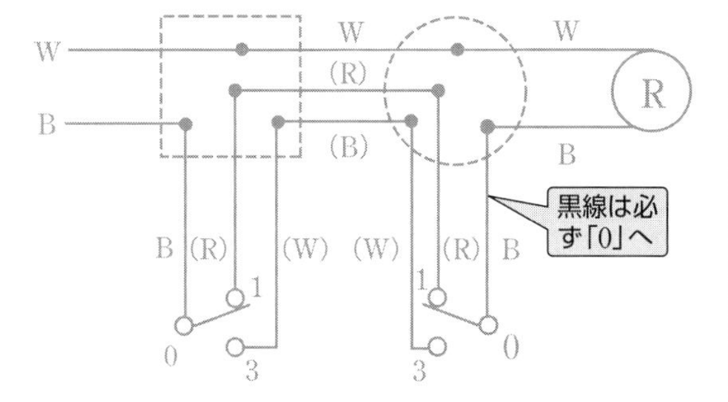

練習3-2（書く）

複線図を書く

複線図を書く

練習3-3（応用）

単線図

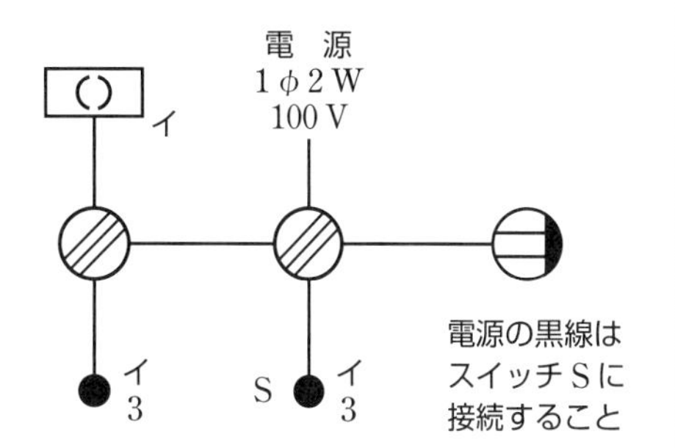

複線図

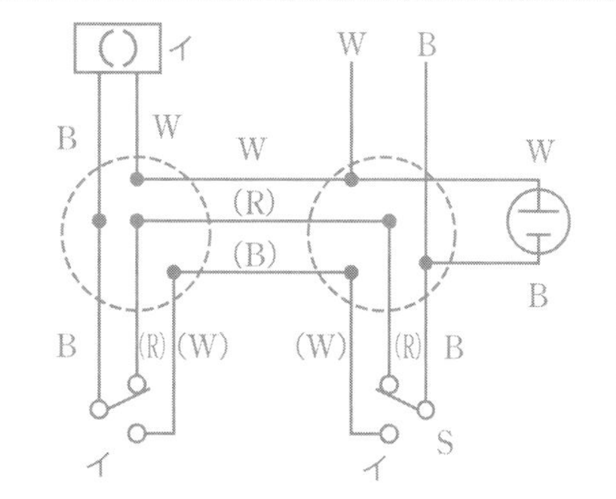

複線図を書く

複線図を書く

❹ 4路スイッチ回路

次の単線図を複線図に変換する手順を覚え，次ページの練習問題を解きなさい.

例　題　4

単線図

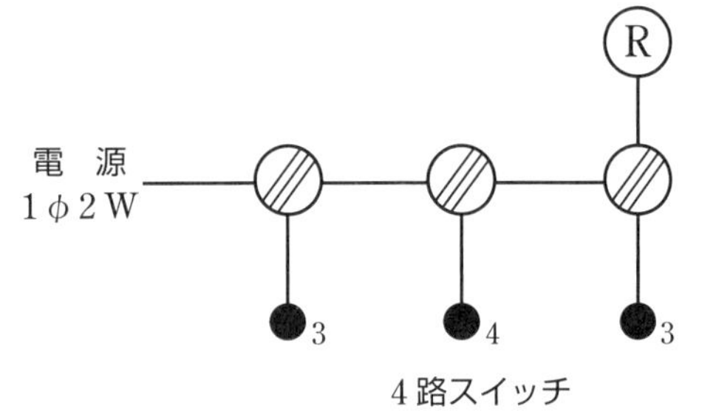

❶ 3路スイッチは2箇所で点滅できるが，3路スイッチの間に4路スイッチを入れれば3箇所で点滅することができる.

❷ 4路スイッチの構造.

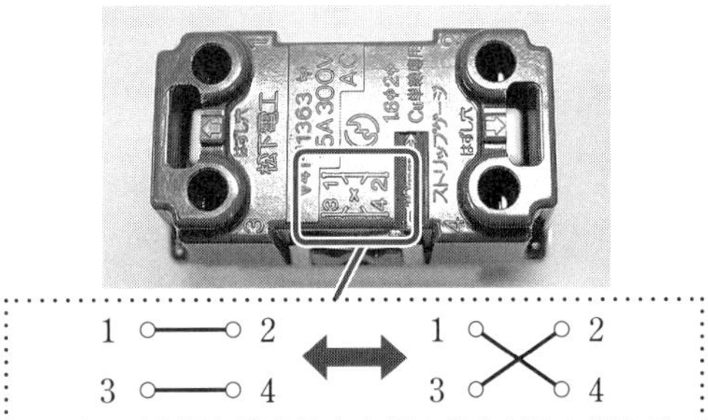

スイッチを切り換えると内部の接点が入れ換わる

❸ 回路図

下図のように3路スイッチの間に4路スイッチを入れ，4路スイッチを切り換えると，電灯は点灯する.

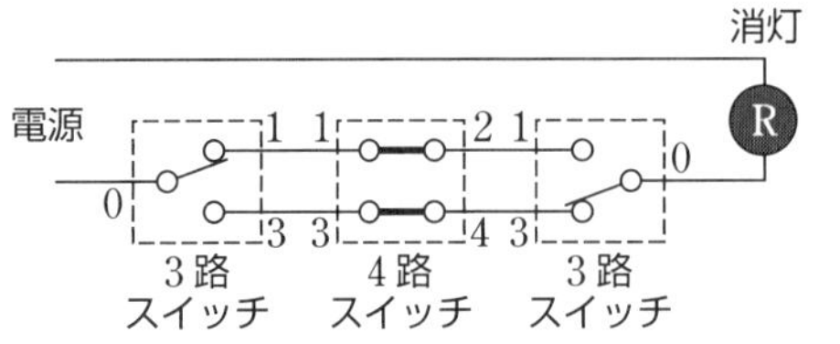

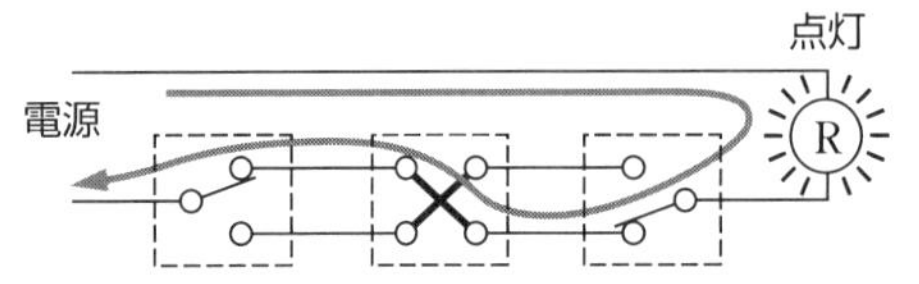

切り換えると点灯

複線図

手順1 配置図を書く

手順2 接地側の接続

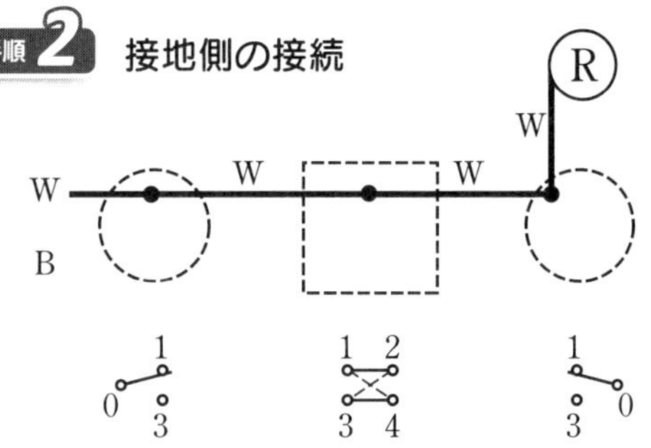

手順3 非接地側の接続

電源の黒線（B）を3路スイッチの共通端子に接続し，切換端子を4路スイッチ接続する

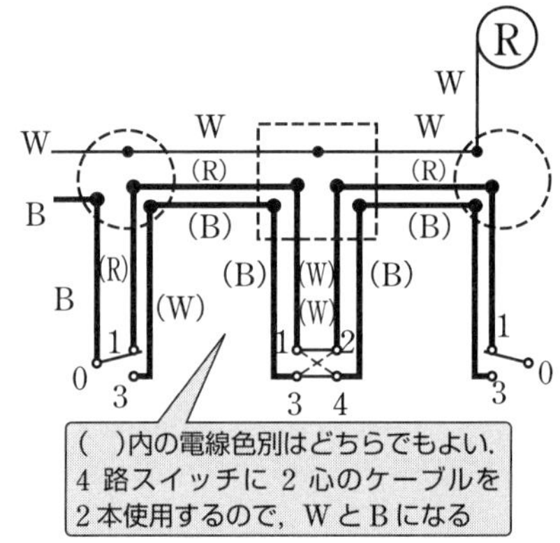

手順4 スイッチから負荷へ接続

負荷側の3路スイッチ「0」を点滅したい負荷（レセプタクル）に接続する

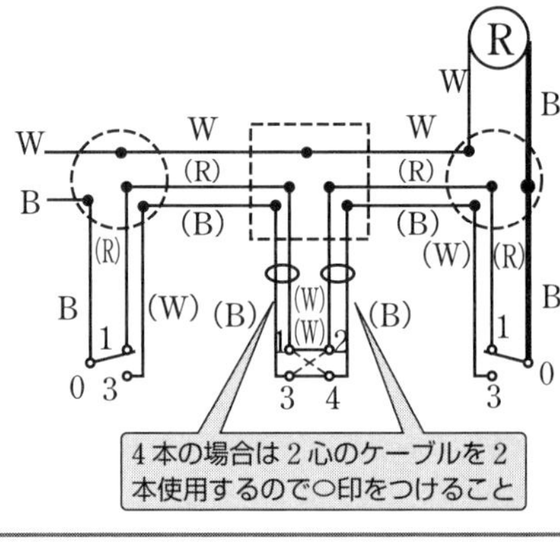

やってみよう 実験の手順

例題4の単線図を複線図に変換する手順を覚え，練習4-1は灰色部分を手順にしたがって，なぞって書きなさい．また，練習4-2は複線図を書き，練習4-3を完成させなさい．

練習4-1（なぞる）

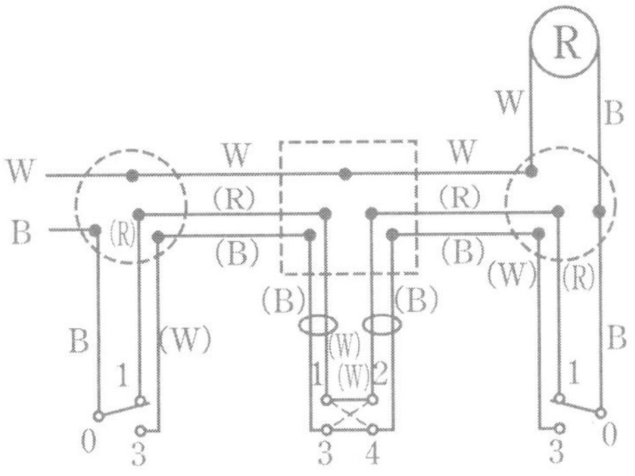

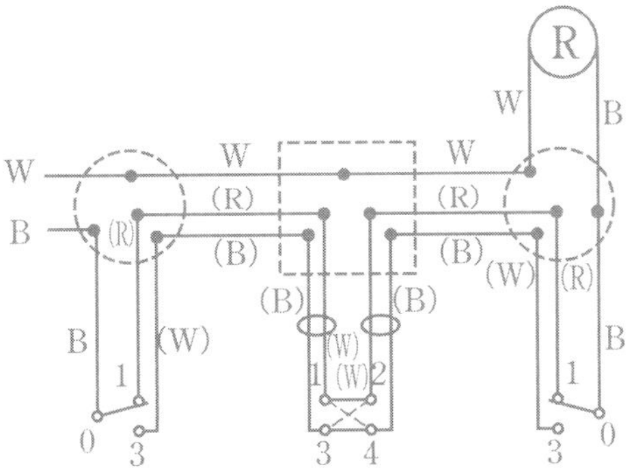

練習4-2（書く）

複線図を書く

複線図を書く

練習4-3（応用）

単線図

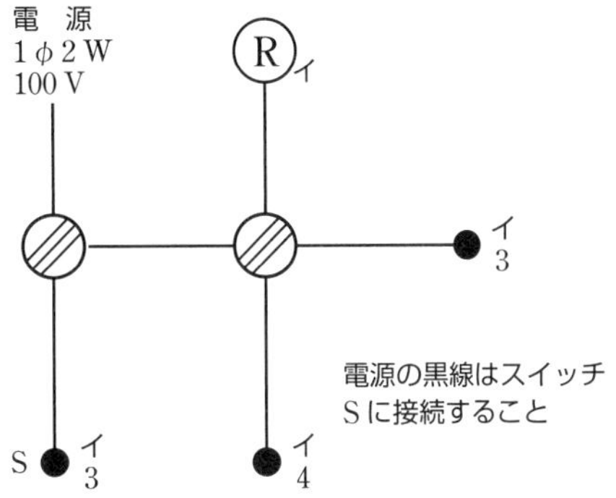

複線図

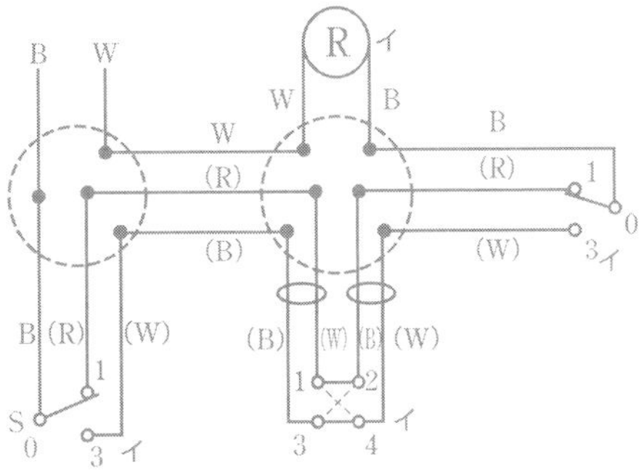

複線図を書く

複線図を書く

❺ パイロットランプ回路

① パイロットランプ回路の施工条件には，常時点灯回路，同時点滅回路，位置表示灯回路（異時点滅）の３種類がある．

② いずれも単線図は同じであるが，施工条件により配線が異なる．

③ パイロットランプ回路の場合は，次のような手順で行うとよい．

手順１　パイロットランプ以外の回路を先に完成させる．

手順２　施工条件にしたがったパイロットランプ回路を接続する．

次の単線図を３種類のパイロット回路の複線図に変換しなさい．

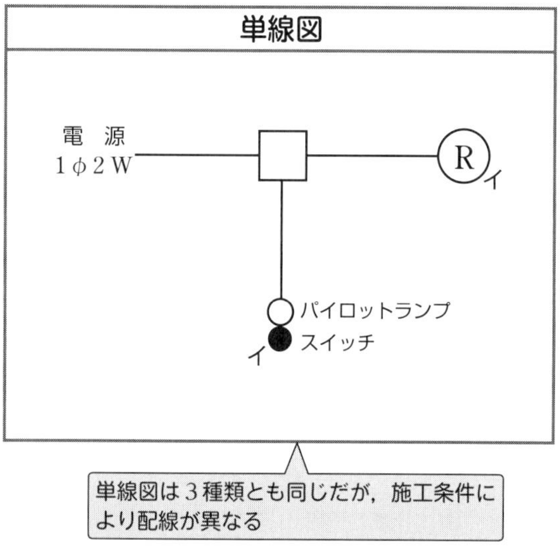

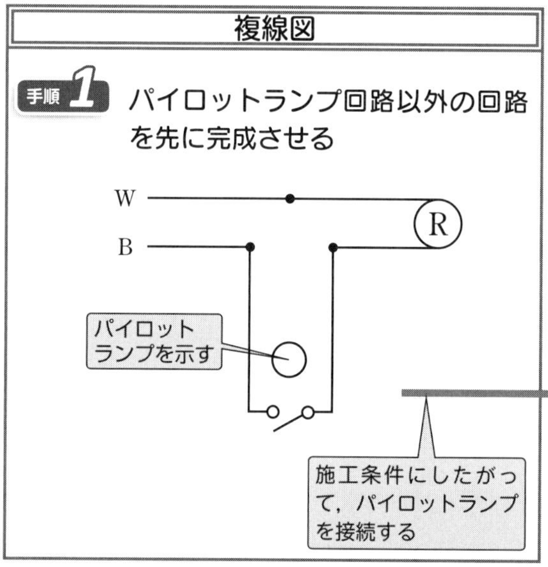

補足 パイロットランプ

パイロットランプは，スイッチに内蔵されたものと別置にしたものがある．内蔵式には，位置表示灯内蔵形 $●_{H}$（異時点滅）等がある．

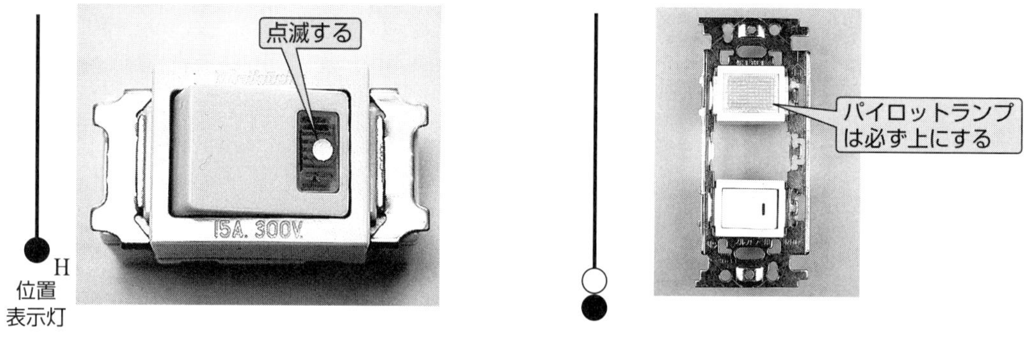

(a) 内蔵式　　(b) 別置式

図　5・5　パイロットランプ

常時点灯回路へ
同時点滅回路へ
位置表示灯回路へ

常時点灯回路とは

❶ パイロットランプがスイッチに関係なく常に点灯する回路で，電源に並列に接続すればよい.

❷ パイロットランプを電源側の a から b へ移動させたと考えればよい.

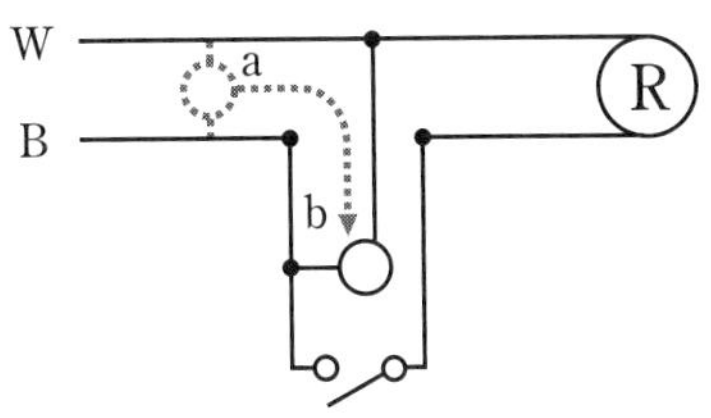

手順2 パイロットランプを電源に並列に接続する（W-B 間に接続）

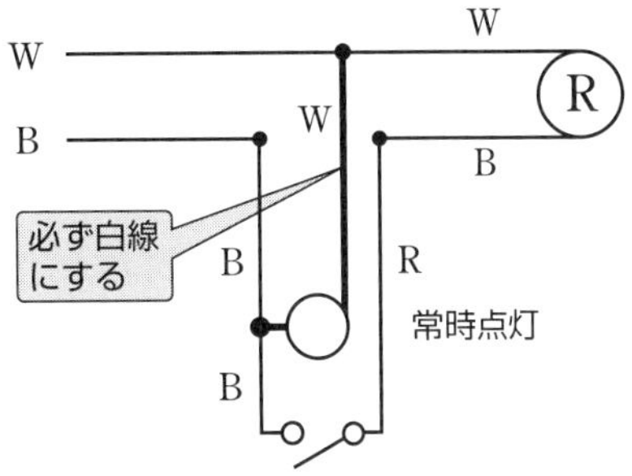

同時点滅回路とは

❶ パイロットランプと負荷（レセプタクルの電灯）が同時に点滅する回路で，負荷に並列に接続すればよい.

❷ パイロットランプを負荷側の a から b へ移動させたと考えればよい.

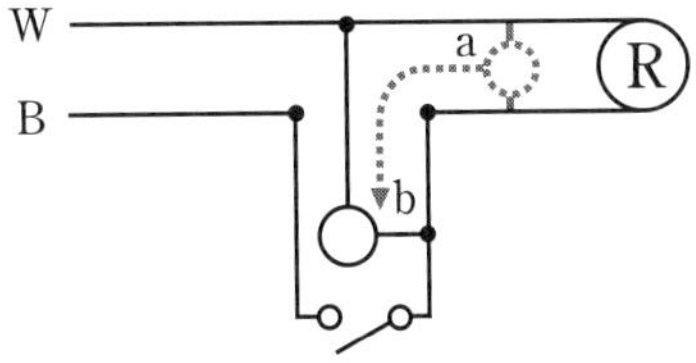

手順2 パイロットランプを負荷に並列に接続する（W-R 間に接続）

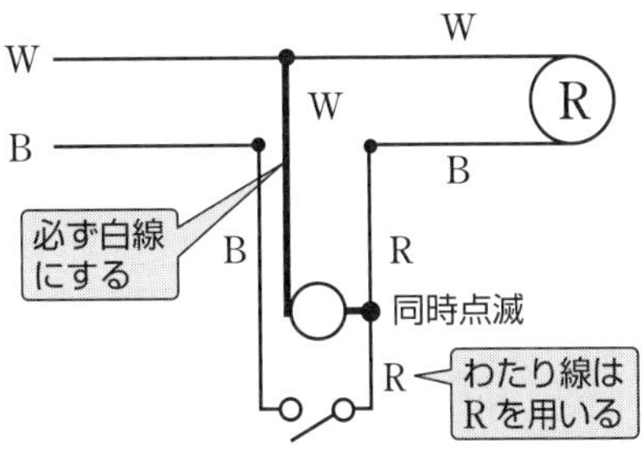

位置表示灯回路（異時点滅）とは

❶ スイッチに内蔵したランプと負荷（レセプタクルの電灯）が異時に点滅する.

❷ パイロットランプは放電灯であるから，電圧が加われば（スイッチが開路のとき）点灯し，両端をスイッチで短絡すれば消灯するため，異時点滅となる.

❸ 位置表示灯内蔵スイッチは右図のパイロットランプとスイッチが内部で接続されているので，配線するには，パイロットランプがなくスイッチだけの回路として配線すれば異時点滅になる.

手順2 パイロットランプを無視して普通のスイッチとして接続する

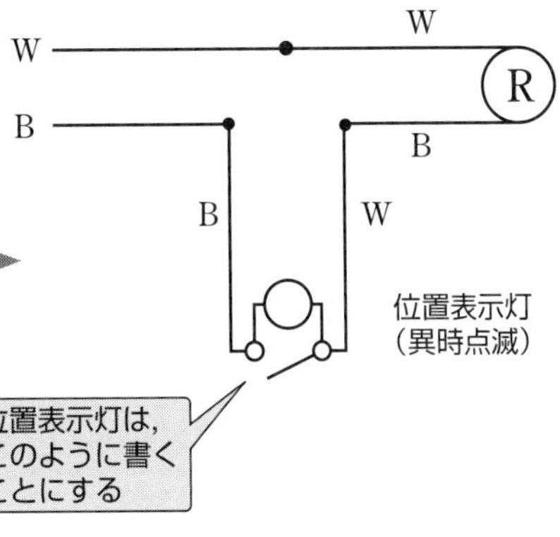

まとめてみよう　実験結果のまとめ

1　問題1～5の単線図と複線図を報告書（レポート）に書きなさい.

単線図	複線図

問題1　同時点滅

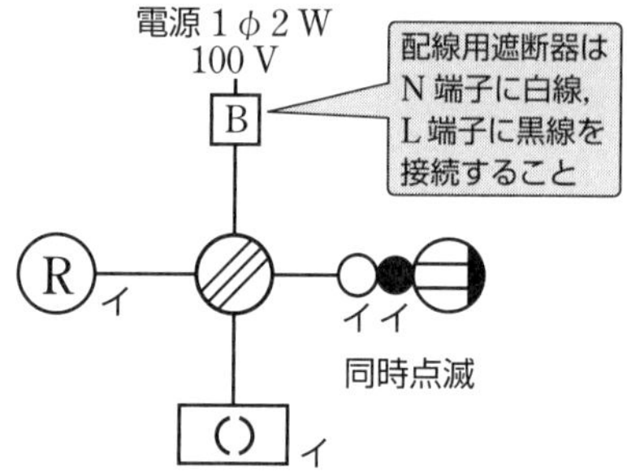

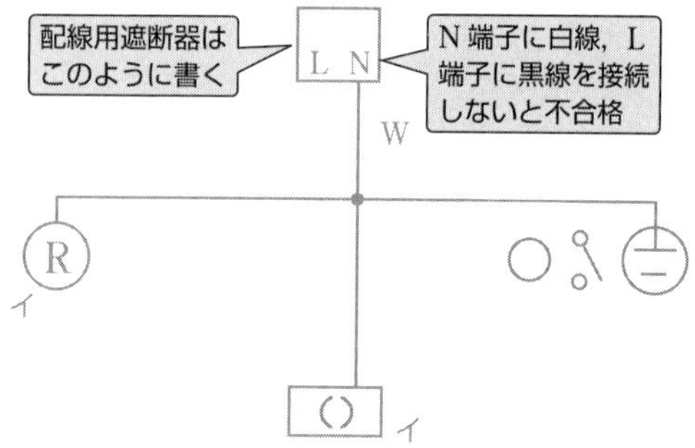

問題2　同時点滅

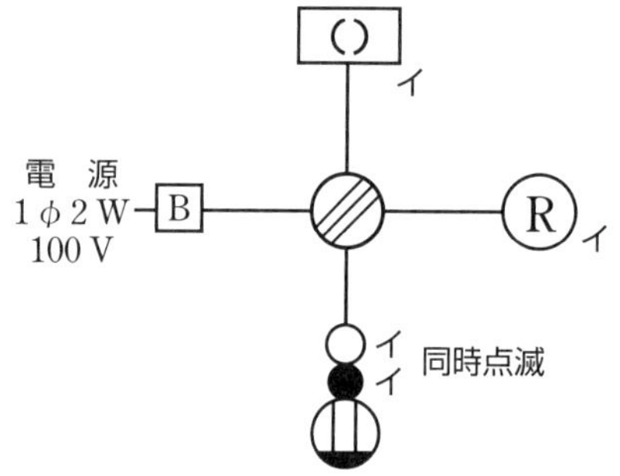

問題3　位置表示灯（異時点滅）

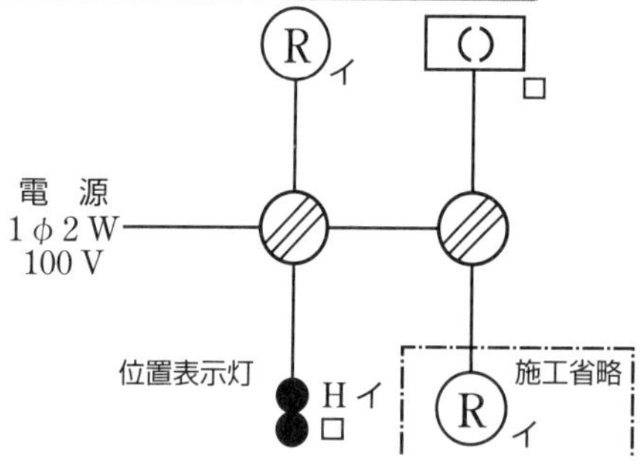

問題1の施工図

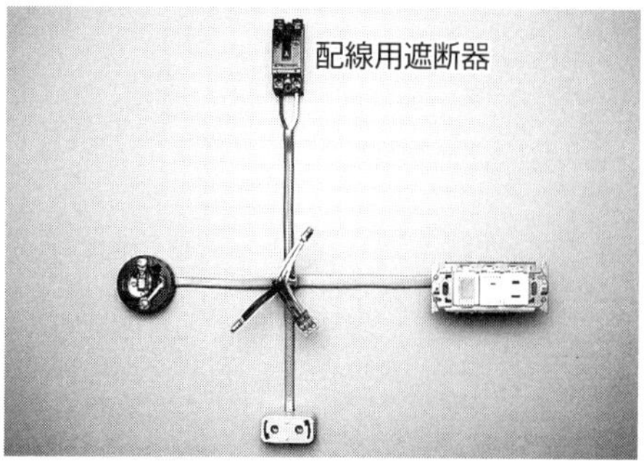

問題3の施工図

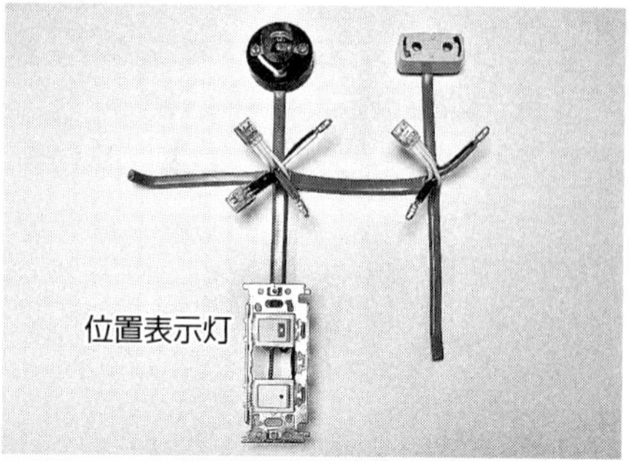

単線図	複線図

問題 4 常時点灯

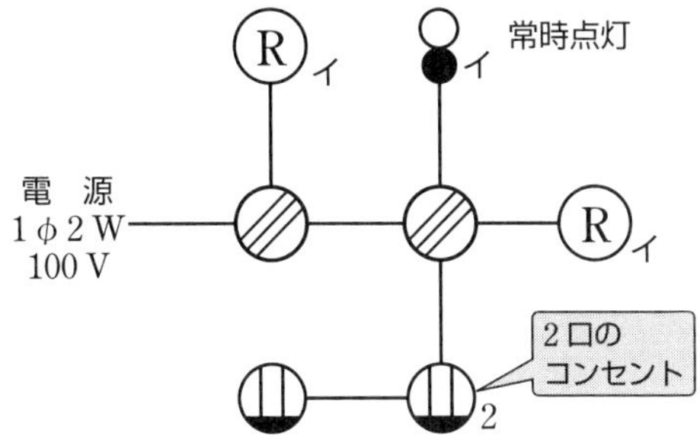

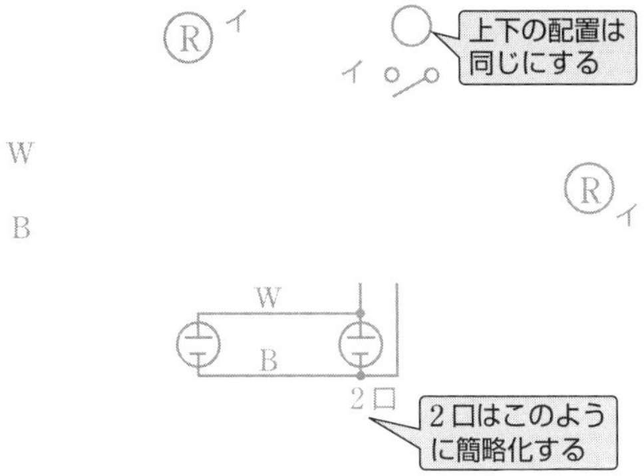

問題 5 常時点灯

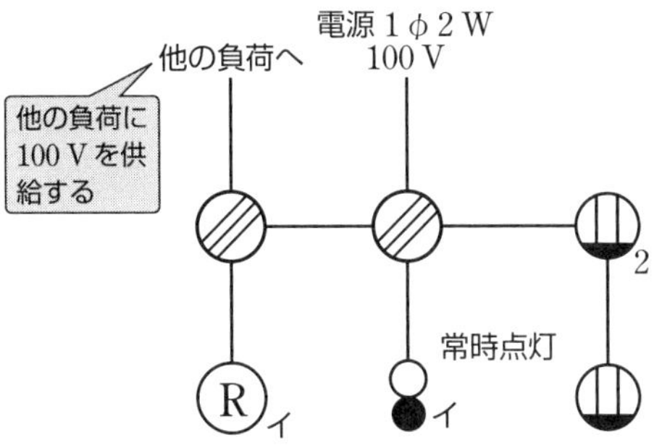

問題 5 の施工図

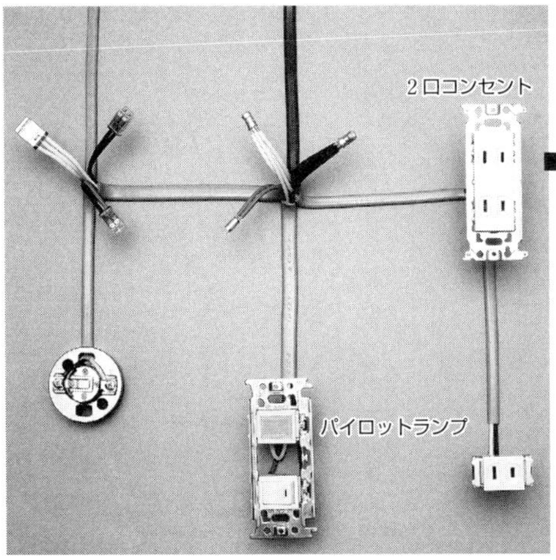

2 口コンセントの裏面

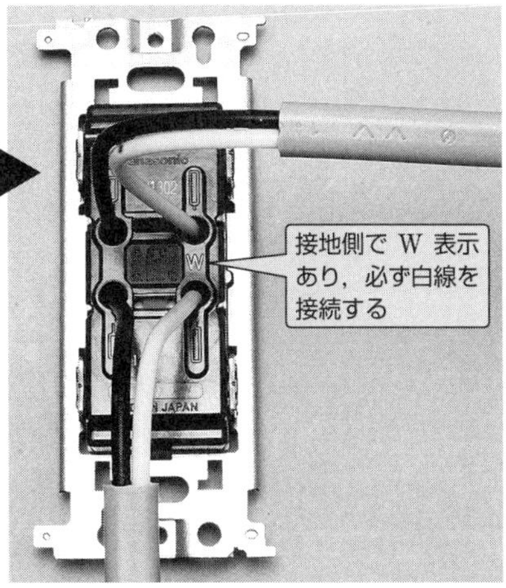

実験 2 単線図を複線図に変換する（応用回路）

1- 100 V/200 V回路

住宅の電源として 100V と 200V の電源を得られる単相 3 線式が用いられるようになった．特にエアコンなどは 200V 用の接地極付コンセントが使用されている回路を理解すれば容易に複線図に変換できる．

例 題 1

単線図

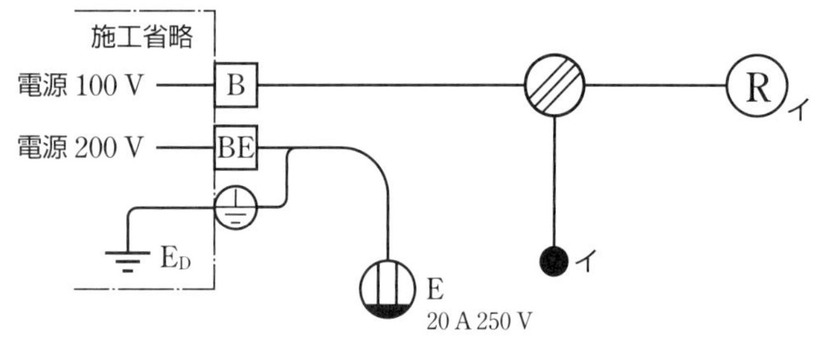

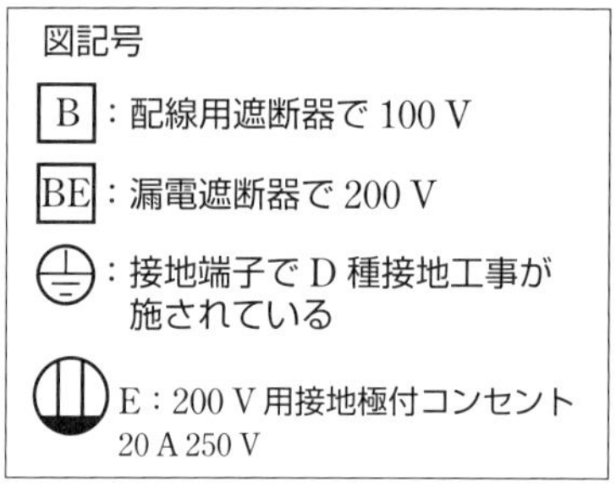

電気工事士試験では，配線用遮断器と漏電遮断器，接地端子は下図のような代用の端子台を使用するので，その接続方法について理解しておくこと．

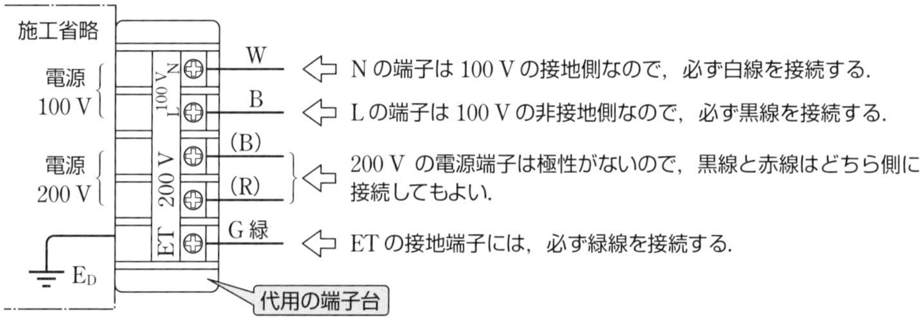

複線図

複線図に変換する場合，代用の端子台は下図のように簡単に書く．200 V 回路は接地極付コンセントに接続するので下記のように配線する．また，100 V 回路は簡単な回路なので今までの手順で書けばよい．

端子台

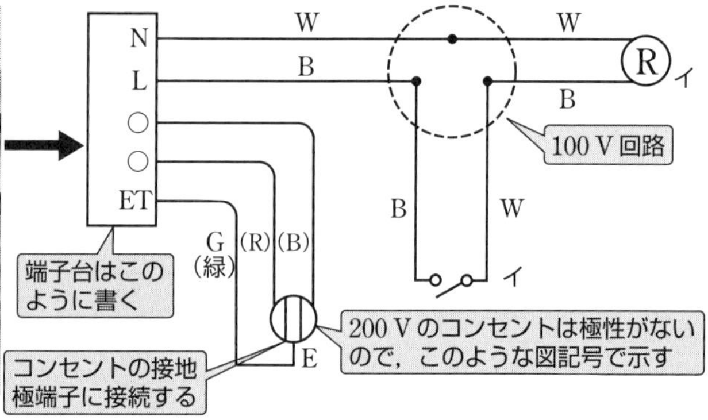

やってみよう 実験の手順

例題 1 の単線図を複線図に変換しなさい．練習 1-1 は灰色部分を手順にしたがって，なぞって書きなさい．また，練習 1-2 は複線図を書き，練習 1-3 を完成させなさい．

練習 1-1（なぞる）

・最初は 100 V 回路を今までの手順で書く
・200 V 回路は極性がないため B, R, G 線の手順で書く

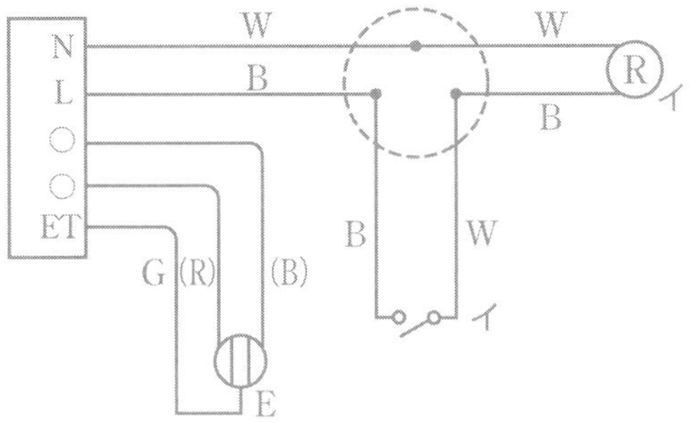

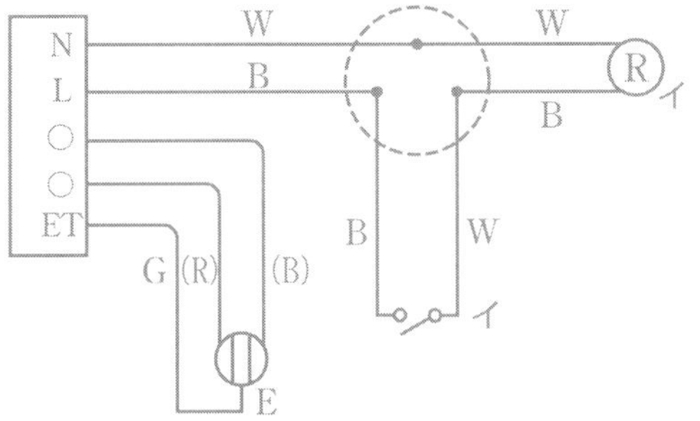

練習 1-2（書く）

複線図を書く

複線図を書く

練習 1-3（応用）

単線図

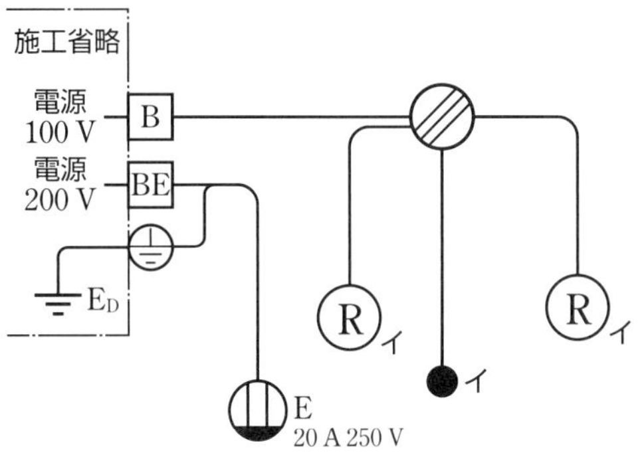

複線図

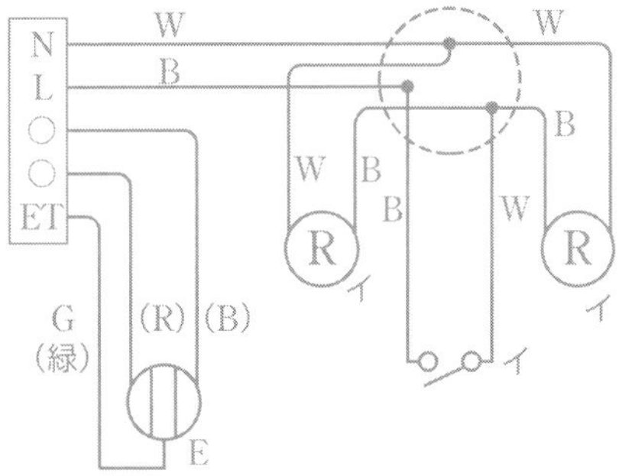

複線図を書く

複線図を書く

❷ 三相モータ回路

工場等の電源は，家庭用の 100V とモータ等を動かす三相 3 線式 200V が用いられている．「100V/200V 回路」と似ているので簡単である．

例　題　2

単線図

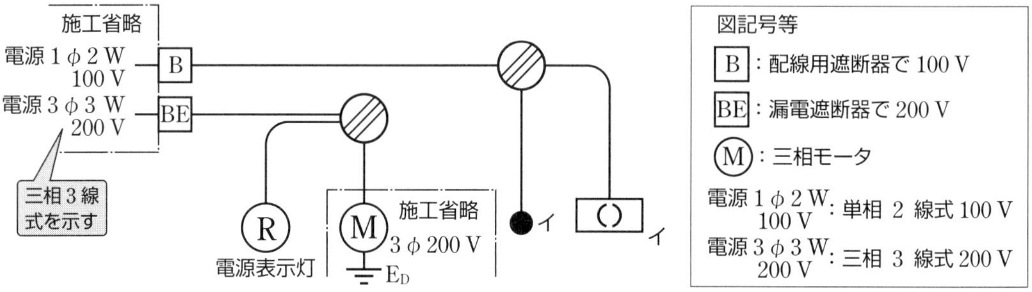

電気工事士試験では，次のような施工条件が記されている．①電源表示灯は S 相と T 相間に接続すること．②漏電遮断器代用の端子台の負荷側は T 相に黒線，S 相に白線，R 相に赤線を使用すること（接続を間違うと不合格になる）．

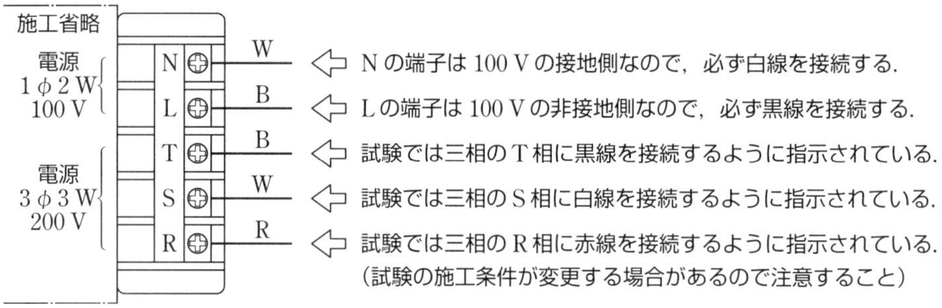

複線図

❶ 複線図に変換する場合，代用の端子台は下図のように簡単に書く．

❷ 三相の三本の線は直接モータに接続すればよい．また，施工省略になっているので途中まで書けばよい．100 V 回路は今までの手順で書けばよい．

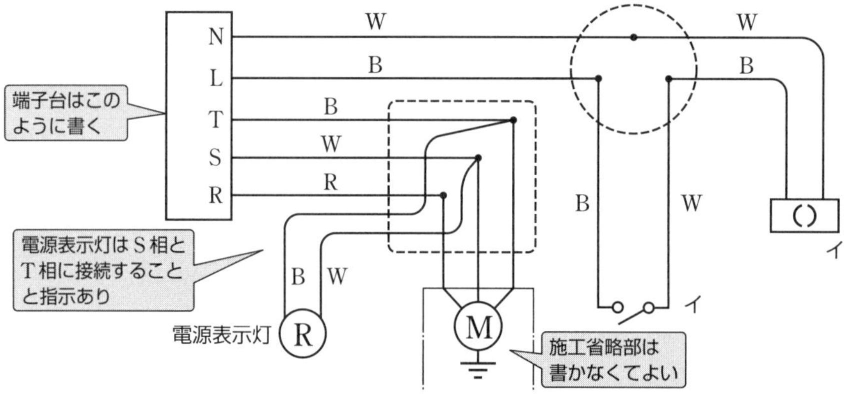

やってみよう 実験の手順

例題 2 の単線図を複線図に変換しなさい．練習 2-1 は灰色部分を手順にしたがって，なぞって書きなさい．また，練習 2-2 は複線図を書き，練習 2-3 を完成させなさい．

練習 2-1（なぞる）

・最初は 100 V 回路を今までの手順で書く
・200 V 回路は色別に注意して 3 本接続する

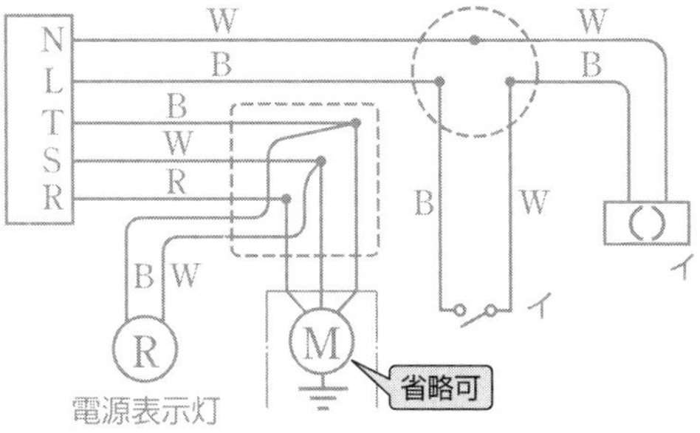

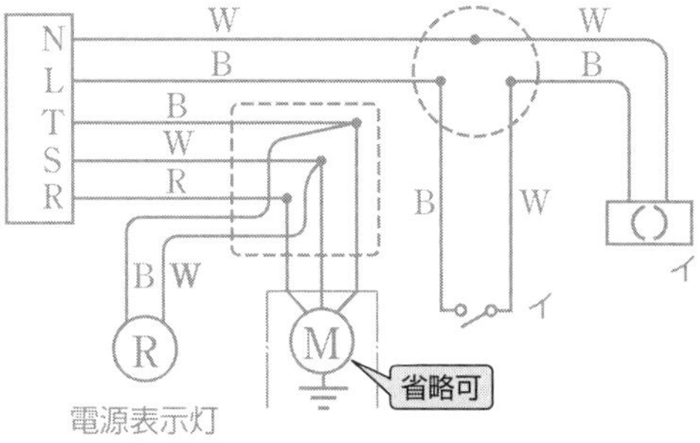

練習 2-2（書く）

複線図を書く（別紙に大きく書いても可）

複線図を書く

練習 2-3（応用）

単線図

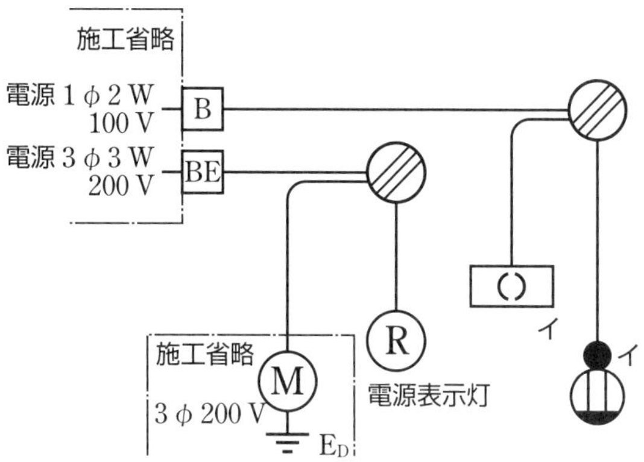

複線図

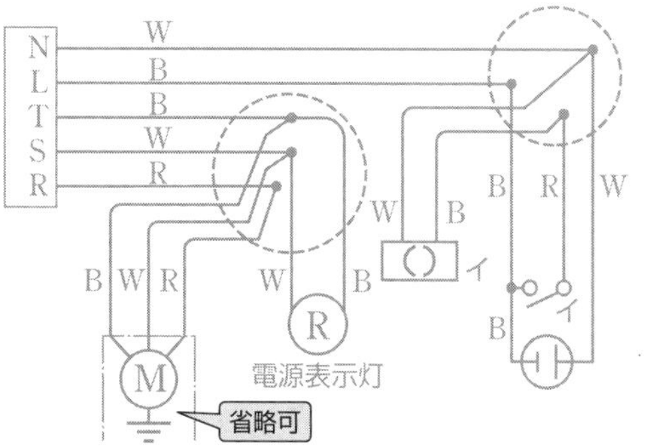

複線図を書く（別紙に大きく書いても可）

複線図を書く（別紙に大きく書いても可）

❸ 自動点滅器回路

次の単線図を複線図に変換する手順を覚え，次ページの練習問題を解きなさい．

例　題　3

単線図

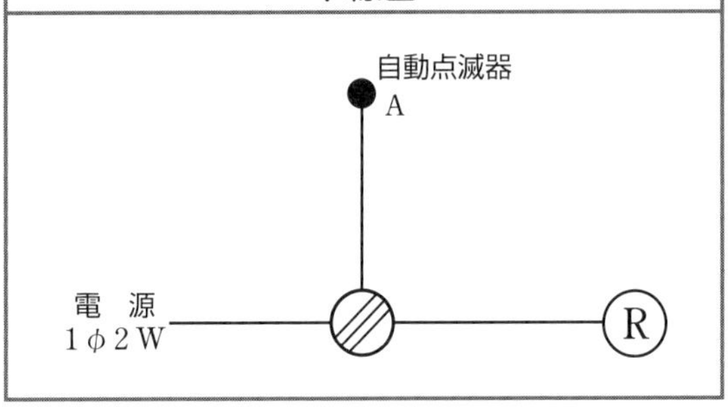

❶ 自動点滅器は，周りが暗くなったとき自動的に照明器具を点灯させる装置で，庭灯や街灯等に利用されている．

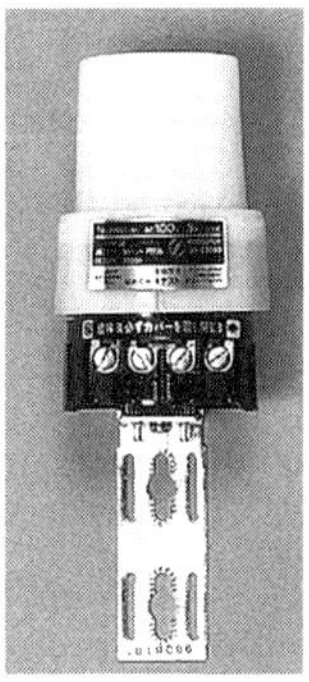

❸ 明るさを感知する C_dS が内蔵されており，暗くなると接点が ON になる．C_dS 部は電源の黒と白を接続する（内部接続図は問題により異なることがあるので注意すること）．

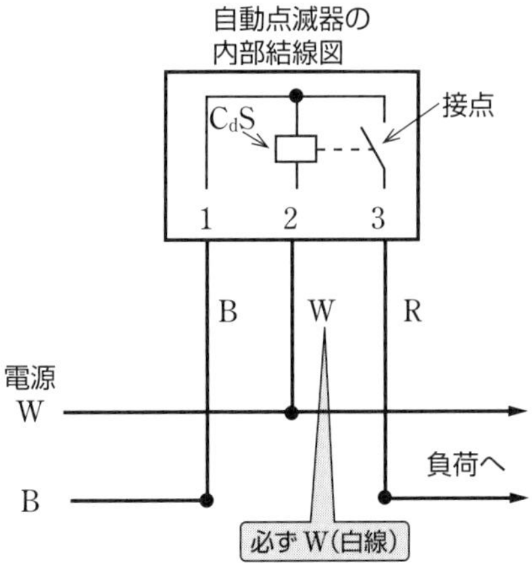

複線図

手順1 配置図を書く（省略）

手順2 接地側の接続

配置図を書き，電源の白線（W）を自動点滅器（2 番）と負荷（レセプタクル）に接続する

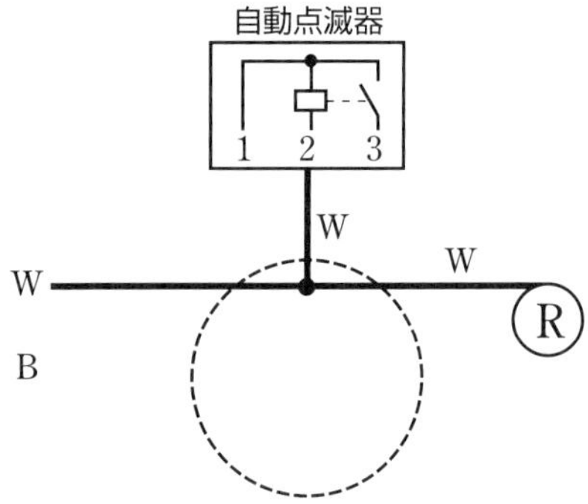

手順3 非接地側の接続

電源の黒線（B）を自動点滅器（1 番）に接続する

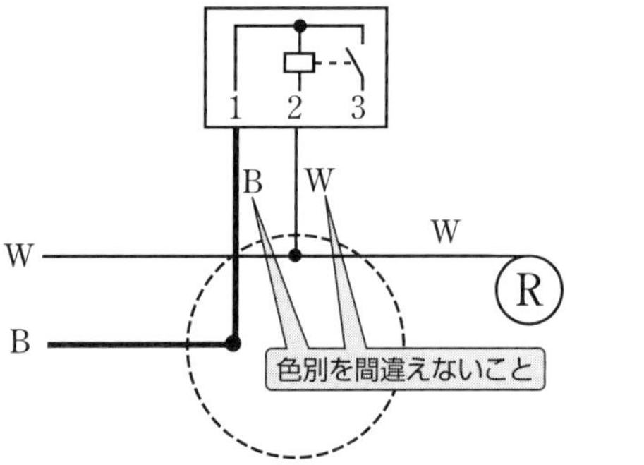

手順4 スイッチから負荷へ接続

自動点滅器 3 番のスイッチから点滅したい負荷（レセプタクル）に接続する

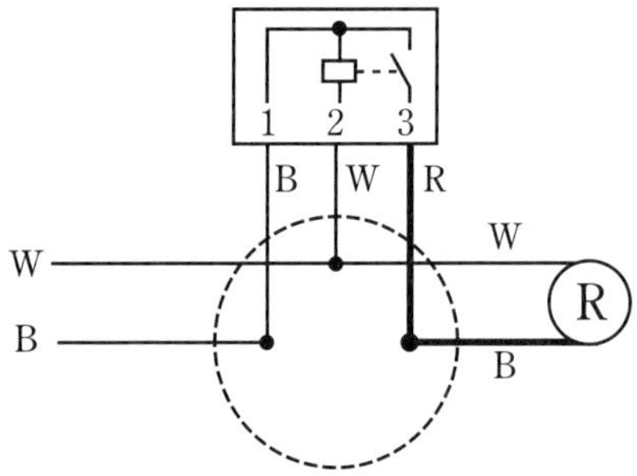

やってみよう　実験の手順

例題 3 の単線図を複線図に変換する手順を覚え，練習 3-1 は灰色部分を手順にしたがって，なぞって書きなさい．また，練習 3-2 は複線図を書き，練習 3-3 を完成させなさい．

練習 3-1（なぞる）

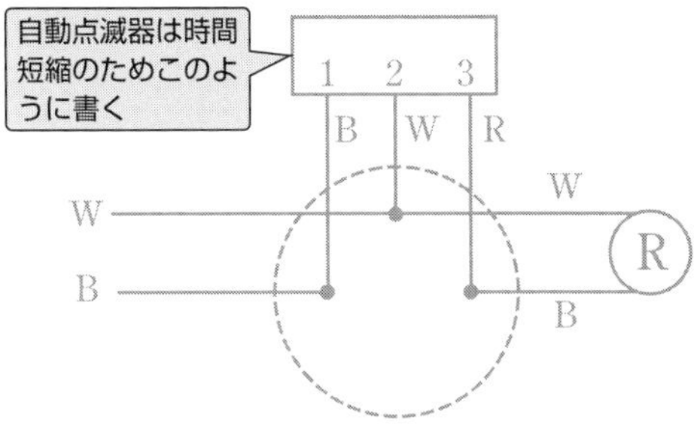

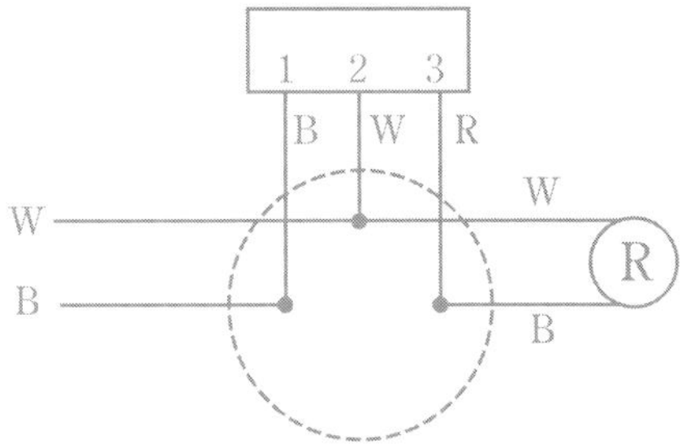

練習 3-2（書く）

複線図を書く

複線図を書く

練習 3-3（応用）

単線図

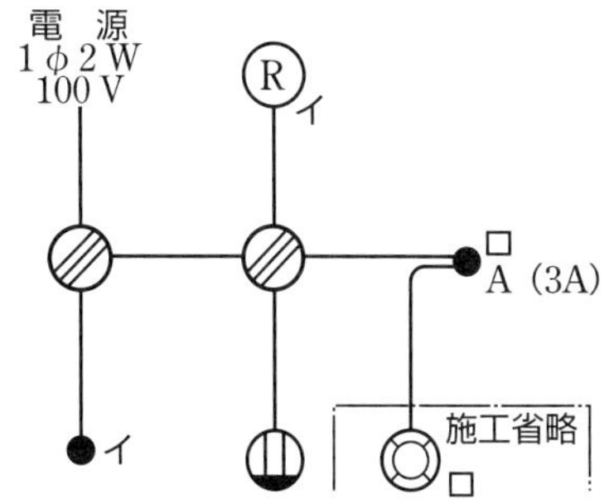

複線図

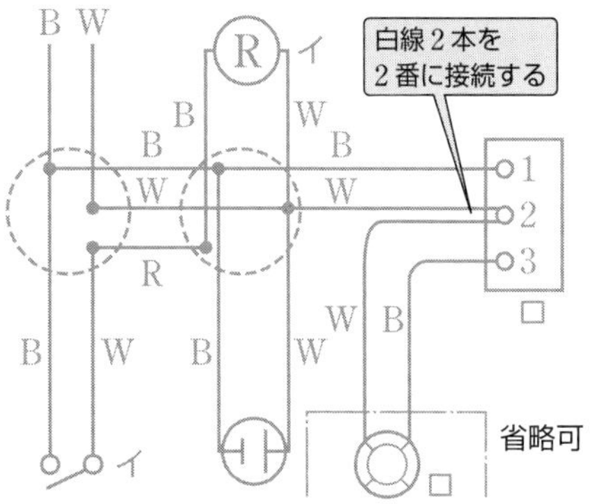

複線図を書く

複線図を書く

❹ タイムスイッチ回路

タイムスイッチは自動点滅器と同じ配線なので，覚えやすい．

次の単線図を複線図に変換する手順を覚え，次ページの練習問題を解きなさい．

例 題 4

単線図

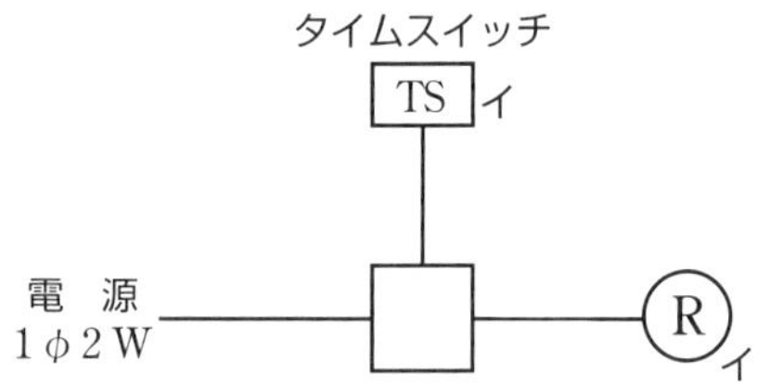

❶ タイムスイッチは、セットした時刻に負荷を「入」「切」する装置で、換気扇やショーウィンドウ等で使用されている。

❷ 内部のモータが回転し、セットした時刻に接点が ON する。モータ部の S1 と S2 は電源の黒と白を接続し、接点部の L1 は負荷へ接続する（内部結線図は機種により異なる場合がある）。

タイムスイッチの内部結線図

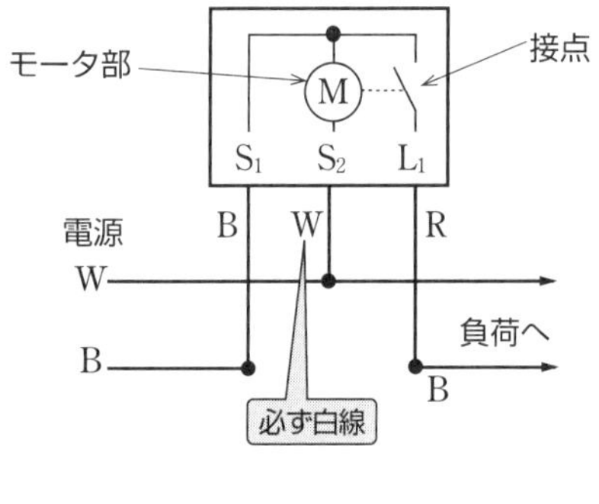

複線図

手順1 配置図を書く（省略）

手順2 接地側の接続

配置図を書き、電源の白線（W）をタイムスイッチ（S_2）と負荷に接続する

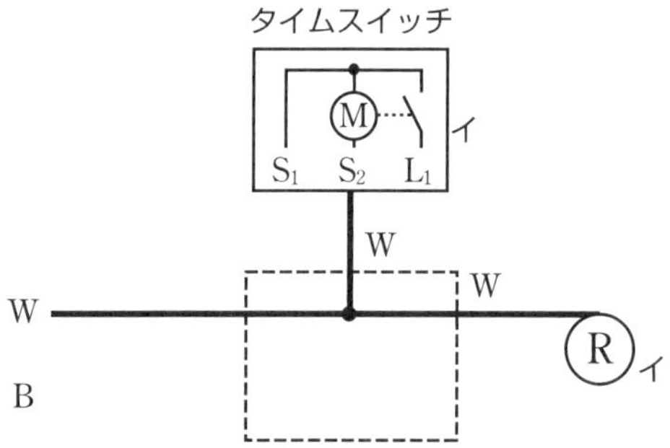

手順3 非接地側の接続

電源の黒線（B）をタイムスイッチ（S_1）に接続する

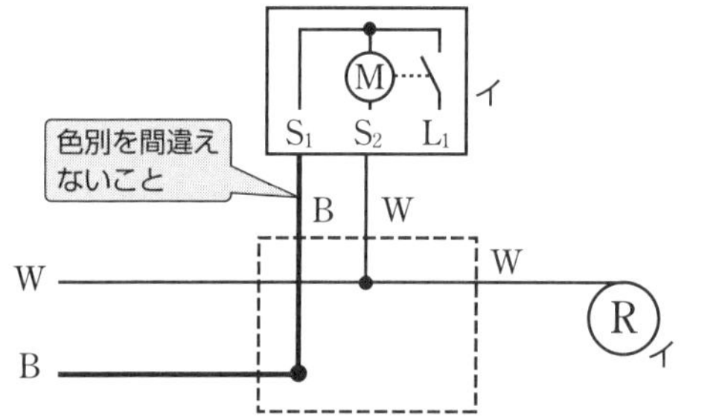

手順4 スイッチから負荷へ接続

スイッチ（L_1）から点滅したい負荷に接続する

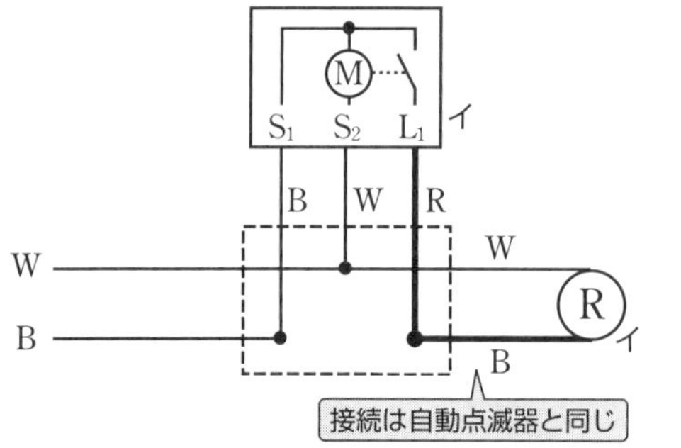

やってみよう　実験の手順

例題 4 の単線図を複線図に変換する手順を覚え，練習 4-1 は灰色部分を手順にしたがって，なぞって書きなさい．また，練習 4-2 は複線図を書き，練習 4-3 を完成させなさい．

練習 4-1（なぞる）

接続は自動点滅器と同じ

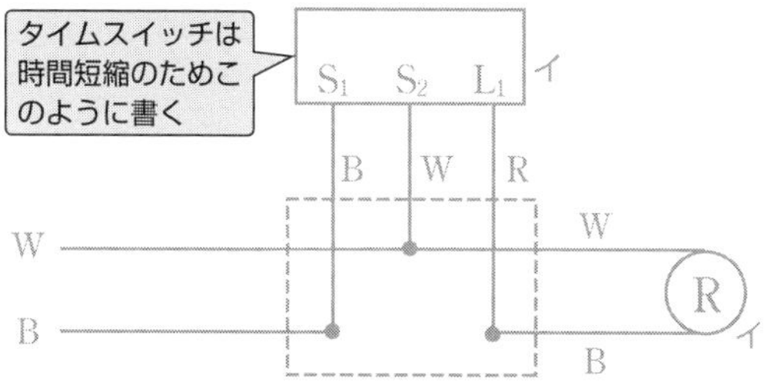

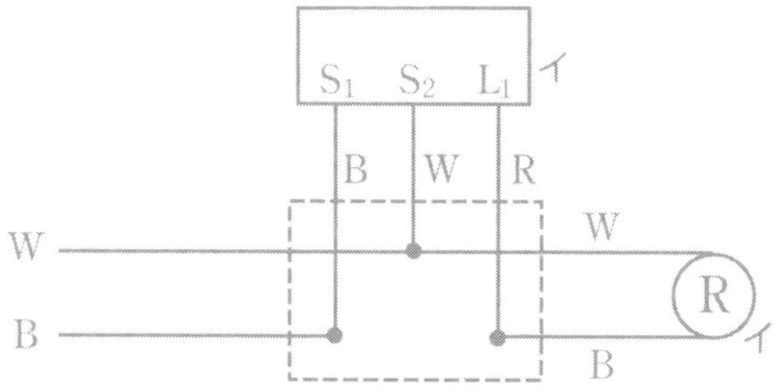

練習 4-2（書く）

複線図を書く

複線図を書く

練習 4-3（応用）

単線図

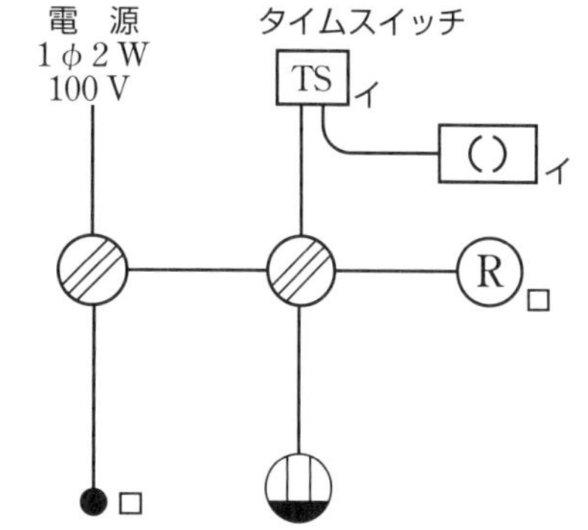

複線図

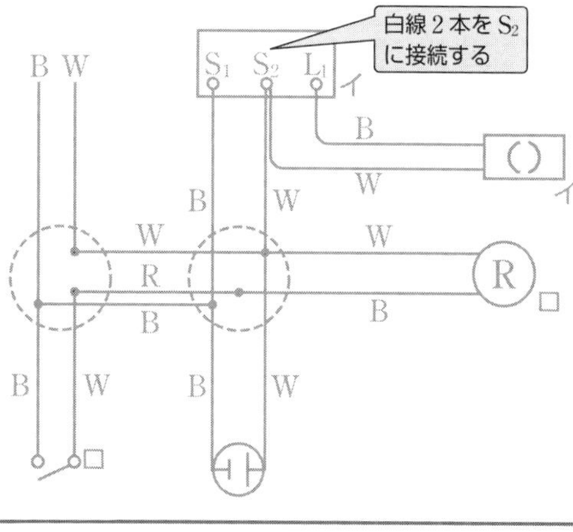

複線図を書く

複線図を書く

⑤ リモコン回路

リモコン回路は操作部と主回路部があり，下記のようなリモコン回路専用の配線器具が使用される．

1 リモコン用配線器具

	写　真	図記号	説　明
リモコン変圧器	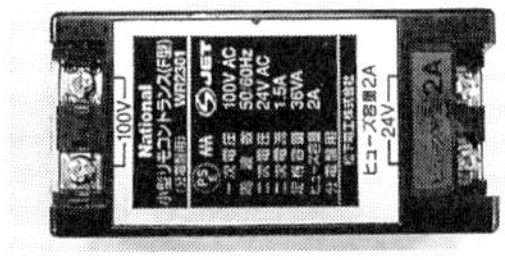		100 V または 200 V を 24 V の電圧に下げて，操作用の電源として用いる．
リモコンリレー	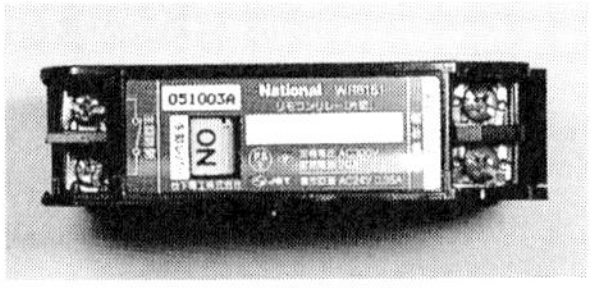	① 1 個の場合 ▲ ②複数の場合 リモコンリレーを集合して取り付ける場合はリレー数を傍記し下図のように示す． （例）▲▲▲5	リモコンスイッチからの 24 V の信号により，内部リレーの接点を動作させ，100 V 回路の開閉を行う．
リモコンスイッチ	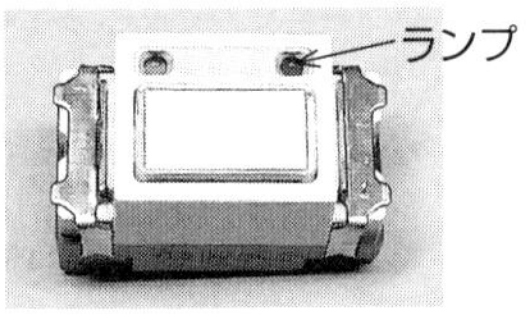		スイッチを押すごとに，内部接点が開閉を繰り返す．開閉状態は内蔵ランプで表示される．

2 基本回路

リモコン回路は操作部と主回路部がある．操作部はリモコン変圧器の 24 V を使用し，リモコンスイッチによりリモコンリレーを操作する．主回路部では 100 V 等を使用し，リモコンリレーの接点により照明器具を点滅させる．下図はリモコン 1 個の回路を示す．

単線図

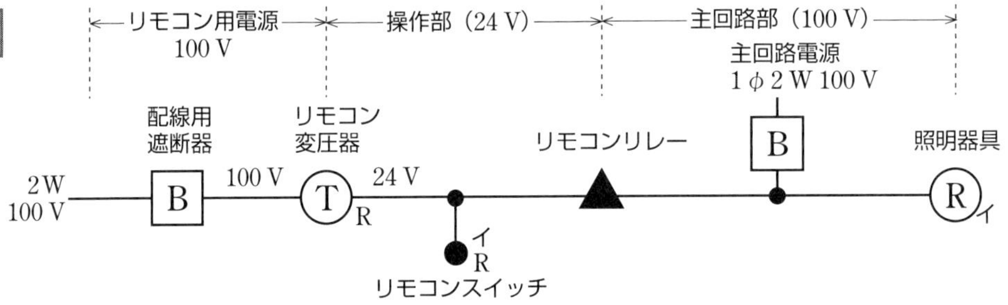

複線図

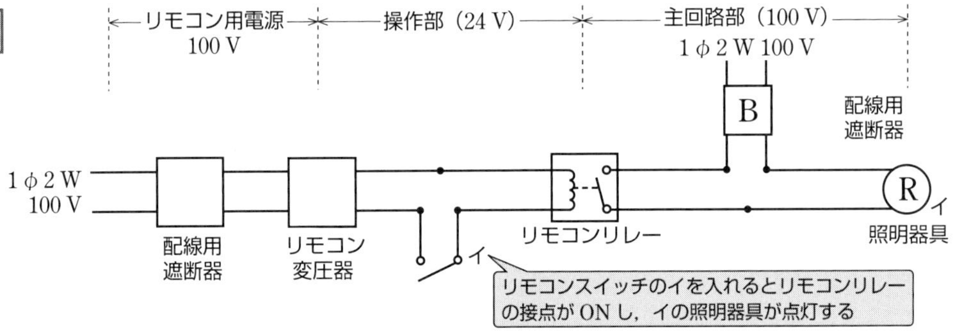

3 リモコン回路の複線図

次の単線図を複線図に変換する手順を覚え，次ページの練習問題を解くこと.

例 題 5

単線図

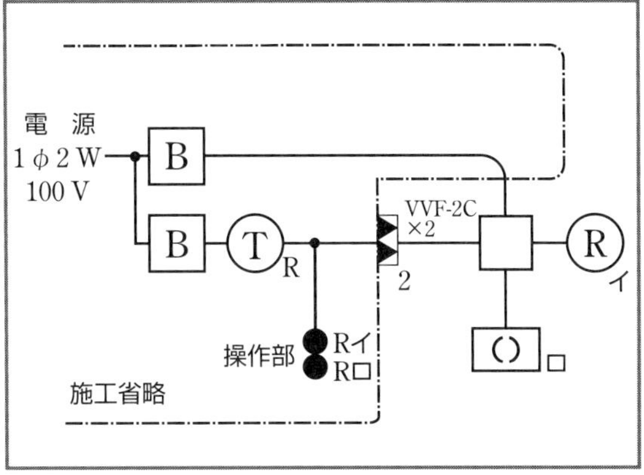

❶ 操作部の施工は省略となっているので，主回路部の複線図のみ書けばよい.

❷ 書き方は今までと同じで，手順 1～4 の順番に書く.

❸ VVF-2C×2 とは，VVF ケーブル 2 心を 2 本使用することを示す.

複線図

手順1 配置図を書く

電源（W，B）と器具等の図記号を書く

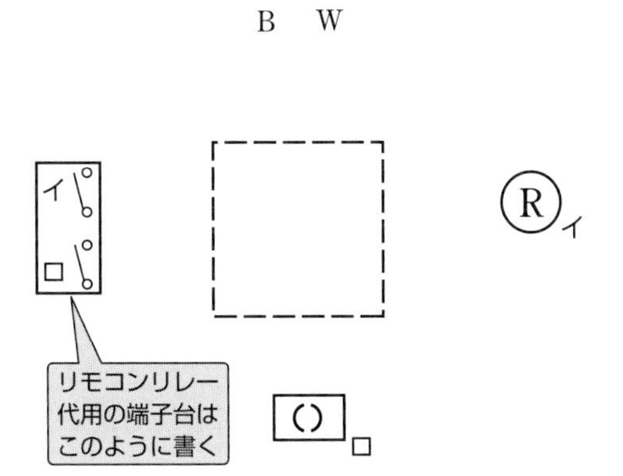

複線図

手順2 接地側の接続

電源の白線（W）を負荷（レセプタクルと引掛シーリング）に接続する

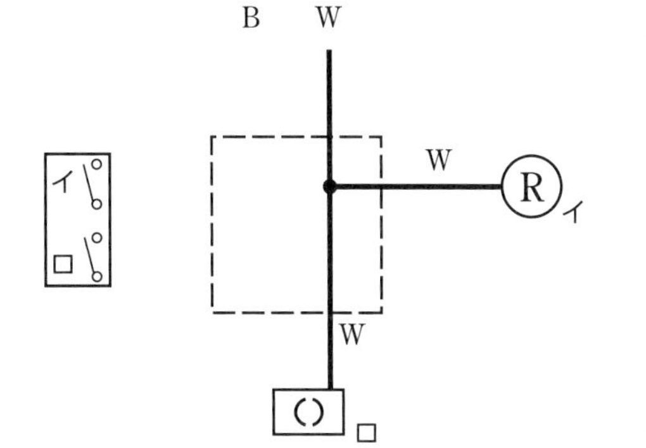

手順3 非接地側の接続

電源の黒線（B）をリモコンリレーの○側に接続する

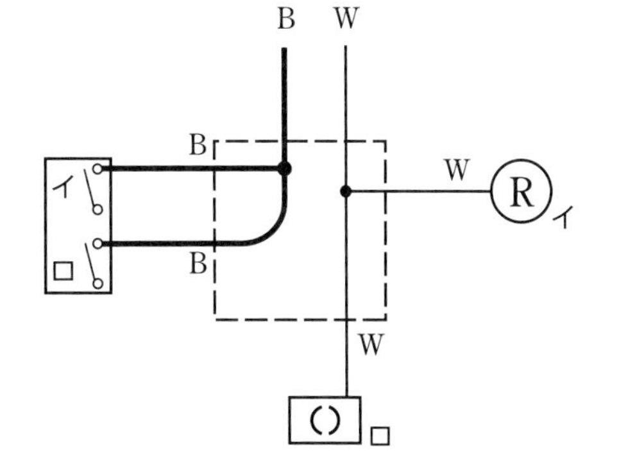

手順4 スイッチから負荷へ接続

イのリモコンスイッチからイのレセプタクル，ロのリモコンスイッチからロの引掛シーリングに接続する

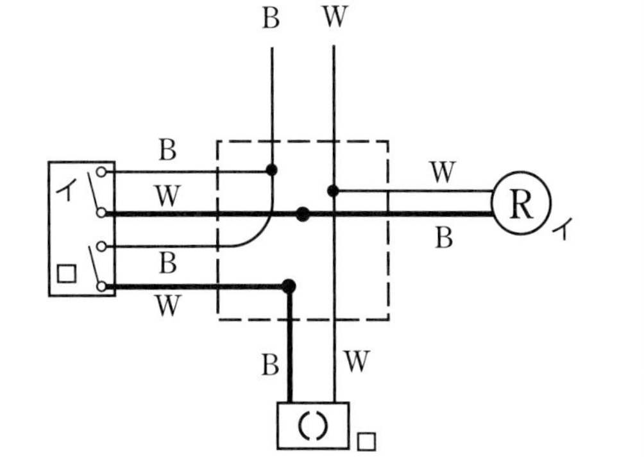

やってみよう　実験の手順

例題 5 の単線図を複線図に変換する手順を覚え，練習 5-1 は灰色部分を手順にしたがって，なぞって書きなさい．また，練習 5-2 は複線図を書き，練習 5-3 を完成させなさい．

練習 5-1（なぞる）

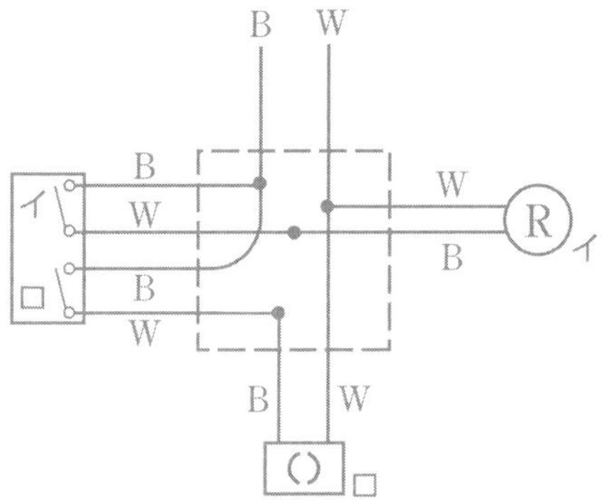

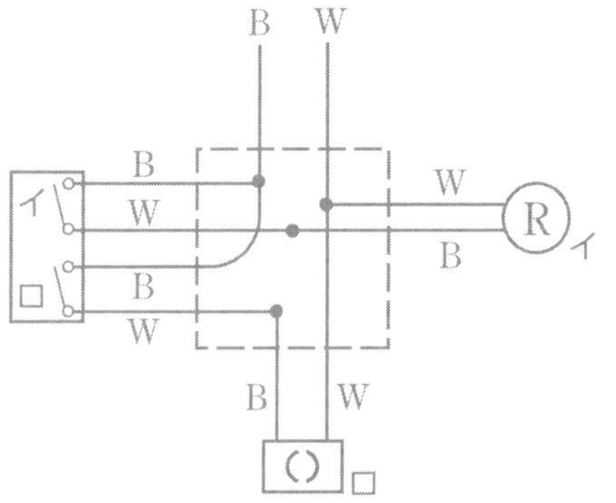

練習 5-2（書く）

複線図を書く

複線図を書く

練習 5-3（応用）

単線図

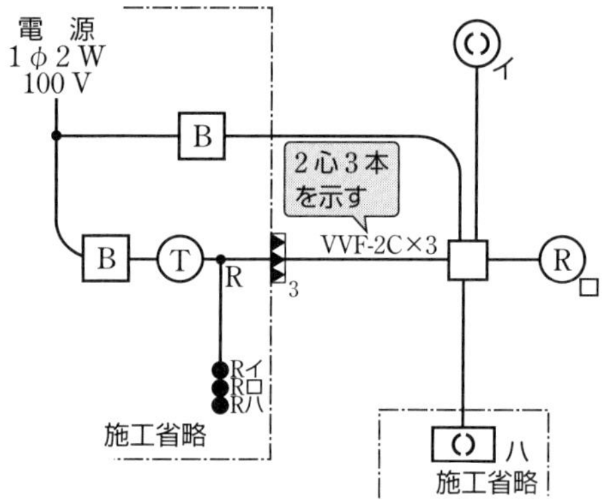

複線図

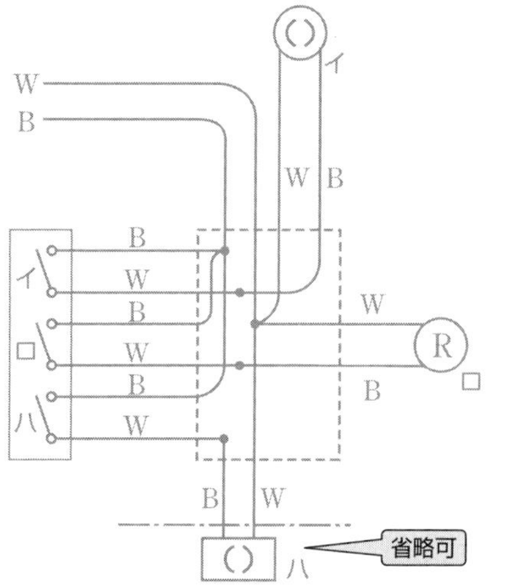

複線図を書く

まとめてみよう 実験結果のまとめ

1 問題6～11の単線図と複線図を報告書（レポート）に書きなさい.

単線図	複線図

問題6 リモコン回路

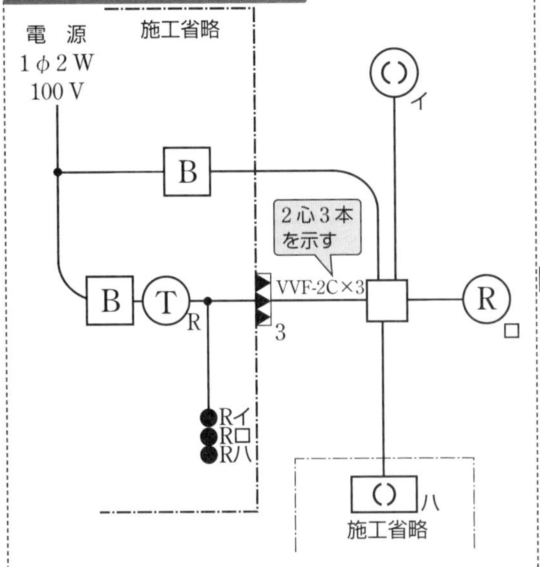

問題7 リモコン回路

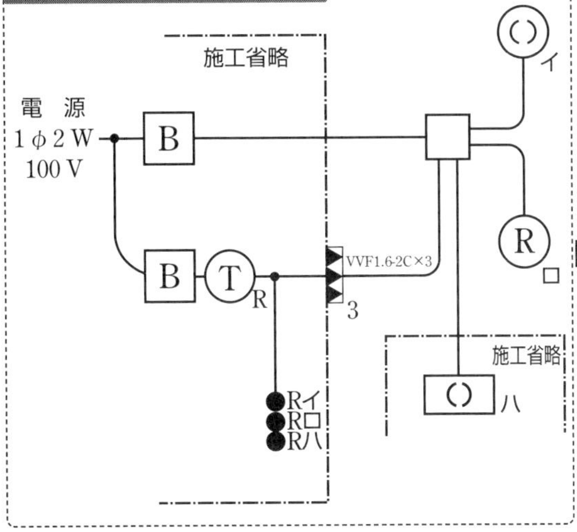

単線図	複線図

問題 8　100/200 V 回路

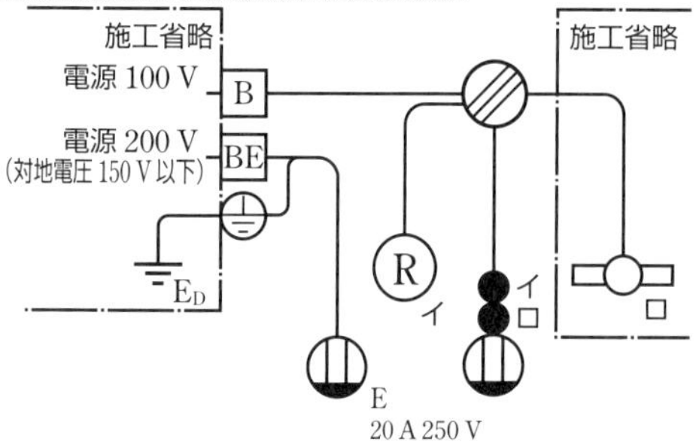

問題 9　三相モータ回路

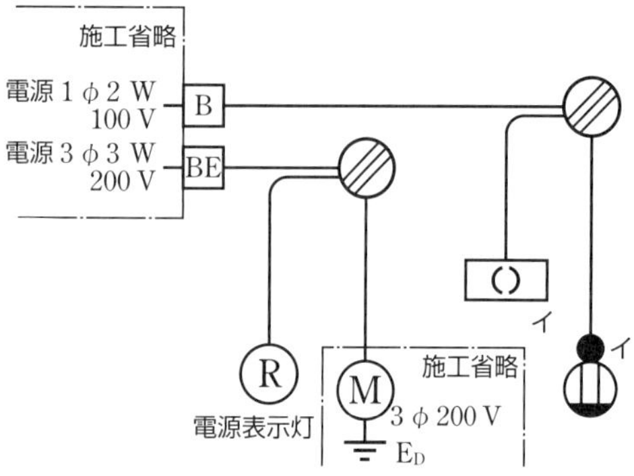

・電源表示灯は，T 相と S 相間に接続すること
・R 相に赤色，S 相に白色，T 相に黒色を使用する

問題 10　自動点滅回路

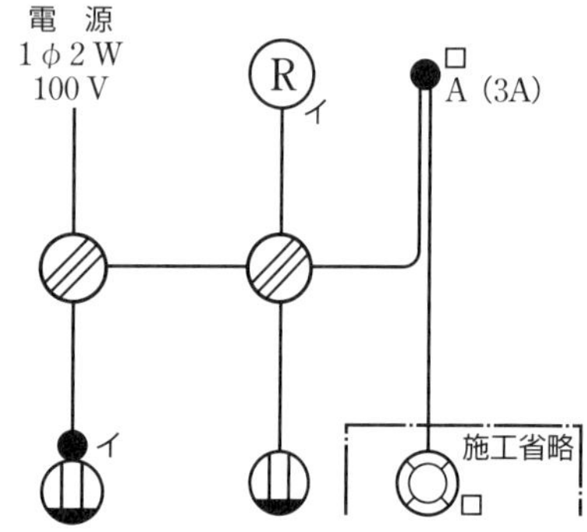

問題 11　タイムスイッチ回路

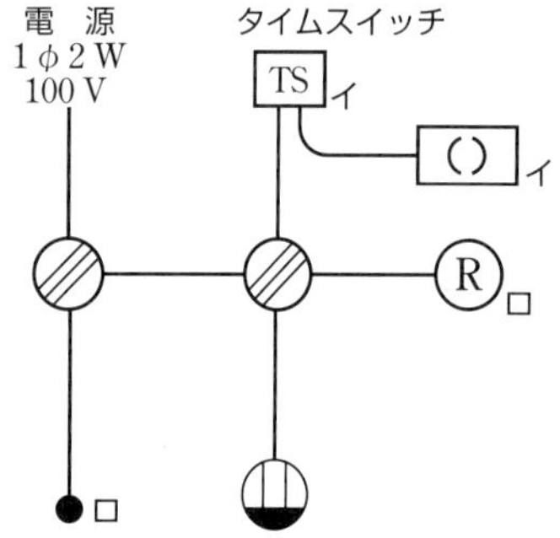

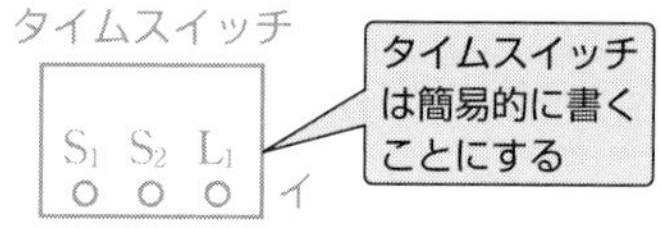

6章

屋内配線工事の基礎

この章のねらい，目的と実習項目

●ねらい

一般の低圧屋内配線工事の種類にはいろいろあるが，安全でかつ合理的な電気の使用ができる工事方法が望まれる．本章では最も多く使われている工事の基本作業を学ぶ．また，電気工事に携わる者に関係の深い電気関係法令等についても調べるとともに，電気技術者への登竜門である第二種電気工事士取得も目指してみよう．

●目的

・屋内配線の基本工事であるビニル絶縁ビニルシースケーブルを使用したケーブル工事，合成樹脂管に可とう性を持たせた合成樹脂製可とう電線管工事，ねじなし電線管を使用した金属管工事の基本作業を習得する．また，これら工事に使用する各種工具の名称や正しい使い方も学ぶ．

●実習項目

1　屋内配線工事用工具とその使い方
2　絶縁電線とその接続
3　ビニル外装ケーブル工事
4　合成樹脂製可とう電線管工事
5　金属管工事
6　屋内配線工事の総合実習
*　工事施工上行ってはならない作業

実習 1

屋内配線工事用工具とその使い方

目的

- 屋内配線工事用工具は特に近年，作業効率の向上を図るべく新しい工具も考案されている．電線絶縁被覆やケーブル外装のはぎ取りには，従来からの電工ナイフのほかにワイヤストリッパやケーブルストリッパと呼ばれる被覆はぎ取り器も使われ，合成樹脂管やPF 管の切断には，塩ビカッタやフレキカッタなどの工具も使われている．この実習ではこれら工具の知識とともに，この工具を使った絶縁電線や VVF ケーブルの被覆はぎ取り方法を学ぶ．
- 工具の使用を誤れば自身の怪我《けが》に止《とど》まらず，大きな電気事故につながることもある．それだけに工具の正しい使い方が肝要《かんよう》である．ここでは屋内配線工事に必要な工具の種類と使い方，絶縁電線やビニル外装ケーブルについて正しい知識を得る．

実習を始める前の予備知識

❶ 屋内配線工事用工具

図 6・1 は，屋内配線工事用工具の一式である（① ~ ⑥ は第二種電気工事士技能試験では「指定工具」と呼ばれている）．この他，図 6・2 のような新しい工具も利用されている．

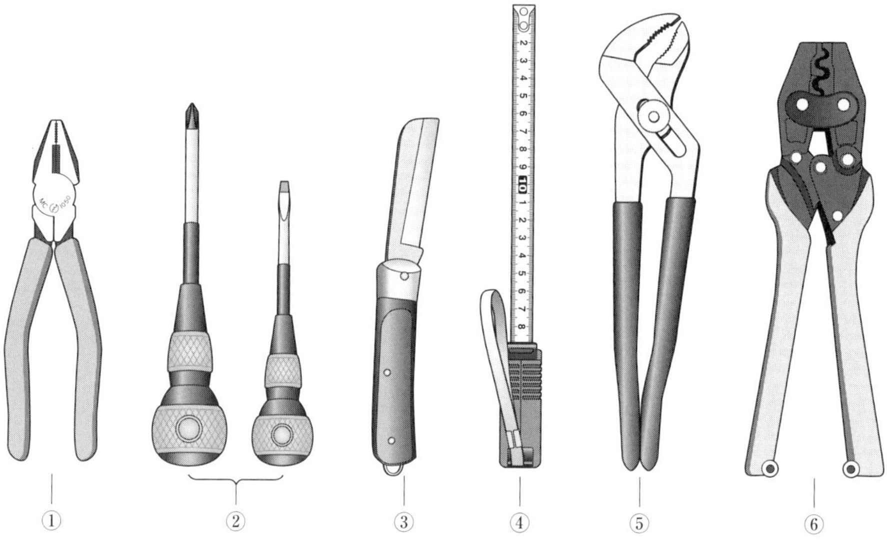

図 6・1 屋内配線工事用工具

① ペンチ…電線の切断や接続など用途は広範囲である．刃のあるほうを「表」または「鏡」といい，反対側を「裏」という．

② ドライバ…種類は多いが，プラス（＋）とマイナス（－）のものに大別でき，配線器具接続端子やボックス類のねじ（ビス）止めに使用する．

③ 電工ナイフ…絶縁電線やケーブルの被覆をはぎ取る．

④　スケール…工事施工の際の配線間や器具の立上げなどの採寸《さいすん》に使用する．

⑤　ウォータポンププライヤ…電線接続や合成樹脂製可とう電線管工事，金属管工事のロックナットの締付けなど用途は広範囲である．

⑥　リングスリーブ用圧着ペンチ…リングスリーブの圧着接続に使用する．握りは黄色のものを使用する．なお，握りが赤色のものは圧着端子用である．

●ワイヤストリッパ

（絶縁電線の被覆はぎ用）

●ケーブルストリッパ

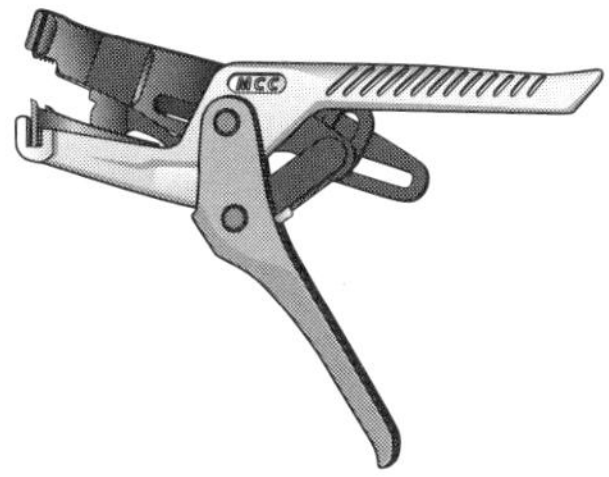

（VVF ケーブルの外装はぎ用）

●合成樹脂管用カッタ（塩ビカッタ）

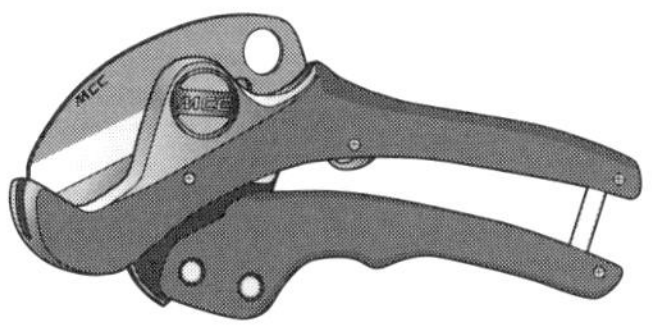

（合成樹脂管の切断用）

●フレキシブルカッタ（フレキカッタ）

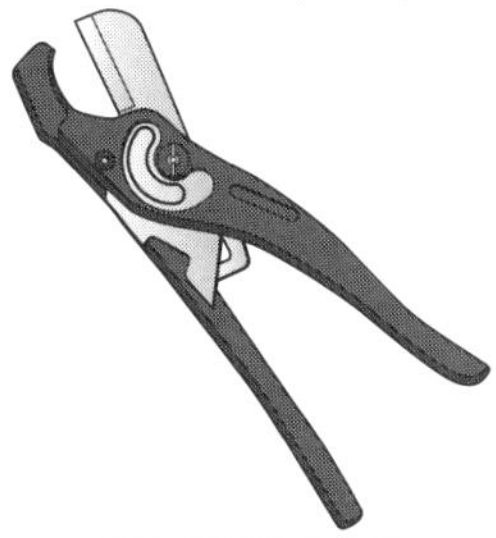

（PF 管の切断用）

PF 管…Plastic Flexible Conduit の略

図　6・2　工事施工効率化用工具

実験 1　絶縁電線とVVFケーブル外装のはぎ取りと器具の取り付け

やってみよう　実験の手順

1 IV電線／(600 Vビニル絶縁電線)の被覆はぎ取り

《使用材料／工具：IV電線1.6 mm／電工ナイフ》

絶縁電線の被覆のはぎ取り方には，「鉛筆むき」または「段むき」がある．

(1) 鉛筆むきの施工手順

Ⅳ電線を鉛筆むきで5本作る（試験では施工しないが，ナイフの使い方を覚える）．

材料：Ⅳ線　1.6 mm　50 cm を1本

目標：1本5秒

❶心線（銅線）に傷を付けない（ナイフのすり傷程度は欠陥とならない）．
❷1本目はゆっくり丁寧に，2本目以降は徐々に早く仕上げるよう心掛ける．

手順1 線を指の腹にのせて，先端から5cmの所にナイフを当てる（図のように持つこと）

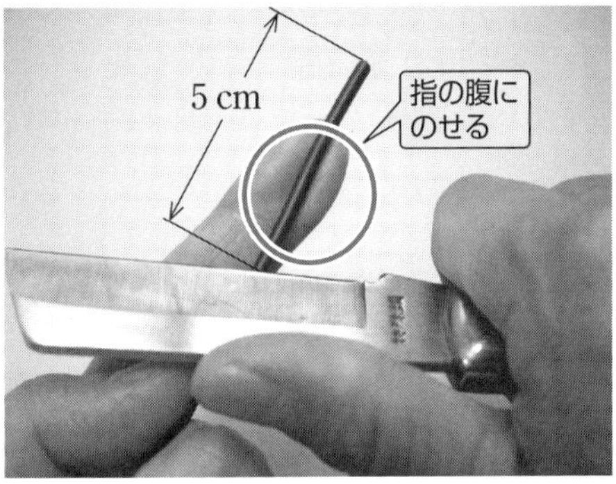

手順2 約30°の角度で切込みを入れ，刃が心線に触れたら10°の角度で先端まで切る

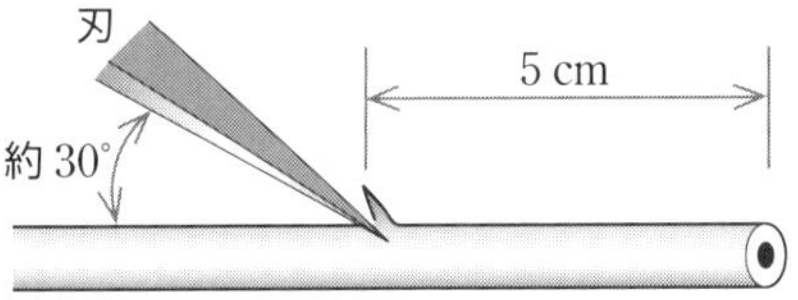

手順3 ナイフを引きながら前へ押し出して先端まで切る

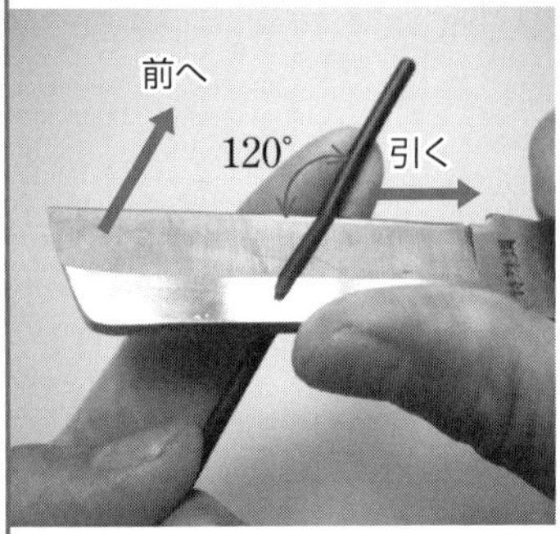

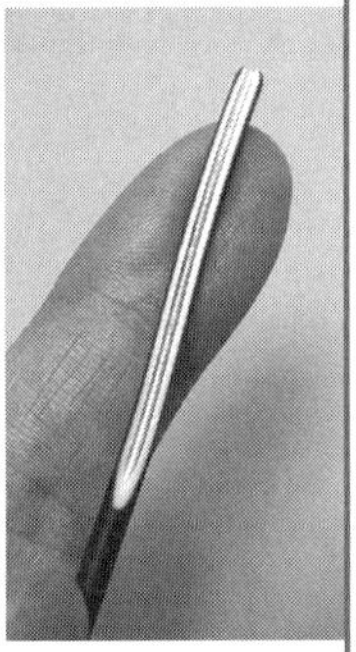

手順4 全周に切込みを入れる

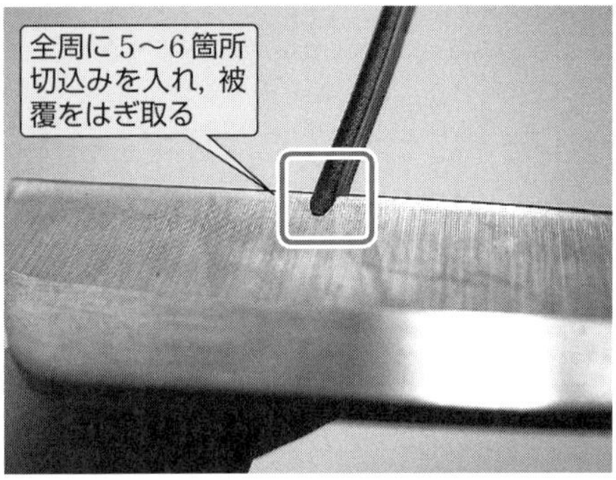

手順5 完成品
（同様に5本作成する）

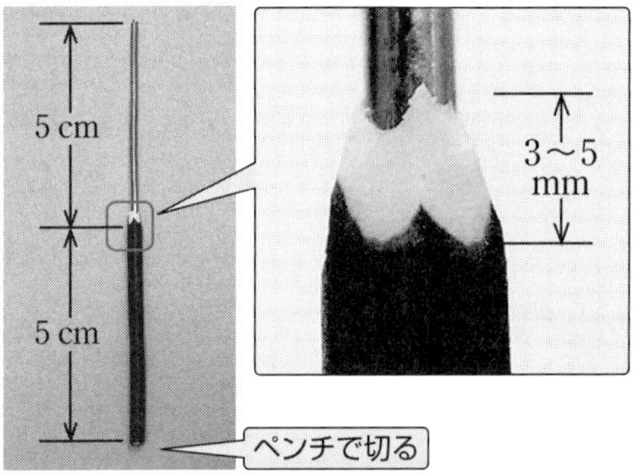

悪い例

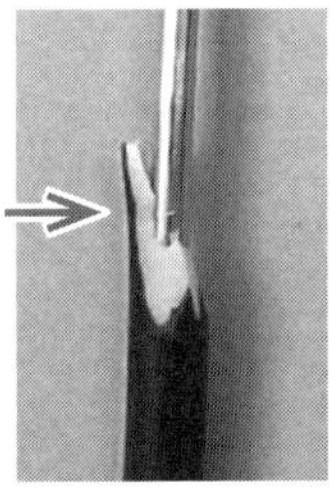

バリがある

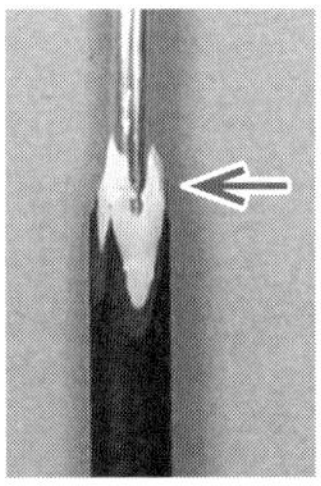

切り口が整っていない

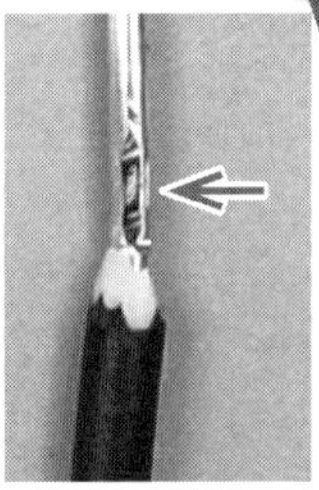

傷がある

(2) 段むきの施工手順

被覆を 5 cm と 3 cm はぎ取ったものを 5 本ずつ作る．

材料：IV 線　1.6 mm　1 m を 1 本

目標：手順 5 まで 5 秒

❶差込形コネクタなどの出題により，鉛筆むきより段むきで作業した方がよい．
❷正確に早くはぎ取れるように，何度も練習する．

手順 1　鉛筆むきの手順 3 と同様に片面を 5 cm はぎ取る

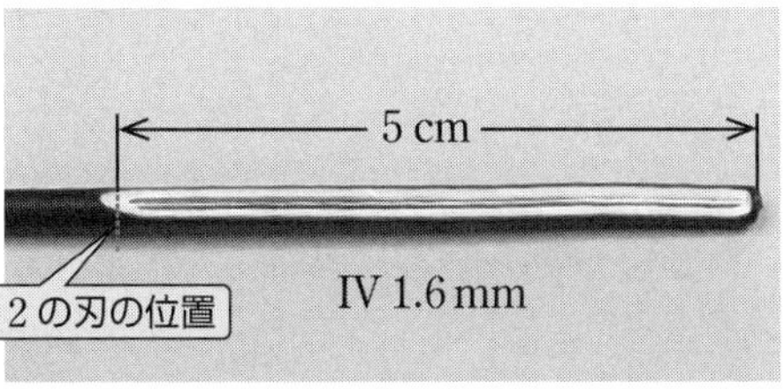

手順 2　ナイフの刃を上に向け，電線に直角に当てる

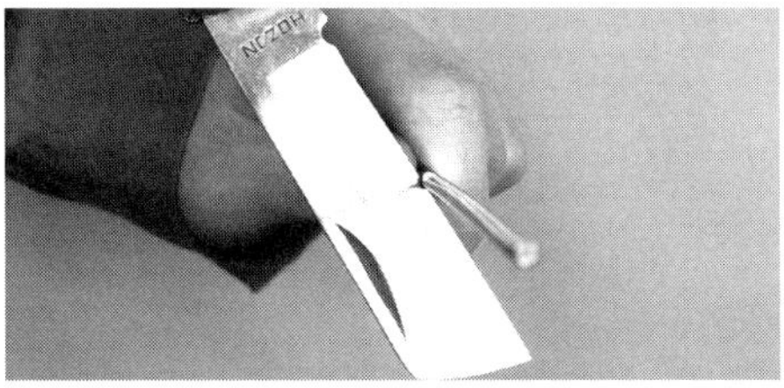

手順 3　心線を傷付けないように，被覆厚の 1/2 の切込みを全周に 1 回だけ入れる

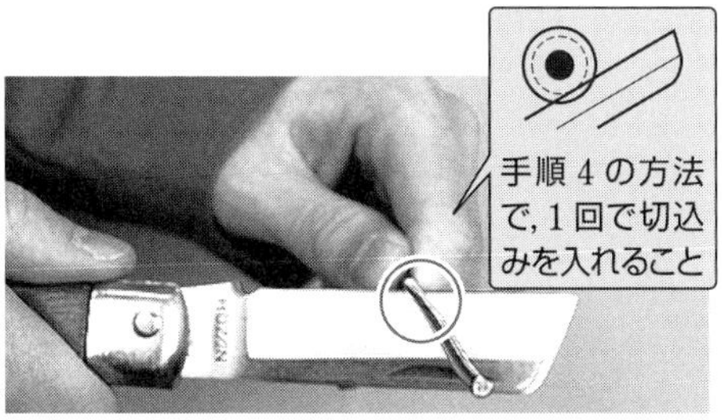

手順 4　ぞうきんを絞るように，左右の手首を反対方向に回す

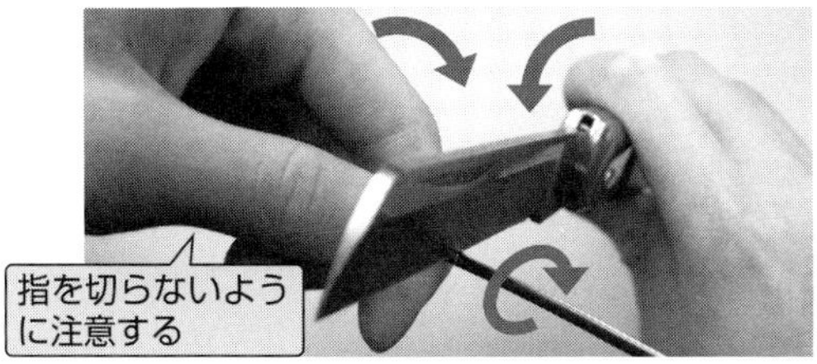

手順 5　被覆を回してはぎ取る

ここで時間をとらないように，一回ではぎ取れるように練習する

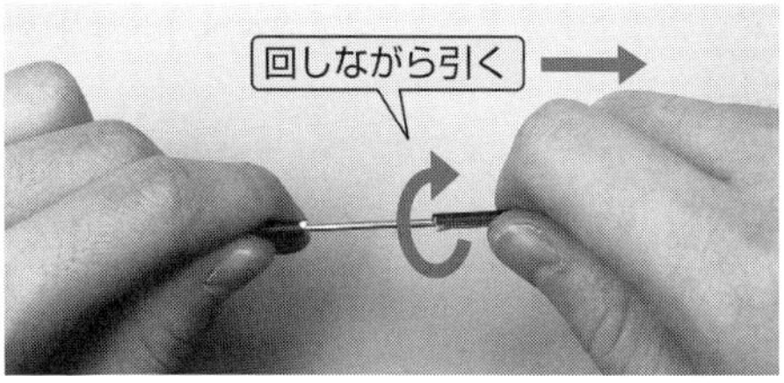

手順 6　同様に 3 cm のはぎ取りを行い，3 cm と 5 cm を交互に 5 本ずつ作る（1 本 5 秒を目標にする）

悪い例

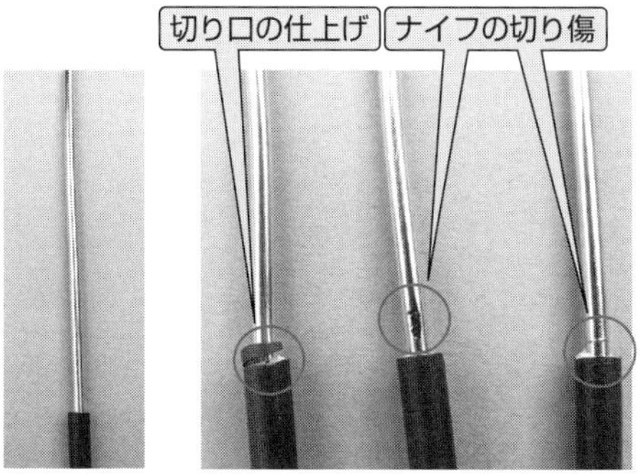

完成品　　悪い例

＊心線直径の約1/3以上の深い傷は欠陥

補足　段むきと鉛筆むき

- 段むき（電線相互および器具への接続用）
  - ・2.6 mm 以下の電線のはぎ取りに用いる
  - ・電線の接続点に差込形コネクタが出題されるので，全て段むきの方がよい
- 鉛筆むき（電線相互の接続用）
  - ・レセプタクルや引掛シーリング，差込形コネクタなどの器具に鉛筆むきした電線を接続してはいけない

(3) リングスリーブによる圧着接続

電線が2本，3本，4本の場合の圧着接続を各1本ずつ作る．

材料：IV 1.6 mm を 1 m，リングスリーブ小

目標：手順3まで30秒

❶電線本数と圧着ペンチの刻印に注意する．
❷リングスリーブの中央を圧着する．

手順1 図のようにIV線の被覆を段むきではぎ取り，リングスリーブを入れる

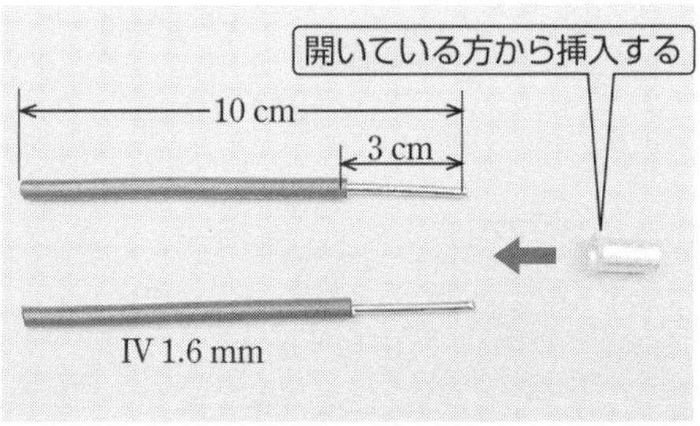

手順2 圧着ペンチの「特小」（○の刻印）でリングスリーブの中央を圧着する

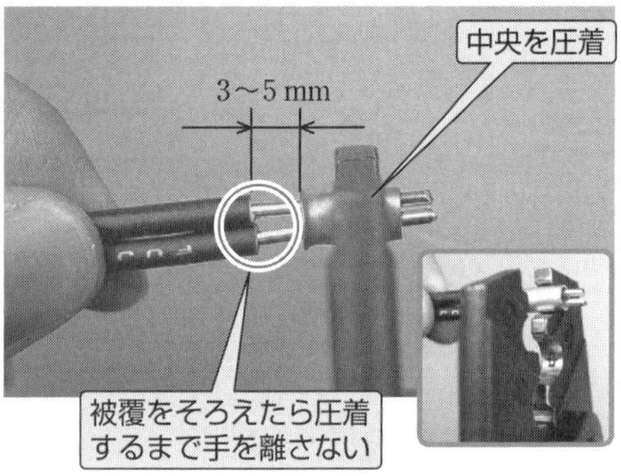

手順3 先端をペンチで切って完成させる

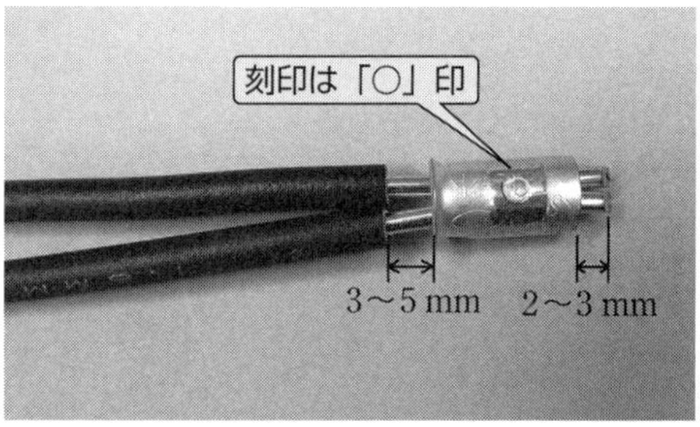

手順4 電線が3本の場合と4本の場合を1回ずつ練習する

2本の場合と同様の手順で行うが，圧着の刻印は両方とも「小」にする

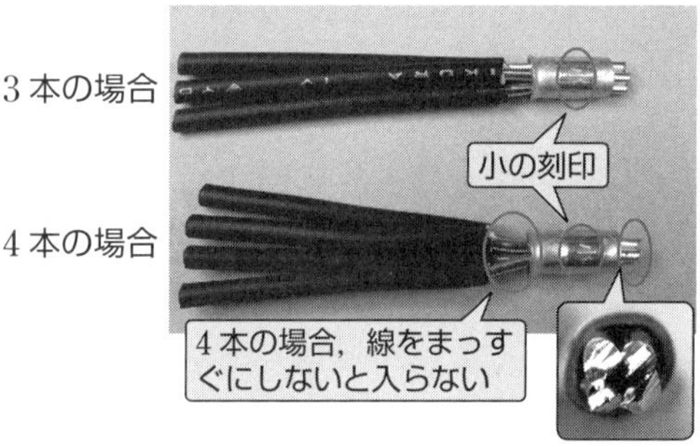

補足 電線本数とリングスリーブの刻印

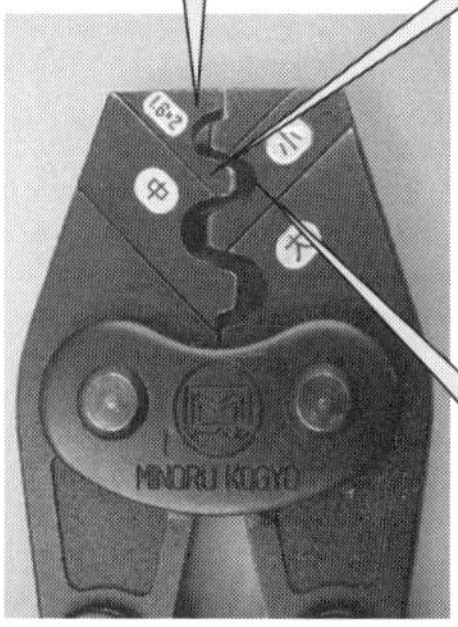

1.6 mm の場合

電線本数	歯	刻印
2本	特小	○
3〜4本	小	小

悪い例

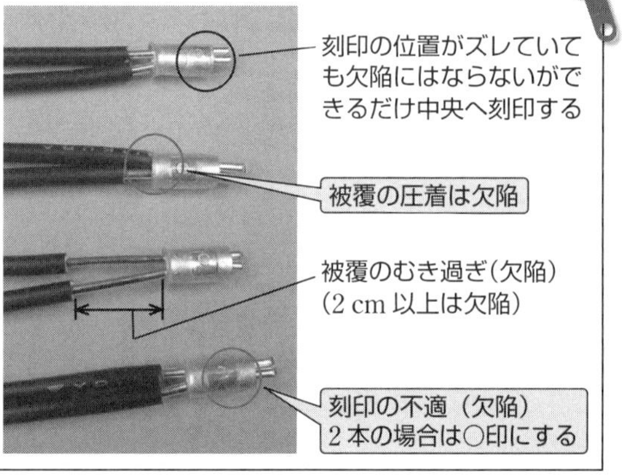

（4） 差込形コネクタによる接続

3 本用の差込形コネクタおよび 2 本用，4 本用を練習する．

材料：3 本用の差込形コネクタ，IV 1.6 mm を 1 m

目標：手順 3 まで 30 秒

❶心線はゲージに合わせて奥までしっかり差し込む．
❷被覆端はコネクタの中に入れる．

手順 1 IV 線の被覆を 3 cm 段むきではぎ取る

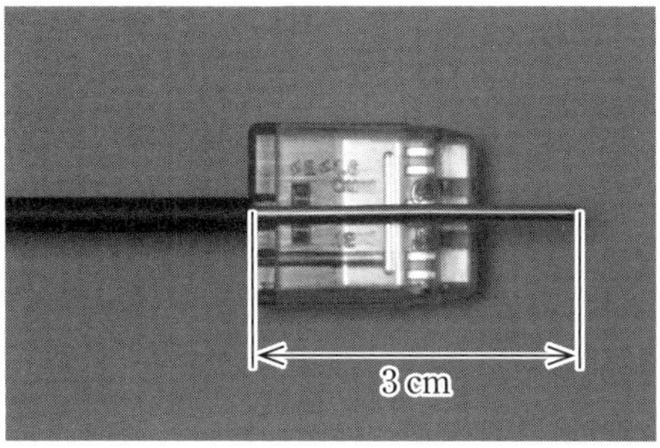

手順 2 ゲージに合わせて心線を切断する

同様にして IV 線を 3 本作る

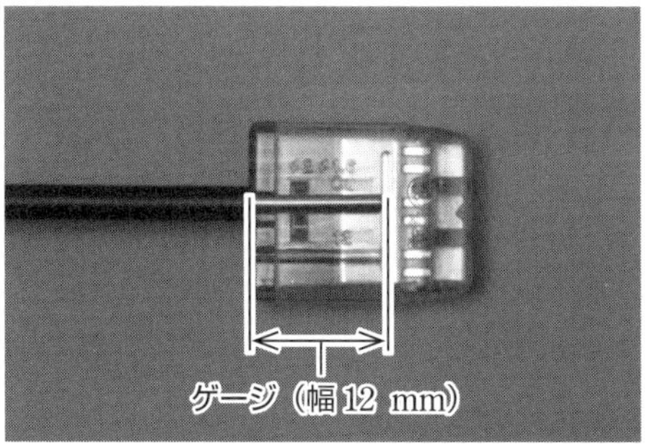

＊コネクタの種類によりゲージ幅が異なるので注意すること（試験では写真のコネクタがよく用いられている）

手順 3 完成品

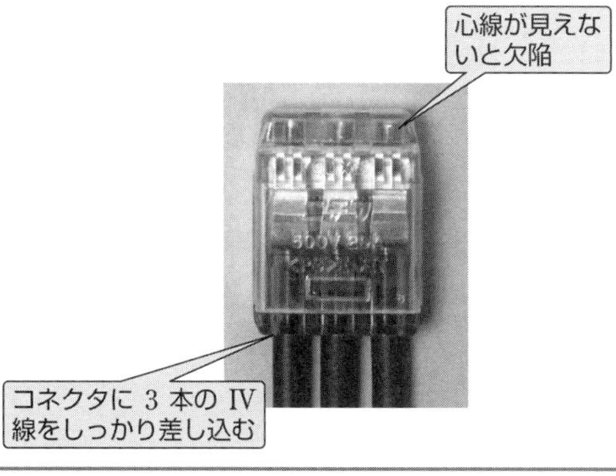

手順 4 電線を取り出す

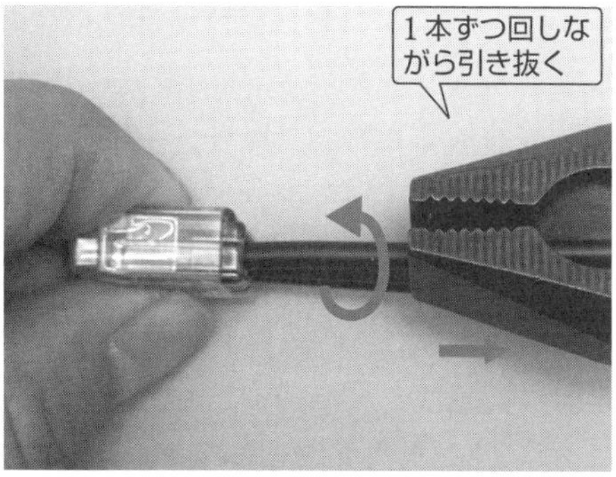

手順 5 2 本用と 4 本用も作る

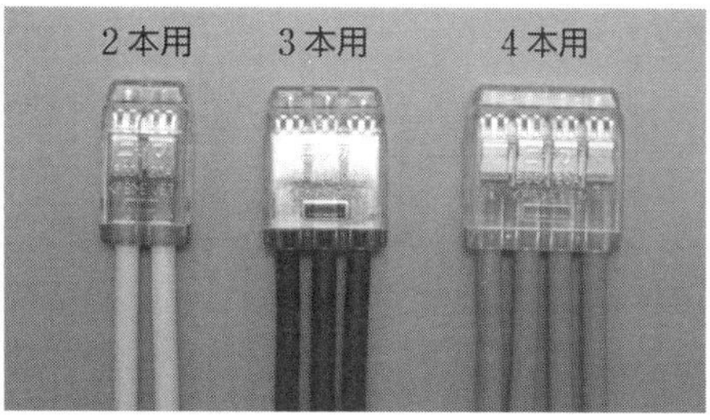

悪い例

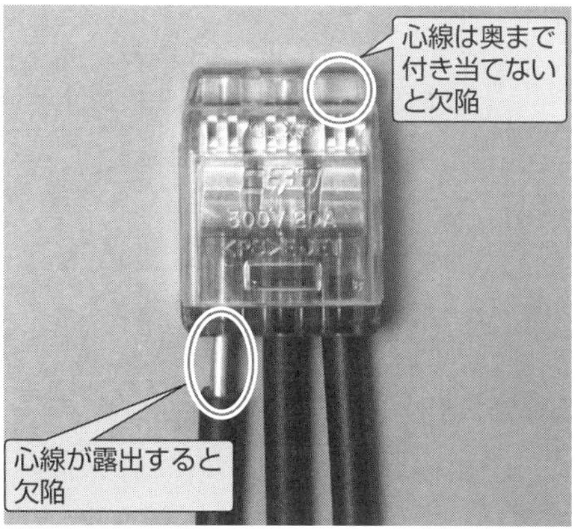

❷ ケーブルのはぎ取りと器具への接続

(1) 2 心ケーブルのはぎ取り

VVF と EEF の外装と絶縁被覆をはぎ取り，圧着接続する．

材料：VVF と EEF の 1.6 mm　2 心　20 cm を各 1 本

目標：手順 4 まで 15 秒

❶心線と絶縁被覆，外装に傷を付けないこと．
❷ EEF ケーブルは硬いので，ナイフは研いでよく切れるようにしておく．

手順 1　横割り

先端から 10 cm の所の外装全周に切れ目を入れる（外装厚の 2/3 程度の深さ）

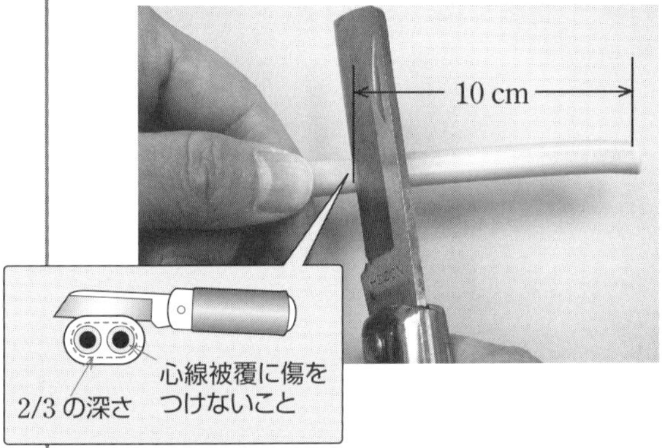

良い例

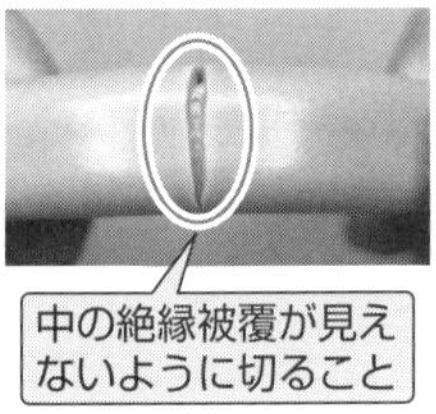

欠陥例

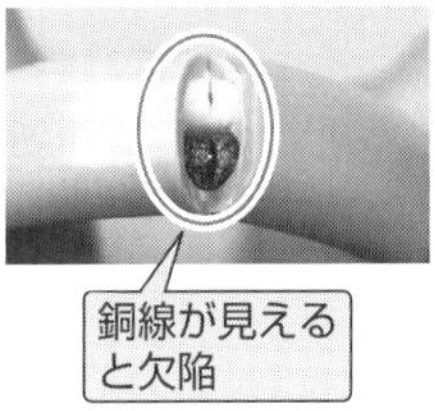

手順 2　縦割り

2 心の線間に切れ目を入れて先端まで切る

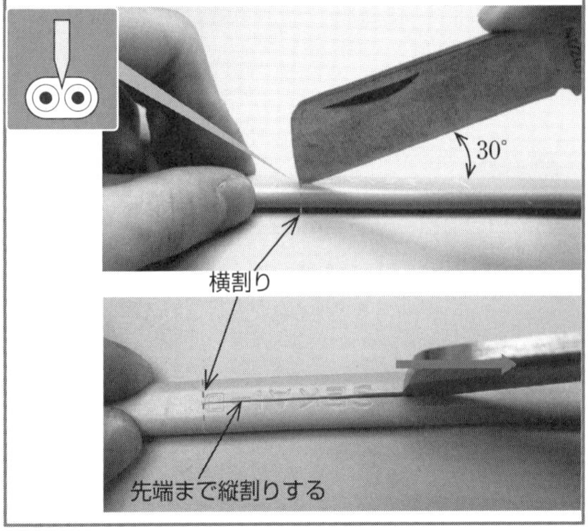

手順 3　ペンチで外装をはぎ取る

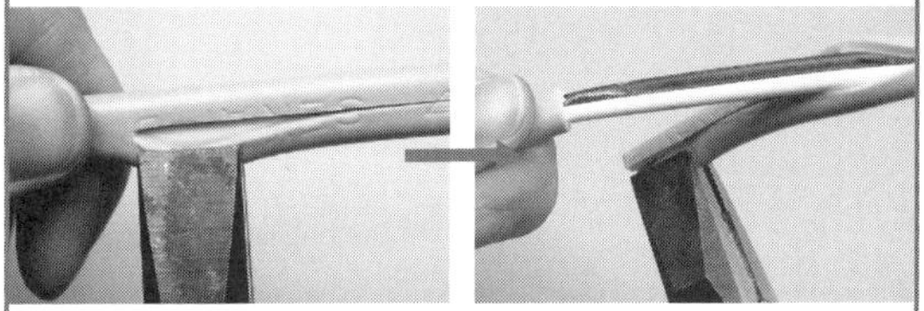

手順 4　はぎ取り完成

（EEF も同様にはぎ取る）

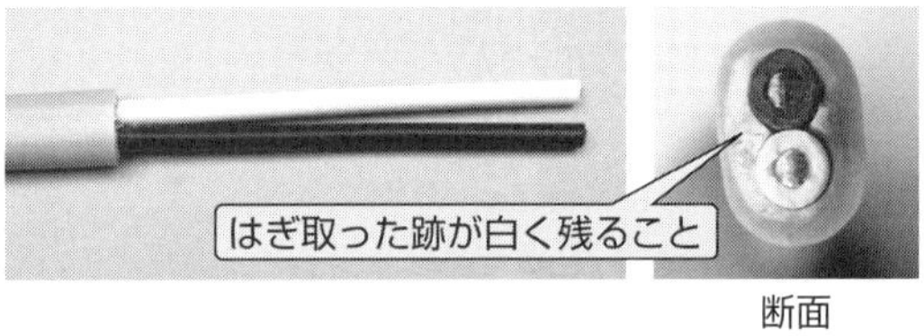

悪い例

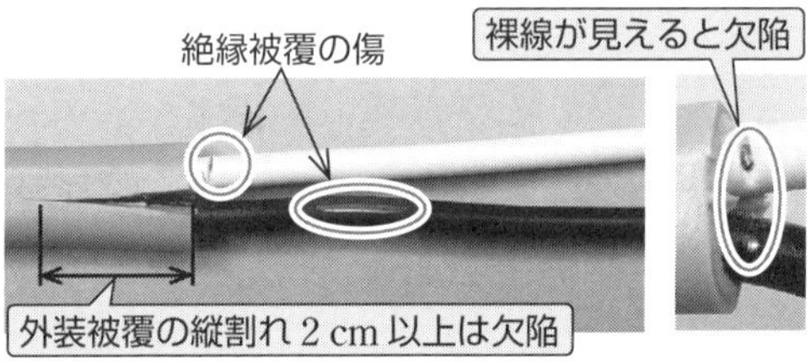

ウラ技　心線 2 本の圧着接続

先端から 3 cm 程度片面を，2 本同時にはぎ取る

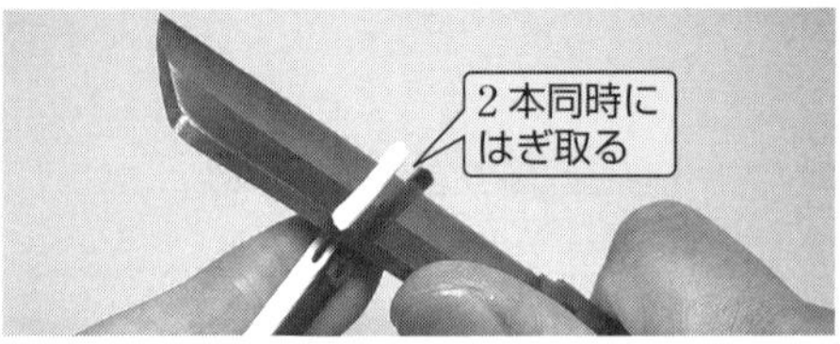

2 本とも段むきではぎ取り，圧着接続する

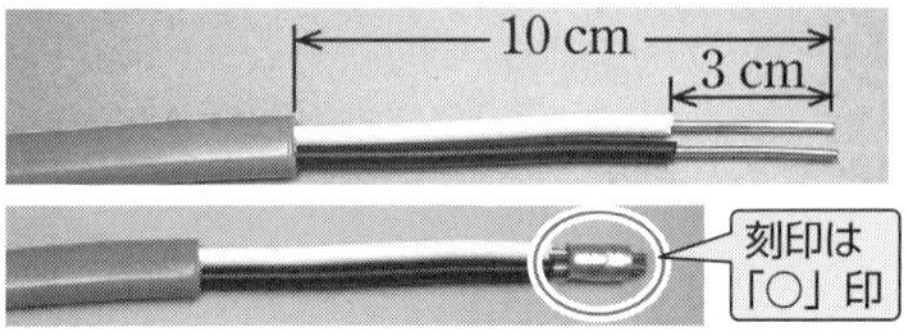

＊EEF も同様に練習する

(2) 3心ケーブルのはぎ取り

VVF 1.6 mm 3心の外装と絶縁被覆をはぎ取り，圧着接続する．

材料：VVF 1.6 mm　3心　30 cm

目標：手順5まで90秒

❶横割りしたとき，黒，赤，白の絶縁被覆に傷を付けないようにする．
❷素早く，正確に作れるように練習する．

手順1 横割り

VVFケーブル3心を30 cm準備し，先端から15 cmの所を外装全周に切れ目を入れる

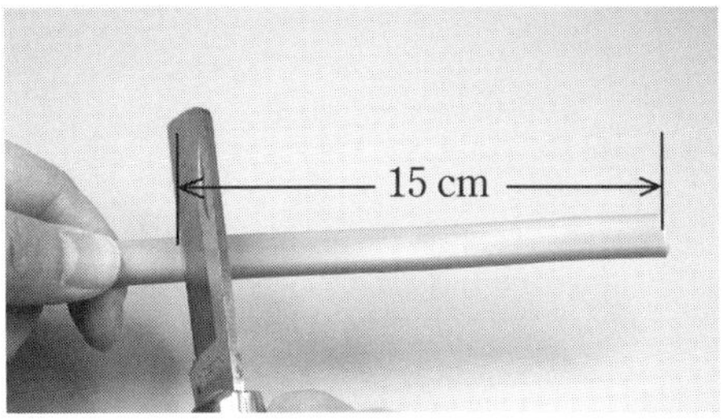

手順2 縦割り

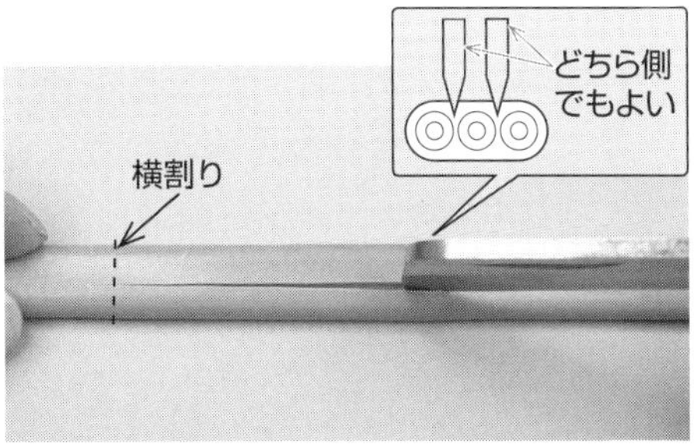

手順3 外装をはぎ取る

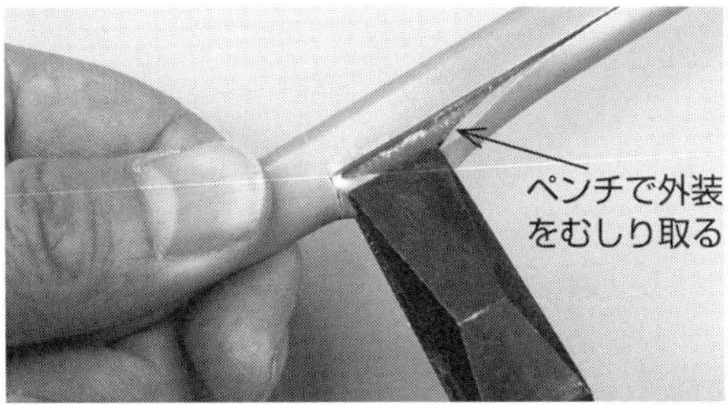

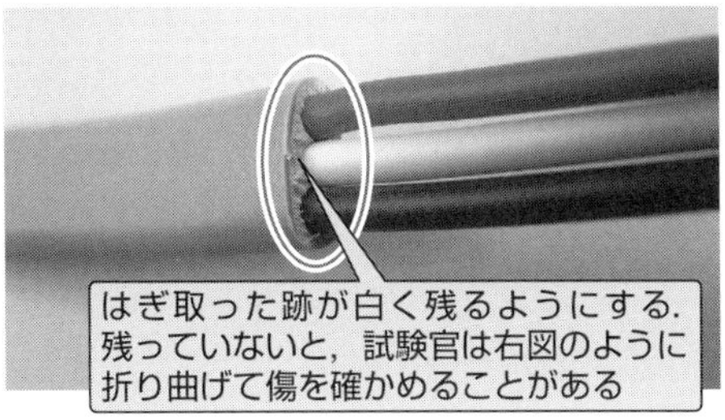

手順4 圧着接続を行う

被覆の先端から3 cmの所を3本同時に片面をナイフではぎ取り，圧着接続を行う

片面をはぎ取る

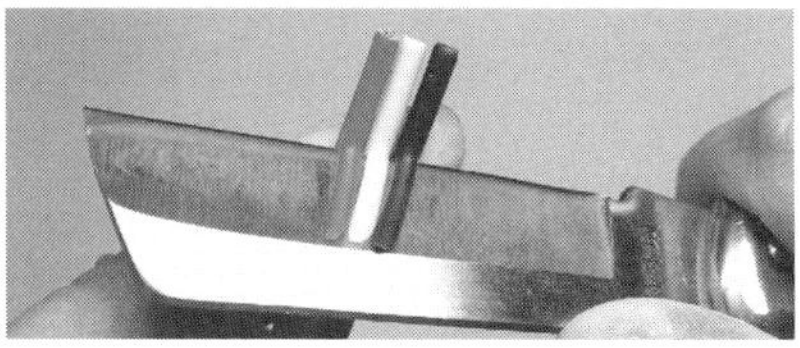

1本ずつ段むきではぎ取る

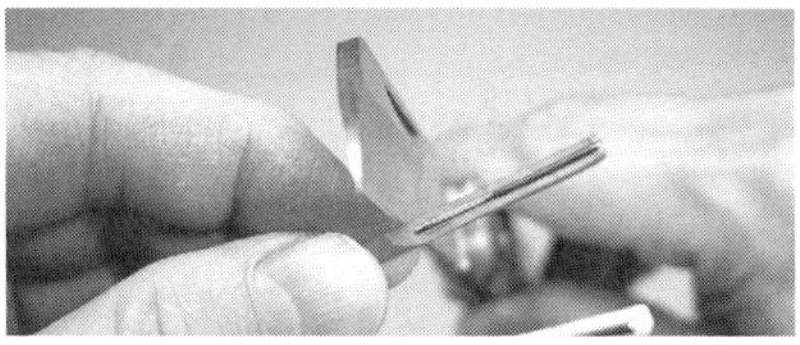

右図のように被覆を3 cmはぎ取る

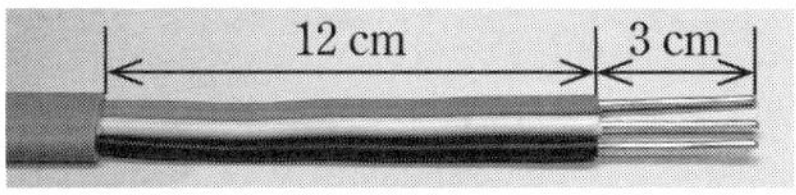

圧着接続を行う

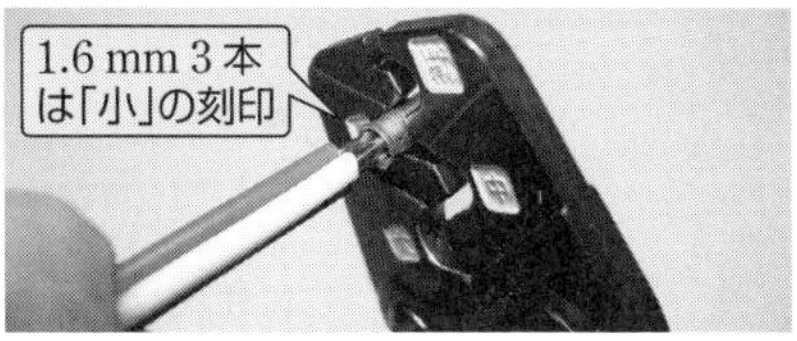

手順5 完成品

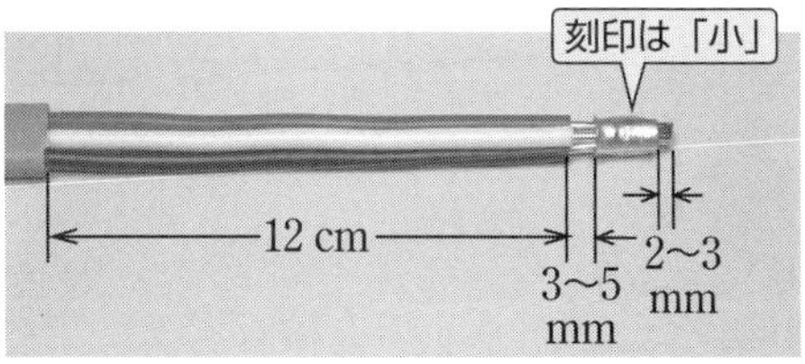

悪い例

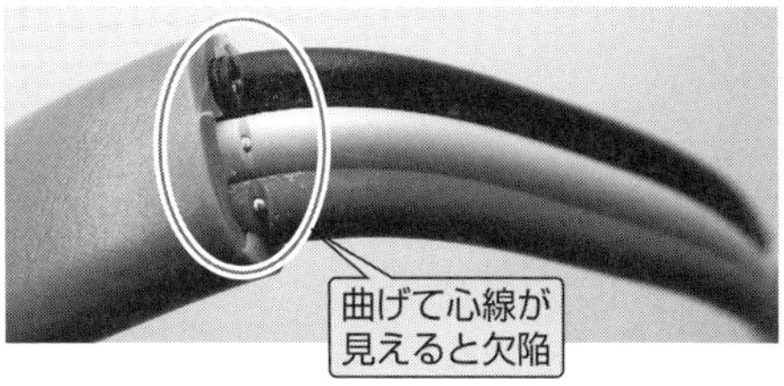

(3) 「の」の字の練習

ほとんどの人が苦手なのが「の」の字である．レセプタクルや露出コンセント等に電線をねじ止めするときに「の」の字が用いられる．下記の手順で早く仕上げられるように練習しよう．

材料：IV 線 1.6 mm 50 cm を 1 本　　　目標：1 本 20 秒

❗ 早くきれいに仕上がるまで何回も練習すること．

手順 1 被覆を 5 cm 段むきではぎ取り，被覆端から 3 mm あけてペンチではさむ

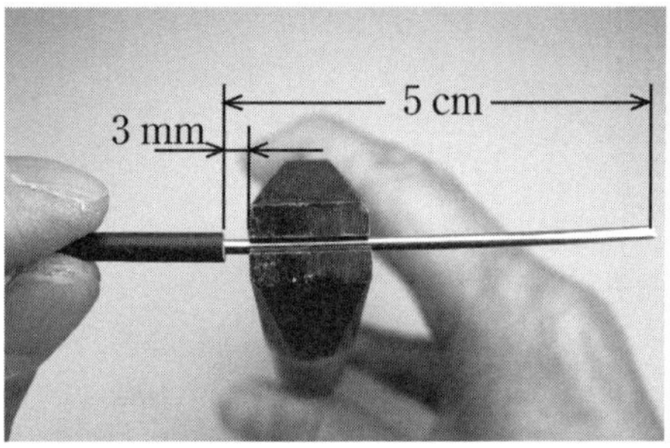

手順 2 ペンチの幅を利用し「く」の字に曲げる

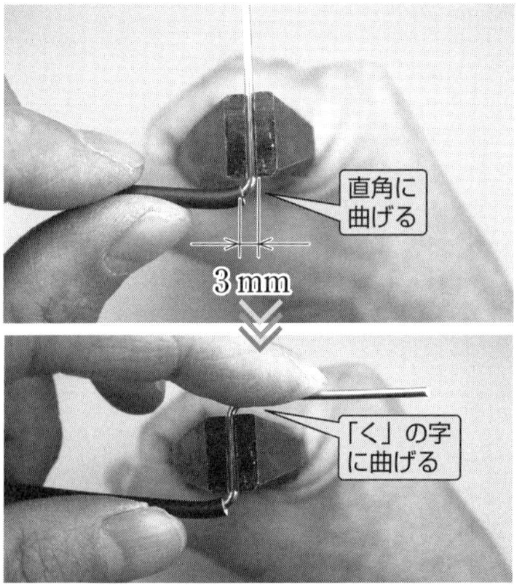

手順 3 先端を 1 mm 残しペンチで切る

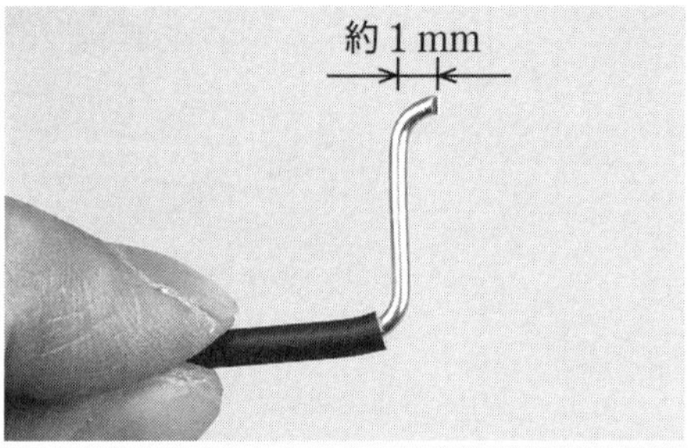

手順 4 先端をペンチの角ではさみ，回転させて「の」の字を作る

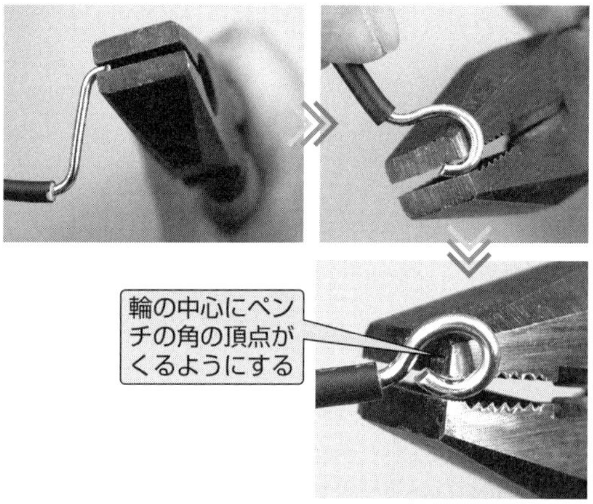

手順 5 輪にレセプタクルのねじが入るか確認する

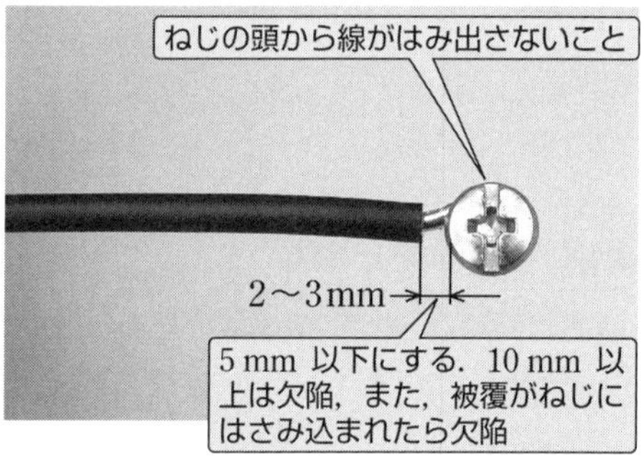

手順 6 完成品

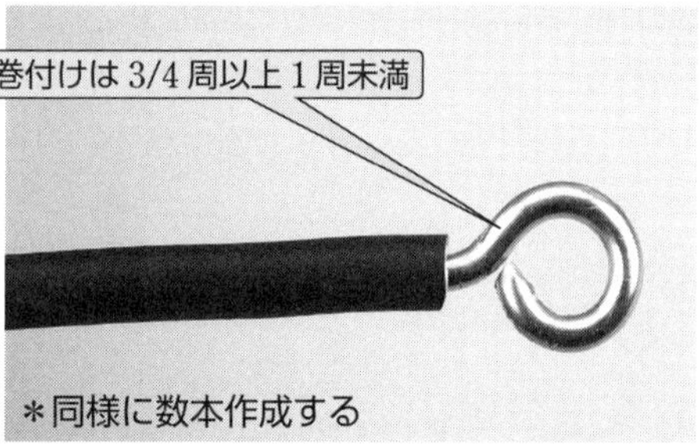

(4) レセプタクルへの接続

レセプタクルに電線を取り付ける.

材料：VVF 1.6 mm 2 心 15 cm を 1 本，ランプレセプタクル 1 個　　目標：手順 6 まで 3 分

❶レセプタクルは減点箇所がたくさんあるので注意すること.
❷取付時間を短縮するために，毎日 1 回は練習すること.

手順 1 材料を準備する

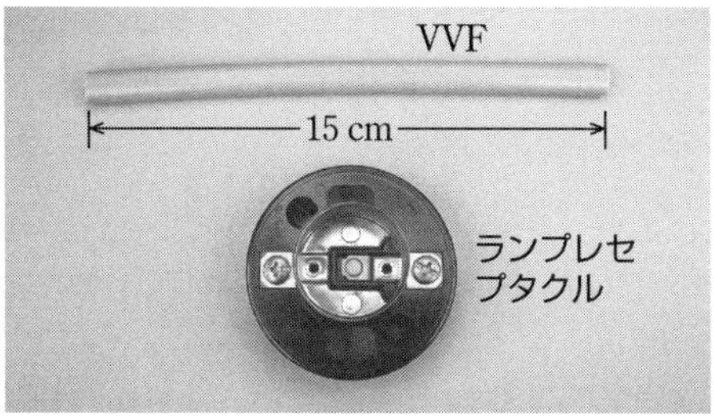

手順 2 外装を 5 cm はぎ取る

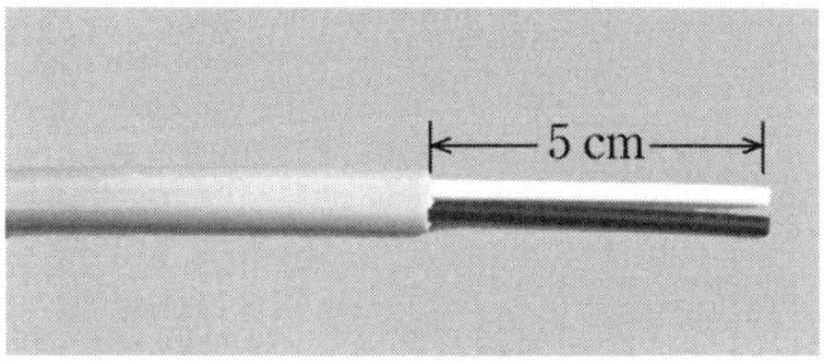

手順 3 被覆をナイフの刃幅分残し，2 本同時に片面をはぎ取る．その後 2 本とも段むきで被覆をはぎ取る

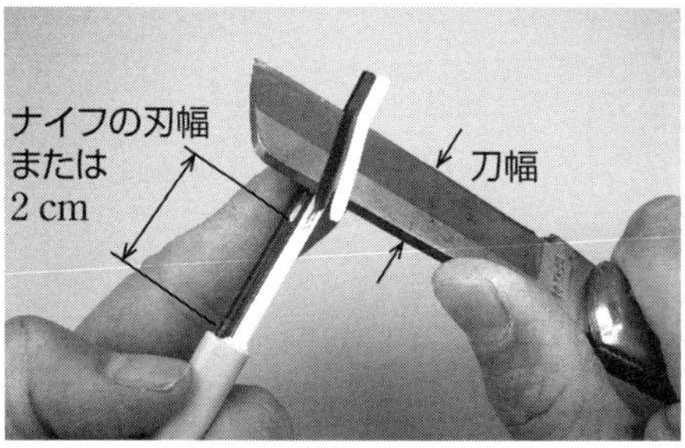

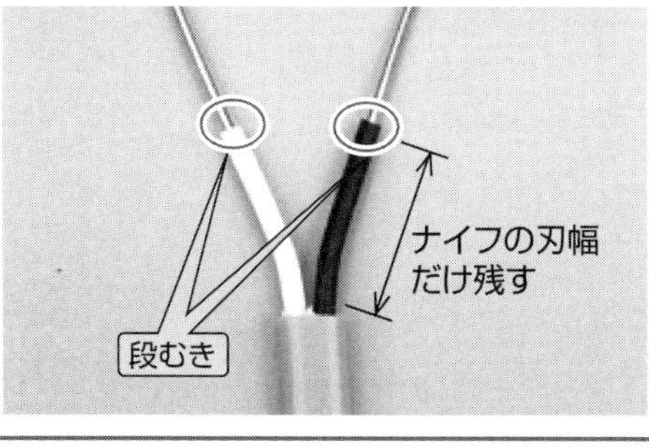

手順 4 ペンチで「の」の字に曲げる

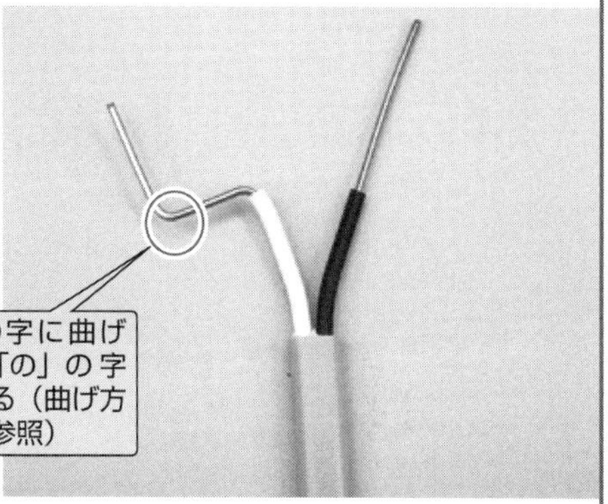

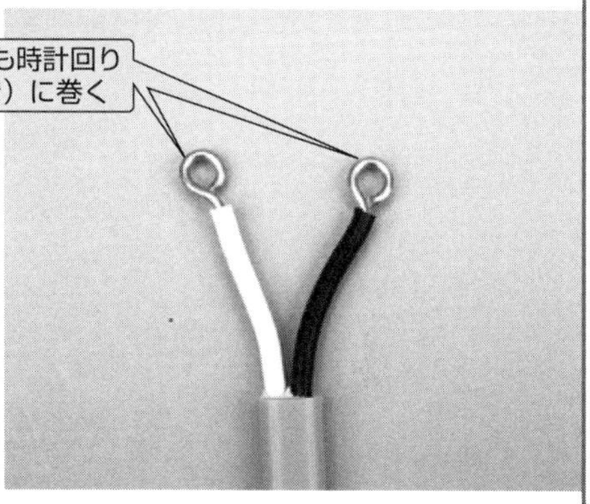

手順 5 ケーブルを台座の下部から挿入しペンチでねじ穴に導く

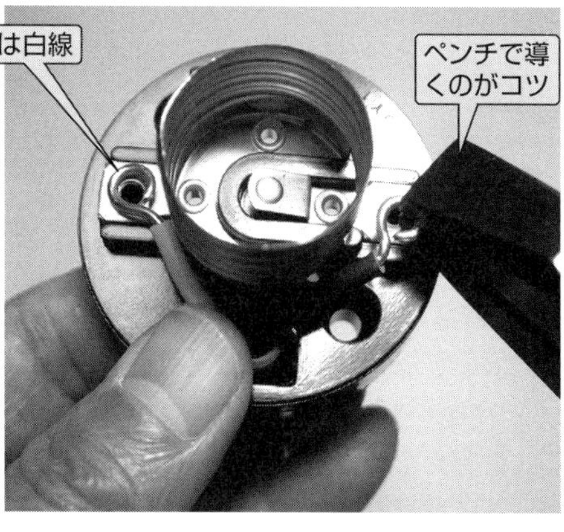

(5)　ケーブルをレセプタクルに取り付ける

極性（白線は受金側）に注意し，ねじをしっかり締める．

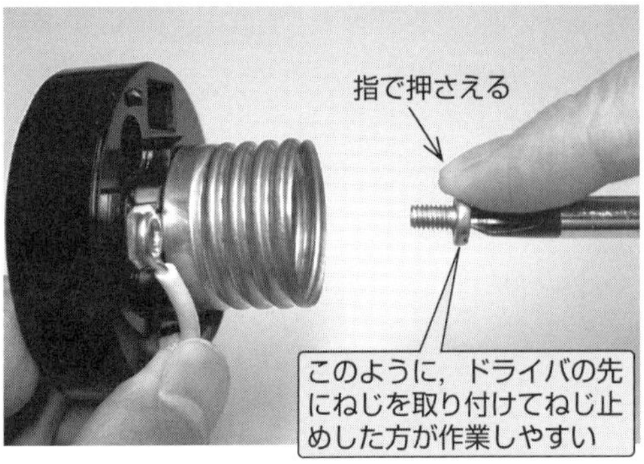

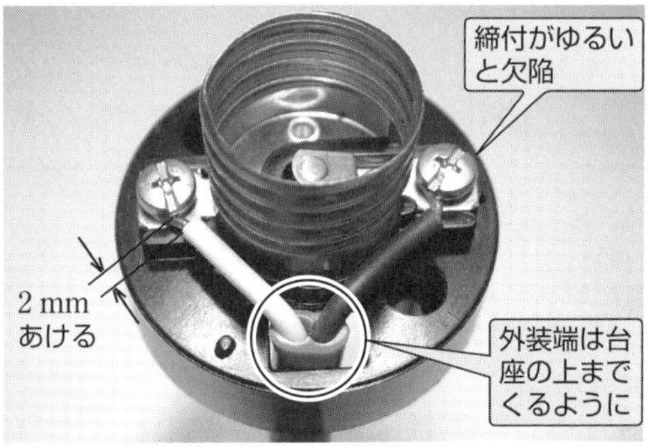

悪い例

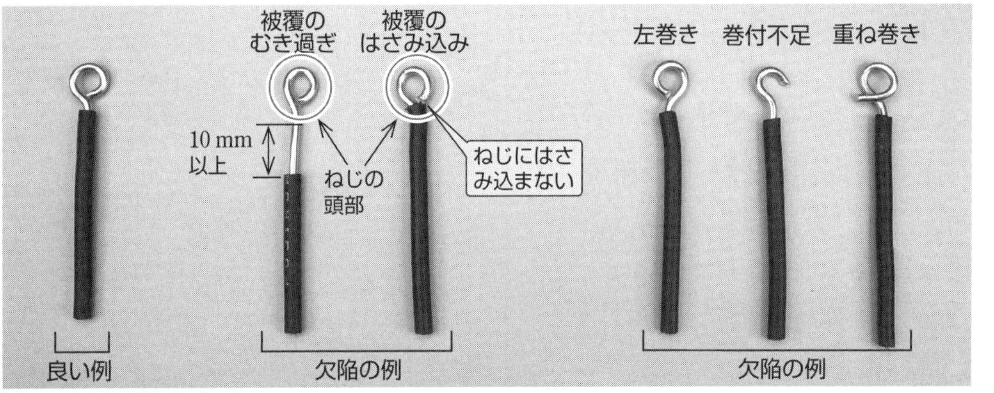

補足　レセプタクルは欠陥工事の宝庫

レセプタクルの接続については減点箇所が多いので注意すること．また，レセプタクルや露出器具等，ねじを締める作業等は素早く仕上げることが合格のためのポイントとなる．3 分を目標に何度も練習すること．

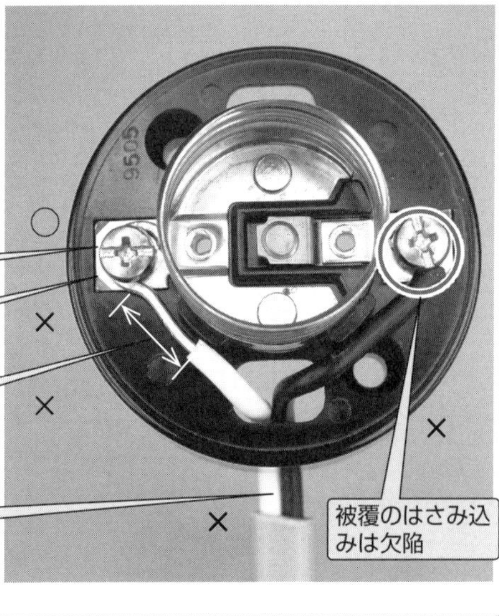

(6) 引掛シーリングへの接続

引掛シーリングに電線を取り付ける．

材料：VVF 1.6 mm　2 心　20 cm を 1 本，引掛シーリング 1 個　　目標：手順 5 まで 40 秒

❗ 極性があるので注意する（接地側，「W」，「N」と表示されているところに白線を接続）．

手順 1 引掛シーリングのゲージに合わせて，絶縁被覆をはぎ取る

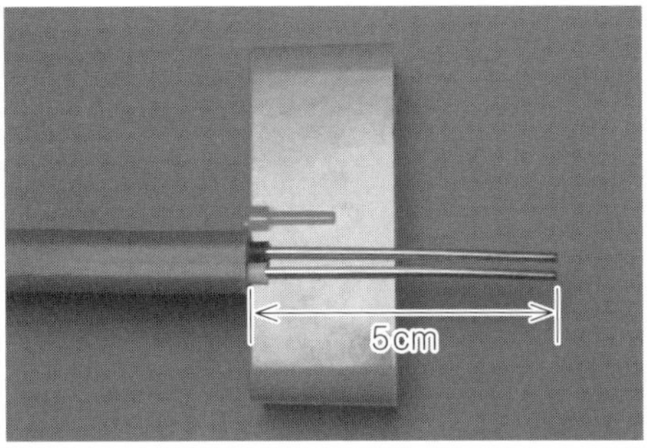

手順 2 心線をゲージ幅に合わせて切断する

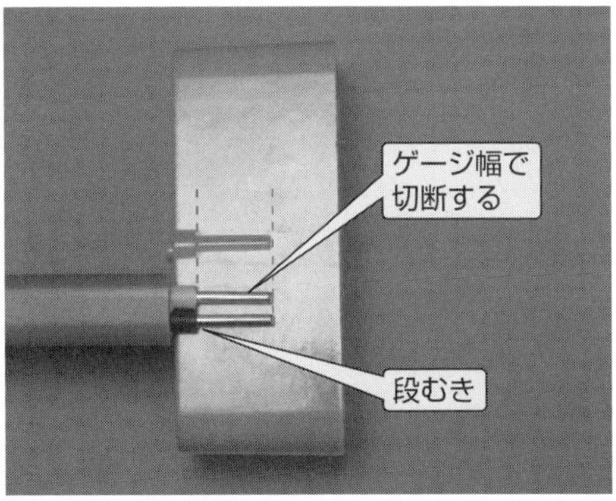

手順 3 接地側に白線がくるようにしっかり差し込む（挿入不足は欠陥）

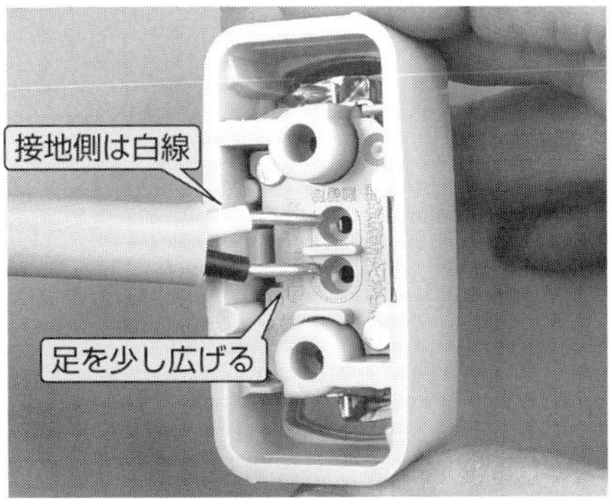

手順 4 ケーブルを引っ張って，心線が露出しないか確認する

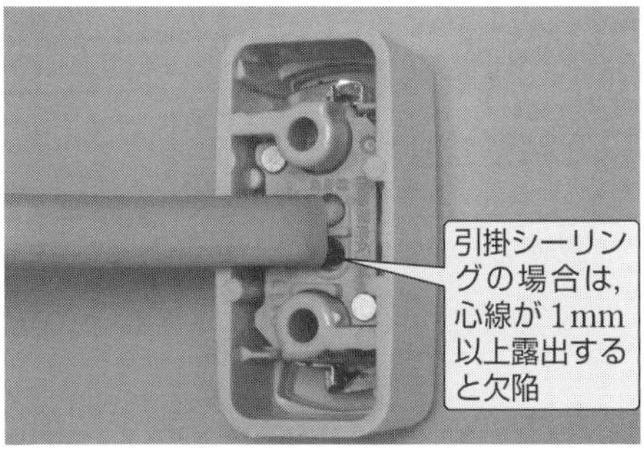

手順 5 外装端がシーリング内に入っているか確認する

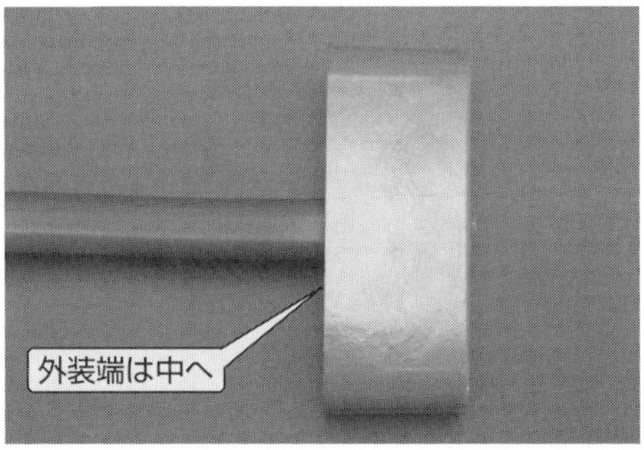

手順 6 外し穴にマイナスドライバを差し込み，電線を引き抜く

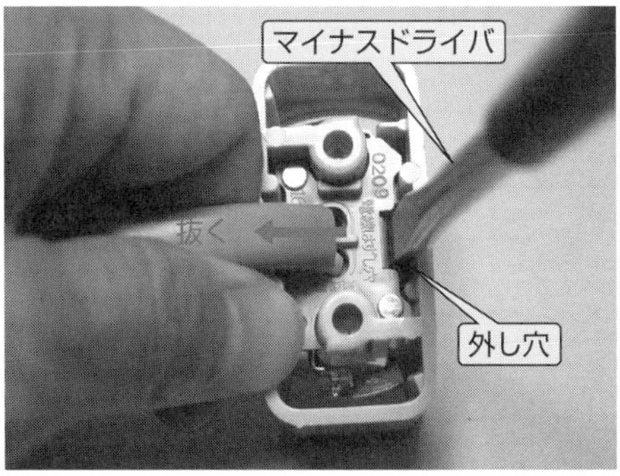

まとめてみよう 実験結果のまとめ

(4) のレセプタクルと (6) の引掛シーリングへの接続をし，指導者に提出する．

実習 2 ビニル外装ケーブル工事

目的 ●ビニル外装ケーブル工事は，展開または隠《いん》ぺい場所が乾燥していたり，湿気や水気があるところなどすべての場所に施工できる工事方法である．この実習ではビニル外装ケーブル工事の基本作業を学ぶ．

実習を始める前の予備知識

配線に使用するケーブルには，ビニル絶縁ビニルシースケーブルなどの低圧用ケーブルやキャブタイヤケーブルがあるが，VVF ケーブルは一般住宅のほとんどの屋内配線用として，またビルなどの照明設備配線として使用されている．キャブタイヤケーブルは，工場や工事現場などの移動用ケーブルとして使用されている．

1 材料・器具・工具

表 6・1 使用材料・器具・工具

使用材料・器具・工具	摘　要	使用材料・器具・工具	摘　要
600 V ビニル絶縁ビニルシースケーブル平形（VVF ケーブル）	1.6 mm 2 心，長さ 950 mm 1 本	埋込連用タンブラスイッチ 埋込連用取付枠（ビス付）	1 個 1 枚
配線用遮断器（ブレーカ）	100 V，2 極 1 素子 1 個	リングスリーブ（小）	3 個
ランプレセプタクル（カバー付）	1 個	ゴムブッシング（19）	1 個
VVF 用端子なしジョイントボックス（カバー付）	1 個	白熱電球	100 V 40 W 1 個
スイッチボックス	1 個	スケール，ペンチ，電工ナイフ ドライバ（＋），圧着ペンチ	各 1

＊材料表にないものは省略する

やってみよう 実験の手順

図 6・3 は，VVF ケーブル工事による 1 灯点滅回路の単線図である．与えられた材料を使用し，工事を完成させた後，電源を入れて電灯点滅が正しく行えるか確認する．

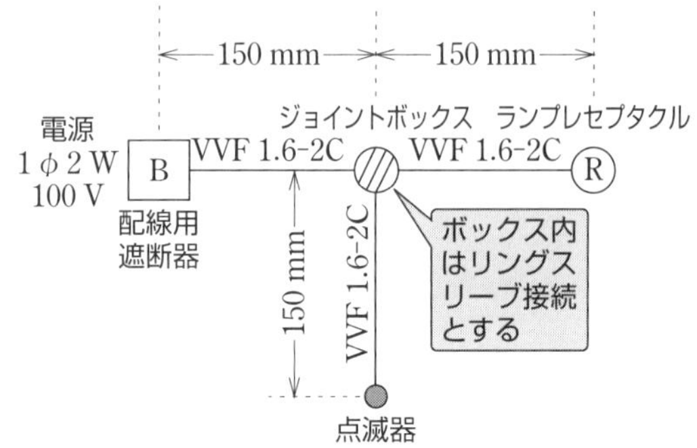

図 6・3 1 灯点滅回路の単線図（配線図）

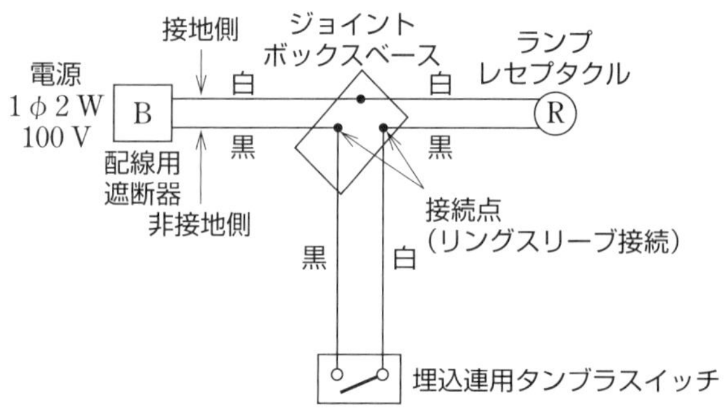

図 6・4 1 灯点滅回路の複線図（電気回路図）

1 単線図を複線図に変換する.

2 VVF ケーブルを図6・5の長さに切断する.外装はぎ取り寸法は,配線用遮断器(ブレーカ),VVF 用ジョイントボックス，ランプレセプタクルや点滅器との接続用長さも加算する.

3 各ケーブル外装はぎ取り位置にナイフで横割り・縦割りを入れ,ケーブル外装をはぎ取り,さらに絶縁電線を段むきにはぎ取る.

4 図6・6のように段むきした心線を電源側ブレーカ，ランプレセプタクルおよび点滅器に接続する．続いて図6・7のようにジョイントボックス内の接続の色別に注意し，リングスリーブを用いて接続する.

5 最後に点検・手直しをし，器具にカバーをして電球を取り付け，電源側ブレーカを入れて電球の点滅が正しく行えるか確認する.

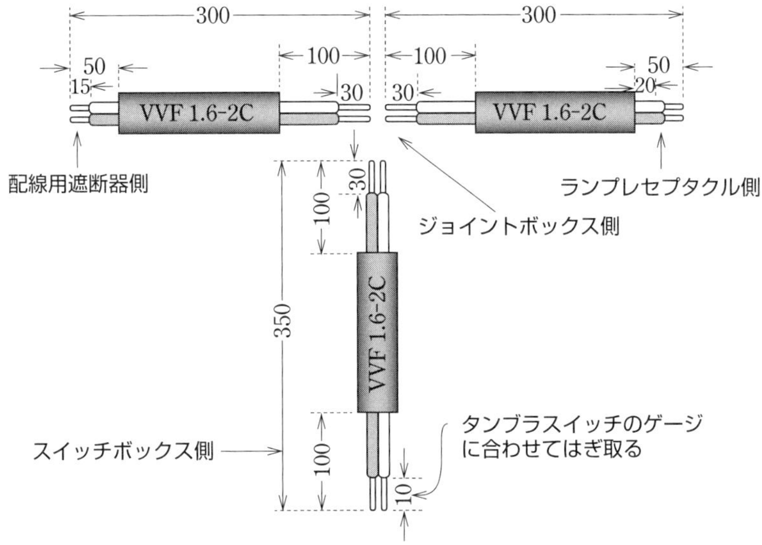

図 6・5 VVF ケーブル切断とはぎ取りの寸法（単位〔mm〕）

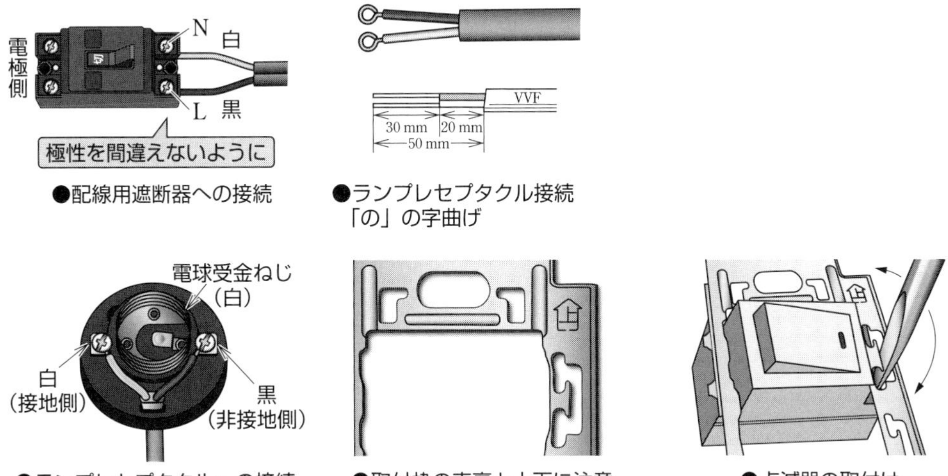

図 6・6 作業手順の主なポイント

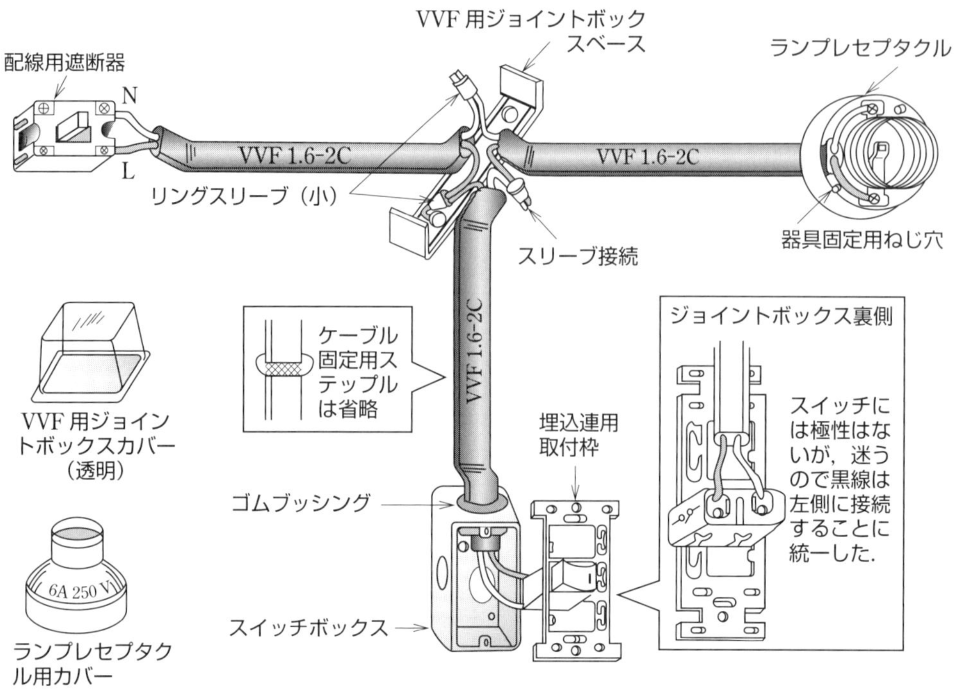

図　6・7　完成施工図

まとめてみよう　実験結果のまとめ

単線図と複線図などを報告書に書き，ビニール外装ケーブル工事を施工して完成させなさい.

補足　その他の関連事項（電気設備技術基準・解釈　ケーブル工事参照）

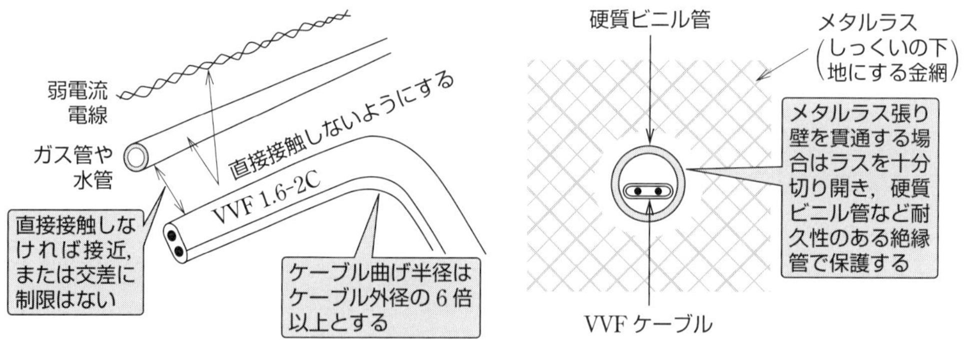

● ケーブルがガス管，水管または弱電流電線と接近または交差する場合

● ケーブルがメタルラス張り壁を貫通する場合

図　6・8　VVF ケーブルがガス管などと接近・交差またはメタルラス張り造営材を貫通する場合

実習 3 合成樹脂製可とう電線管工事

目的 ●合成樹脂製可とう電線管工事に用いられる電線管（PF 管）は，新しい配管材料として金属管や合成樹脂管（硬質ビニル管）にはない特性・特長を持つ．また，VVF ケーブル工事と同様，施設場所に制限はない．この実習では，合成樹脂製可とう電線管工事の基本作業を学ぶ．

実習を始める前の予備知識

PF 管は可とう性に優れ，軽い，曲げやすい，切断しやすい，接続しやすいなど，従来の電線管になかった特性を持っている．PF 管は内径に近い偶数値〔mm〕で表す．

1 材料・器具・工具

表 6・2 使用材料・器具・工具

使用材料・器具・工具	摘　要	使用材料・器具・工具	摘　要
600 V ビニル絶縁電線（黒）	1.6 mm，長さ 1 000 mm 1 本	埋込連用パイロットランプ	1 個
600 V ビニル絶縁電線（白）	1.6 mm，長さ 450 mm 1 本	埋込連用タンブラスイッチ	1 個
600 V ビニル絶縁ビニルシースケーブル平形（VVFケーブル）	1.6 mm 2 心，長さ 650 mm 1 本	埋込連用取付枠	1 枚
アウトレットボックス（19 mm，25 mm 用）	1 個	ゴムブッシング（19 mm 用）	2 個
合成樹脂製可とう電線管（PF16）	長さ 120 mm 1 本	差込形コネクタ（3 本用）	1 個
合成樹脂製可とう電線管用コネクタ（PF16）（ワンタッチ式）	2 個	リングスリーブ（小）	2 個
引掛シーリング	1 個	スケール，ペンチ，電工ナイフ ドライバ（＋）（－），ウォータポンププライヤ	各 1

＊材料表にないものは省略する

やってみよう 実験の手順

図 6・9 は，PF 管工事によるパイロットランプ（常時点灯），点滅器，引掛シーリング回路の単線図である．与えられた材料を使用し，工事を完成させる．

1 単線図を複線図に変換する（図 6・10）．

2 PF 管用ボックスコネクタに PF 管を強く差し込む．

PF 管…Plastic Flexible Conduit の略

3 PF 管用コネクタのロックナットを外し，アウトレットボックスに挿入する（図 6・11）．

4 ウォータポンププライヤを使い，ロックナットを堅固に取り付ける．

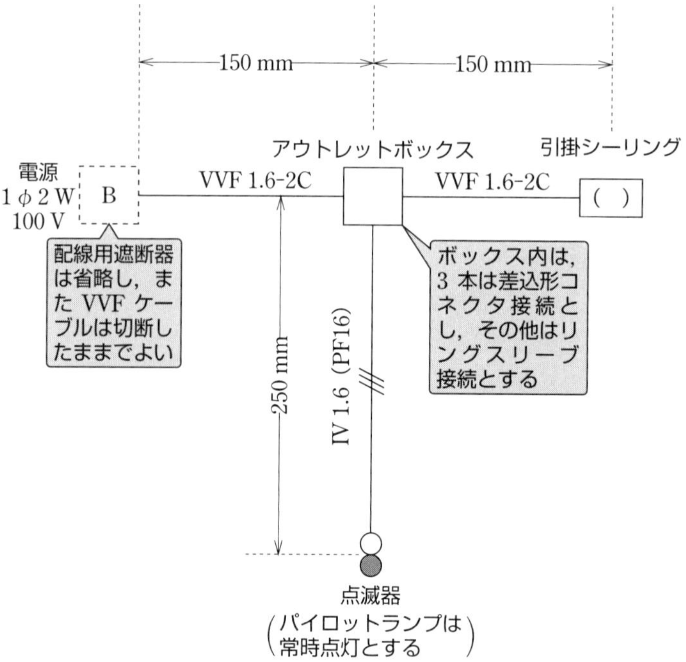

図 6・9 PF 管工事と常時点灯回路

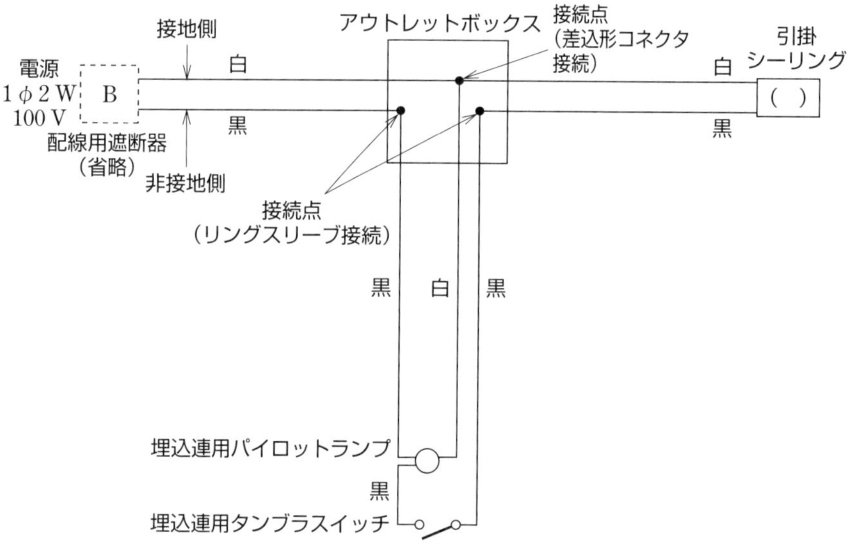

図 6・10 PF 管工事と常時点灯回路

5 パイロットランプ付き点滅器側は，PF 管に PF 管用ボックスコネクタを取り付けておく．

6 ドライバ（－）を使用し，埋込連用取付枠に埋込連用パイロットランプ（上側），埋込連用タンブラスイッチ（下側）を取り付ける．

7 IV 電線と VVF ケーブルを所定の長さに切断する（図 6・12）．

8 切断した IV 電線を PF 管に挿入し，続いて VVF ケーブルをゴムブッシングを使用してアウトレットボックスに引き入れる（図 6・13）．

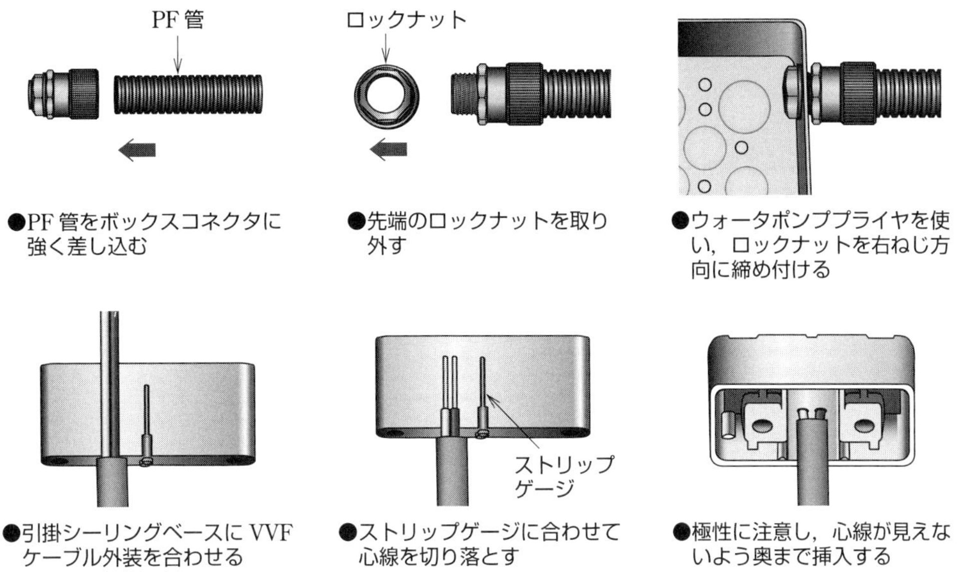

図　6・11　作業手順の主なポイント

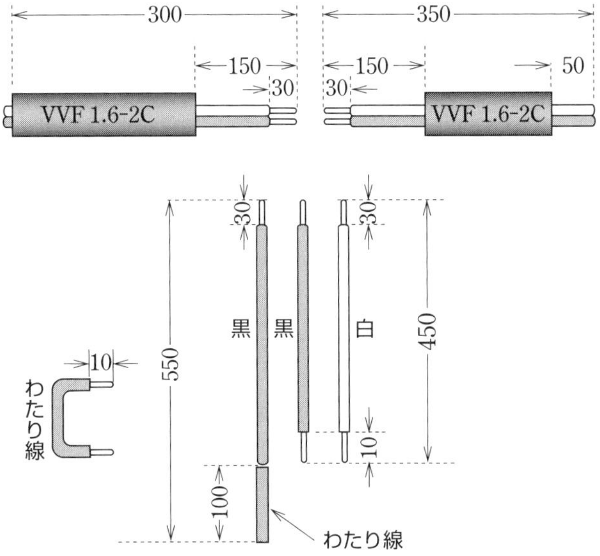

図　6・12　IV電線・VVFケーブル切断とはぎ取り寸法（単位〔mm〕）

9　アウトレットボックス内，引掛シーリング，埋込連用取付枠，パイロットランプ，点滅器の接続線の色別に注意し，それぞれ接続をする（特にわたり線の使い方に注意する）.

10　最後に点検・手直しをする.

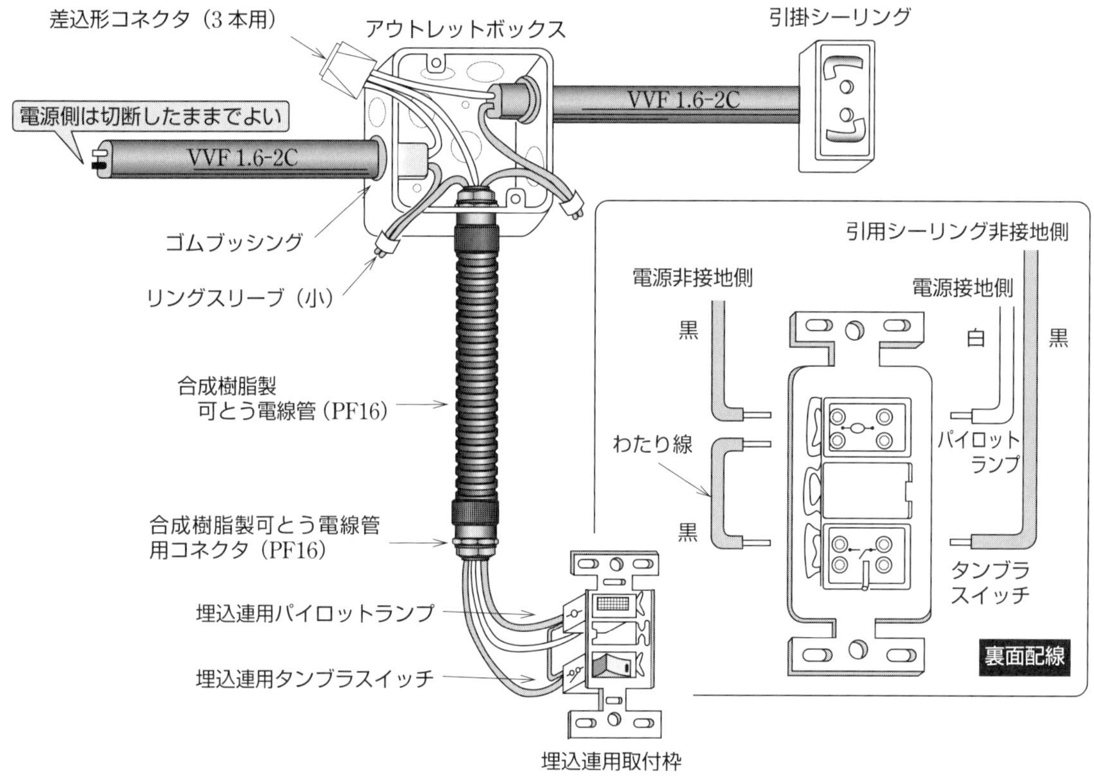

図 6・13 完成施工図

まとめてみよう 実験結果のまとめ

単線図と複線図などを報告書に書き，合成樹脂製可とう電線管工事を施工し，完成させなさい．

補足 その他の関連事項（電気設備技術基準・解釈，合成樹脂管工事参照）

- PF 管は可とう性に優れ，曲げ作業に特別な工具も必要とせず，また切断も容易でねじ切りも不要である．
- 非磁性体なので，金属管のような電磁的不平衡の心配がない．
- 絶縁体なので，接地が不要であるが，金属製アウトレットボックスなどに接続して使用する場合は，D 種接地工事を施す必要がある．ただし，乾燥した場所や使用電圧が直流 300 V または交流対地電圧が 150 V 以下で，簡易接触防護措置を施すときは，この接地工事を省略することができる．使用電圧が 300 V を超える場合は C 種接地工事を施すことになっている．
- PF 管はコンクリート埋設も可能であるが，コンクリート埋設専用の CD 管（PF 管と同じ合成樹脂製可とう電線管の一種）を使うほうがよい．

CD 管…Combine Duct の略

実習 4

金属管工事

目的

●金属管工事はVVFケーブル工事と同様，施設場所に制限はなくその性質上，機械的衝撃や重量物の圧力に強く，管内の電線が損傷したり，切断するおそれがないなどの特長を持っている．この実習では金属管工事の基本作業を学ぶ．

実習を始める前の予備知識

金属管には厚鋼電線管，薄鋼電線管，ねじなし電線管がある．管の呼び方は，表6・4のように厚鋼電線管は記号Gに内径に近い偶数値〔mm〕を，薄鋼電線管は記号C，ねじなし電線管は記号Eに外径に近い奇数値〔mm〕を付けて表す．例えばE19〔mm〕などと呼ぶ．

表　6・3　金属管の呼び方と寸法（単位〔mm〕）

種類	管の呼び方	外径	厚さ
厚　鋼	G16	21.0	2.3
	G22	26.5	2.3
	G28	33.3	2.5
	G36	41.9	2.5
薄　鋼	C19	19.1	1.6
	C25	25.4	1.6
	C31	31.8	1.6
	C39	38.1	1.6
ねじなし	E19	19.1	1.2
	E25	25.4	1.2
	E31	31.8	1.4
	E39	38.1	1.4

❶ 材料・器具・工具

表　6・4　使用材料・配線器具・工具

使用材料・器具・工具	摘　要	使用材料・器具・工具	摘　要
600 V ビニル絶縁電線（黒）	1.6 mm，長さ 1 000 mm 1 本	埋込連用タンブラスイッチ	1 個
600 V ビニル絶縁電線（白）	1.6 mm，長さ 450 mm 1 本	埋込連用コンセント	1 個
600 V ビニル絶縁ビニルシースケーブル平形(VVF ケーブル)	1.6 mm 2 心, 長さ 600 mm 1 本	埋込連用取付枠	1 枚
アウトレットボックス（19 mm・25 mm 用）	1 個	ゴムブッシング（19 mm 用）	2 個
ねじなし電線管（E19，端口処理済）	120 mm 1 本	差込形コネクタ（3 本用） 差込形コネクタ（2 本用）	1 個 2 個
ねじなしボックスコネクタ(19 mm 用)(絶縁ブッシング，ロックナット，接地端子付)	2 個	スケール，ペンチ，電工ナイフ ドライバ（＋）（－），ウォータポンププライヤ	各 1

＊材料表にないものは省略する

やってみよう 実験の手順

図6・14は，金属管工事（ねじなし電線管）による1灯点滅とコンセント回路の単線図である．与えられた材料を使用し，工事を完成させる．

1 単線図を複線図に変換する（図6・15）．

2 ねじなしボックスコネクタの絶縁ブッシングを外し，続いて管固定用止めねじをゆるめ，管を挿入する（図6・16）．

3 管固定用止めねじをドライバ（＋）で締め付け，さらにウォータポンププライヤで増し締めし，頭部をねじ切る．

4 ボックスコネクタのロックナットを外し，アウトレットボックスに挿入する．

5 ロックナットをはめ（このときロックナットの表裏に注意する），ウォータポンププライヤで堅固に締め付け，続いて絶縁ブッシングを取り付ける．

6 点滅器・コンセント側は，電線管にボックスコネクタを取り付けておくだけでよい．

7 ドライバ（－）を使用し，埋込連用取付枠に埋込連用タンブラスイッチ（上側），埋込連

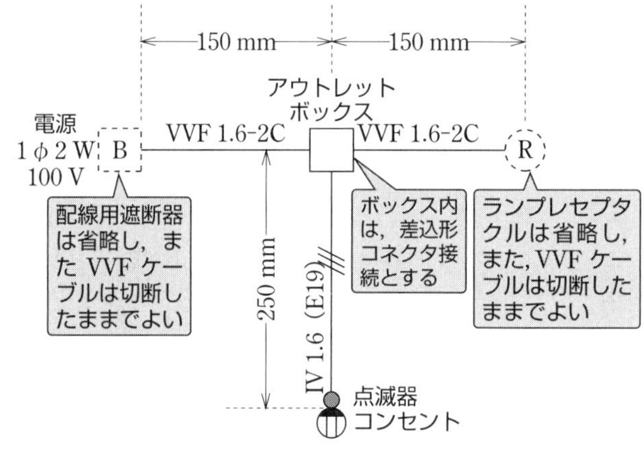

図 6・14 電灯点滅とコンセント回路の単線図

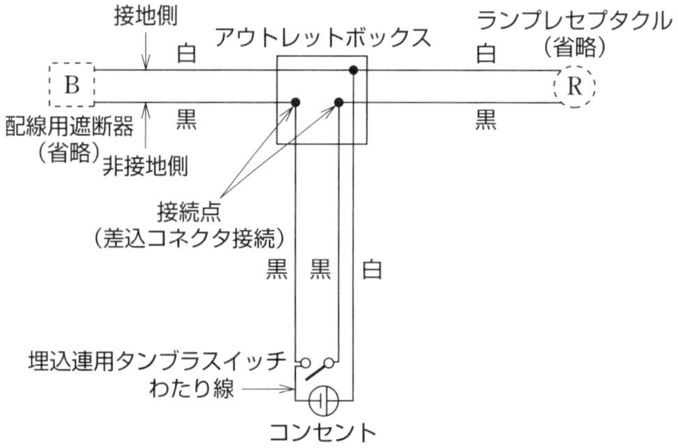

図 6・15 電灯点滅とコンセント回路の複線図

用コンセント（下側）を取り付ける．

8 IV 電線と VVF ケーブルを所定の長さに切断する（図 6・17）．

9 切断した IV 電線を電線管に挿入し，続いて VVF ケーブルをゴムブッシングを使用し，アウトレットボックスに引き入れる．

10 アウトレットボックス内，埋込連用取付枠，タンブラスイッチ，コンセントの接続線の色

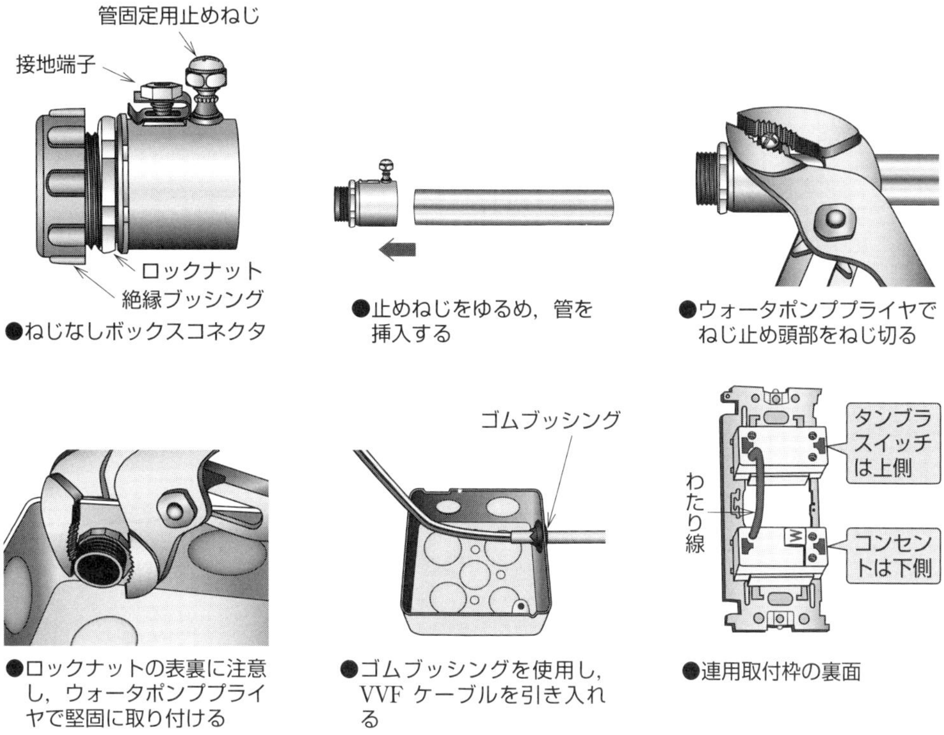

図 6・16 作業手順の主なポイント

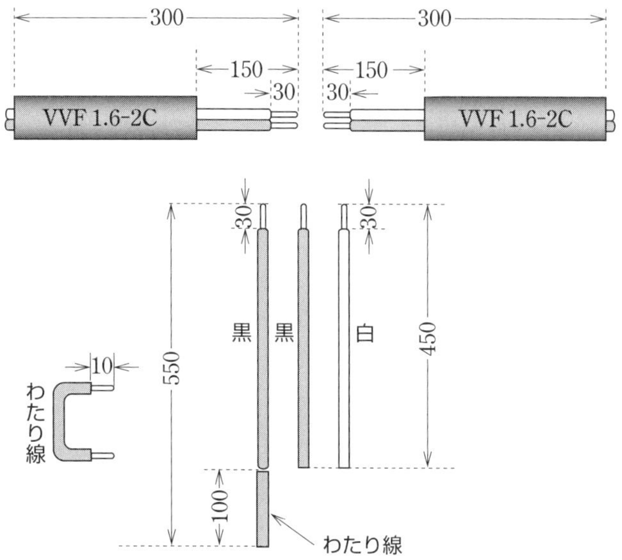

図 6・17 IV 電線・VVF ケーブル切断とはぎ取り寸法（単位〔mm〕）

別に注意し，それぞれ接続（結線）をする（特にわたり線の使い方に注意する）．

11 最後に点検・手直しをする．

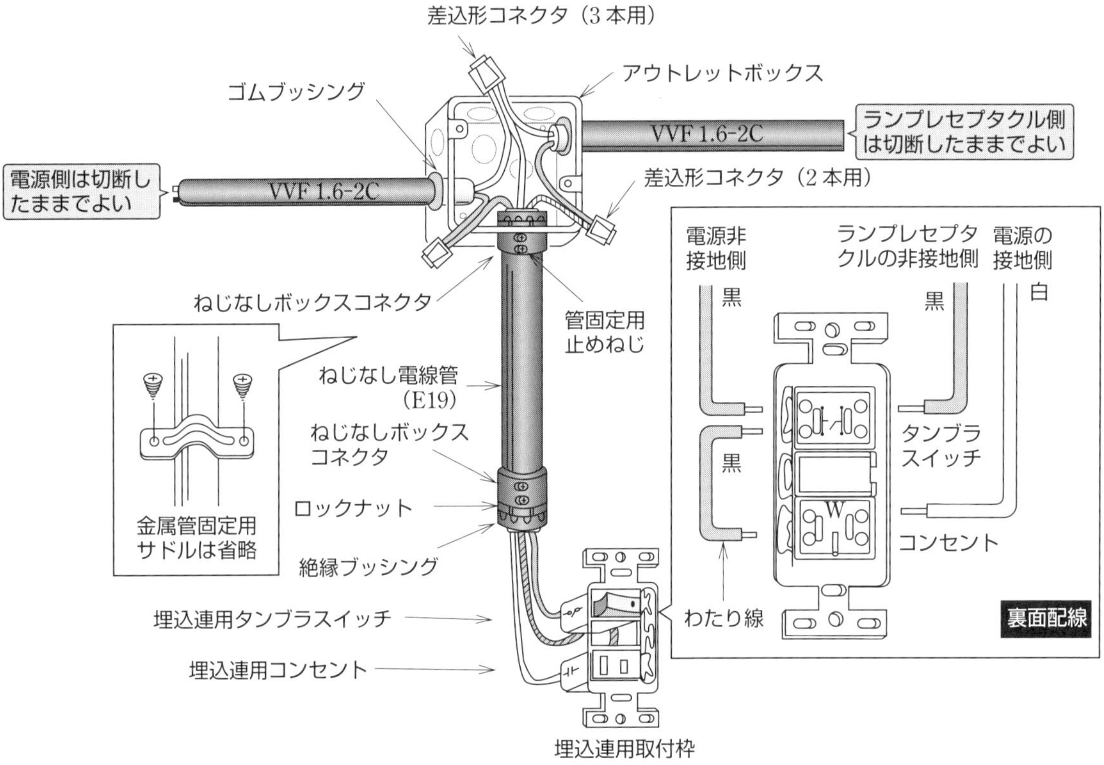

図 6・18 完成施工図

まとめてみよう 実験結果のまとめ

単線図と複線図などを報告書に書き，金属管工事を施工し，完成させなさい．

補足 その他の関連事項（電気設備技術基準・解釈，金属管工事参照）

●金属管の接地

＊使用電圧 300 V 以下の場合…D 種接地

《省略できる場合》

○管の長さが 4 m 以下のものを乾燥した場所に施設する場合

○対地電圧が 150 V 以下の場合で，管の長さが 8 m 以下のものに簡易接触防護措置を施すとき，または乾燥した場所に施設する場合

＊使用電圧 300 V を超える場合…C 種接地

○接触防護措置を施すときは D 種接地によることができる

実習5 第二種電気工事士技能試験に挑戦

目的 ●第二種電気工事士技能試験の技能試験に合格することを目的とする.

実習を始める前の予備知識

1 技能試験に合格するための3原則

合格するためには、下記の３つの問題を克服しなければならない。

> 作品を完成させること
> 「複線図」に変換できること
> 減点されない正しい作業法を身に付けること

1. 制限時間以内に作品を完成させること（不合格の原因のトップ）

●公表された 13 種類の候補問題の中から 1 問出題されるので，全問が時間内に完成できるように，繰り返し練習すること．制限時間以内に完成しないと不合格となる．

●効率的な作業手順を覚え，短時間で完成できるようにすること．

●電線のはぎ取り時間を短縮させるため，できるだけケーブルストリッパなどを使用した方がよい．

2.「複線図」に変換できること

●試験問題の配線図は単線図で出題される．誤配線を避けるために，必ず複線図に変換してから作業する．

3. 減点されない正しい作業法を身に付けること

●試験は減点法のため，減点されないように正しい作業を行うこと．

●各種器具の極性や配線方法，また，電線の色別や電線相互の接続方法等について次頁の施工条件に従い，正しい作業法を身に付けること．

4. 主な判定基準の例

欠陥 （1つでもあると不合格）
・未完成──未接続，未結線，未取付 ・回路の誤り──誤配線，誤接続 ・配置，寸法相違──配線図と相違 ・施工条件に不適合──電線色別の相違等 ・リングスリーブの圧着マーク不適切等

実験① 2灯同時点滅回路（接地極・接地端子付コンセント）

図に示す低圧屋内配線工事を与えられた材料を使用し，【施工条件】に従って完成させなさい．

試験時間：40 分

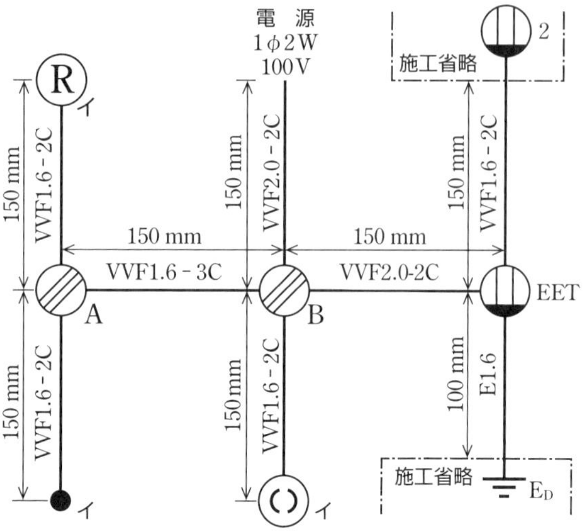

図 6・19 2灯同時点滅器回路の単線図

【施工条件】

1. 配線及び器具の配置は，図に従って行うこと．
2. 電線の色別（絶縁被覆の色）は，次によること．
   ①電源からの接地側電線は，全て**白色**を使用する．
   ②電源から点滅器及びコンセントまでの非接地側電線は，全て**黒色**を使用する．
   ③次の器具の端子には，**白色の電線**を結線する．
   ・ランプレセプタクルの受金ねじ部の端子と引掛シーリングの接地側極端子
   ・コンセントの接地側極端子（W と表示）
   ④接地線は，**緑色**を使用する．
3. VVF 用ジョイントボックス部分を経由する電線の接続方法は，次によること．
   ① A 部分の接続箇所は，差込形コネクタによる接続とする．
   ② B 部分の接続箇所は，リングスリーブによる終端接続とする．

表 6・5 使用材料表

材料表			
1.	600 V ビニル絶縁ビニルシースケーブル平形 2.0 mm 2 心 青	長さ約 600 mm	1 本
2.	600 V ビニル絶縁ビニルシースケーブル平形 1.6 mm 2 心	長さ約 1200 mm	1 本
3.	600 V ビニル絶縁ビニルシースケーブル平形 1.6 mm 3 心	長さ約 350 mm	1 本
4.	600 V ビニル絶縁電線（緑）1.6 mm	長さ約 200 mm	1 本
5.	ランプレセプタクル（カバーなし）		1 個
6.	引掛シーリング（丸形）		1 個
7.	埋込連用タンブラスイッチ		1 個
8.	埋込連用コンセント（接地極・接地端子付）		1 個
9.	埋込連用取付枠		1 枚
10.	リングスリーブ（小）		1 個
11.	リングスリーブ（中）		2 個
12.	差込形コネクタ（2 本用）		2 個
13.	差込形コネクタ（3 本用）		1 個

やってみよう　実験の手順

手順1　施工条件の確認

施工条件の重要な箇所にアンダーラインを引く．工具等は下図のように配置するとよい．

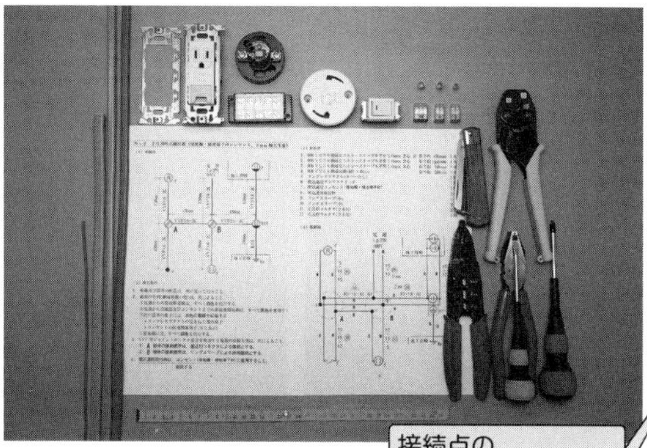

手順2　複線図を書く（3分以内で書くこと）

電線の色別およびはぎ取り寸法を記入する．

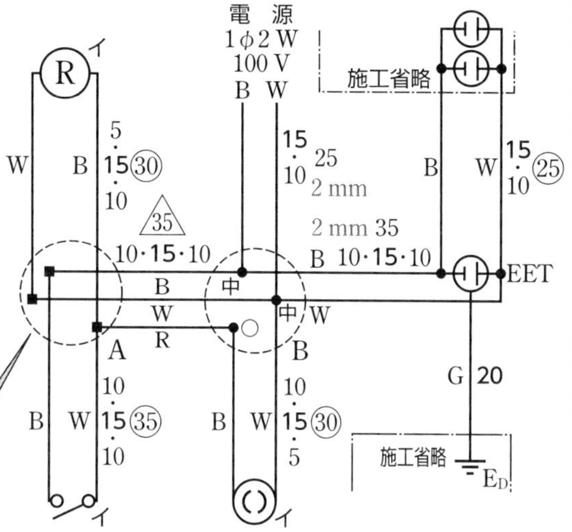

接続点の
■は差込形コネクタ
●はリングスリーブ
を示す

手順3　アウトレットボックス周辺の取付け

アウトレットボックスがないので省略．

上の複線図寸法は下のはぎ取り寸法を示す．

手順4　電線の切断とはぎ取り

❶複線図の寸法を参照して，各ケーブルを切断し，机上に置く

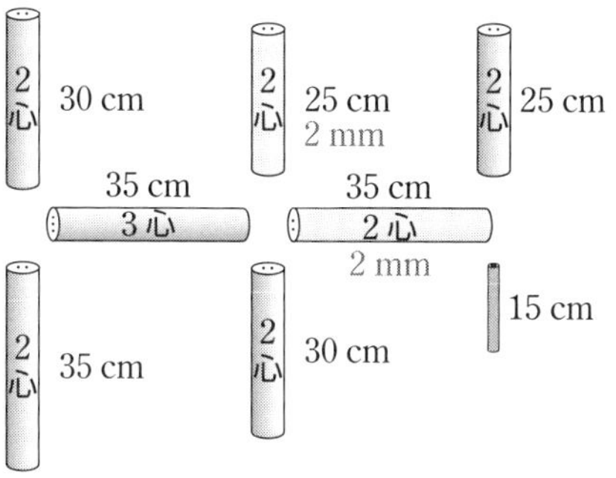

❷外装と被覆をはぎ取る

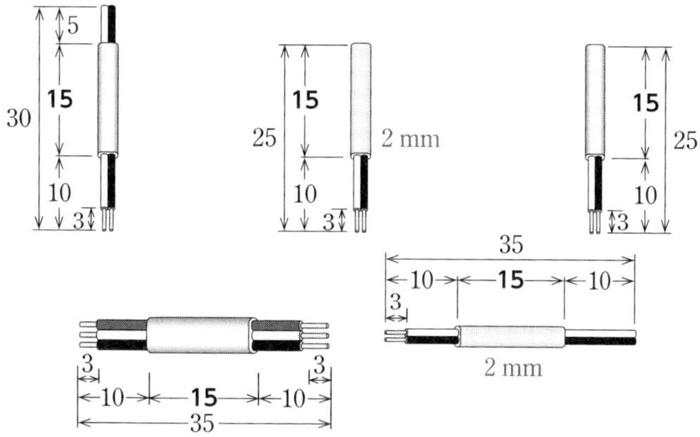

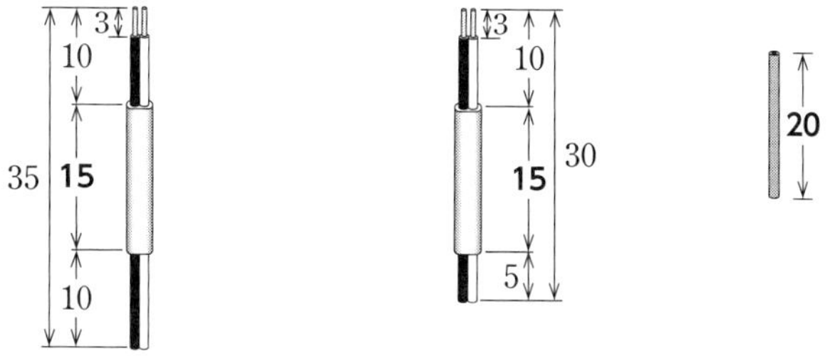

手順 5 電線と器具の接続

❶レセプタクルとスイッチにケーブルを接続する

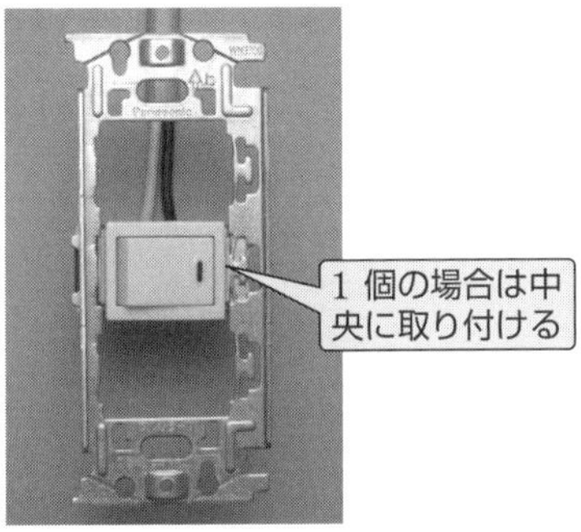

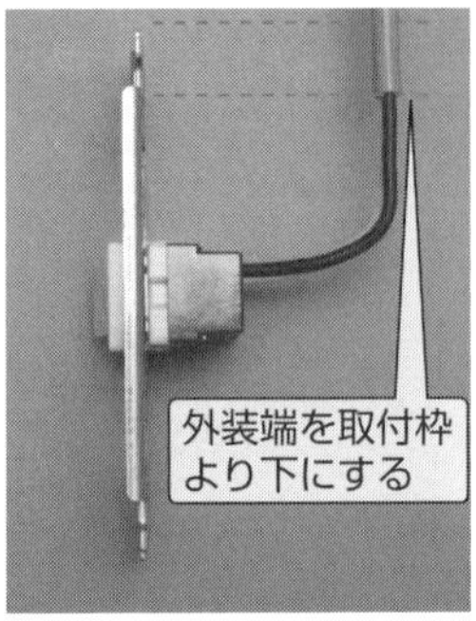

❷引掛シーリングとコンセント（接地極・接地端子付）にケーブルを接続する

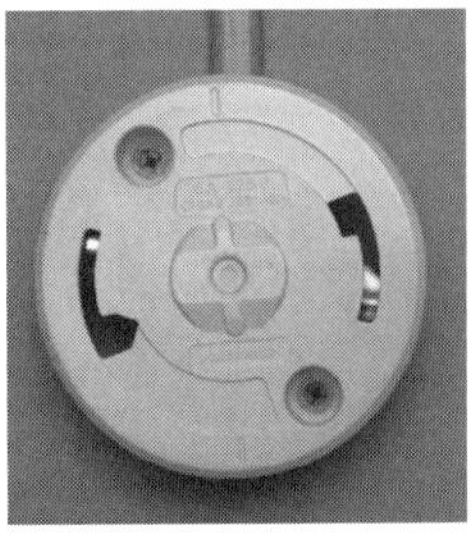

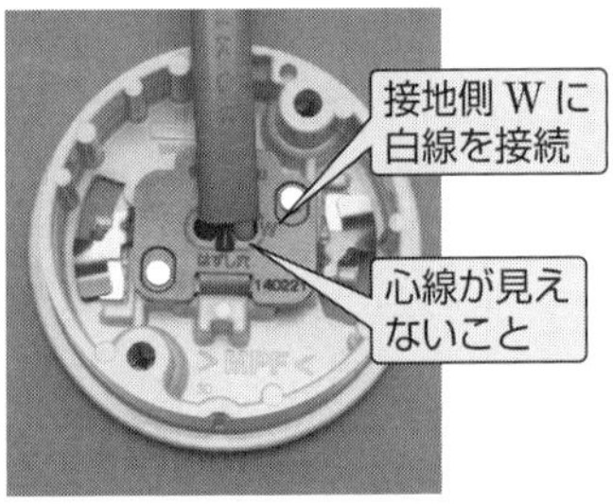

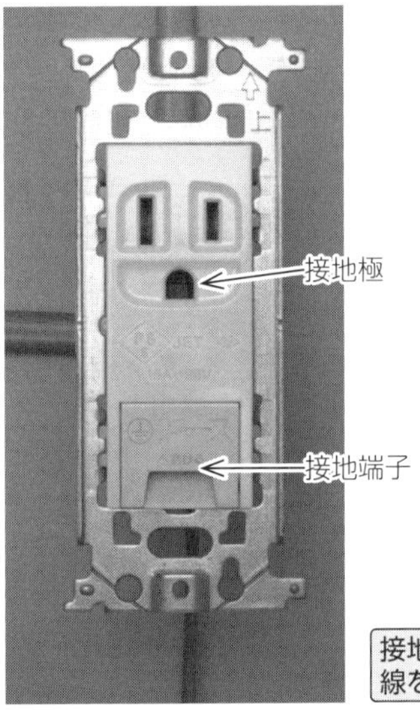

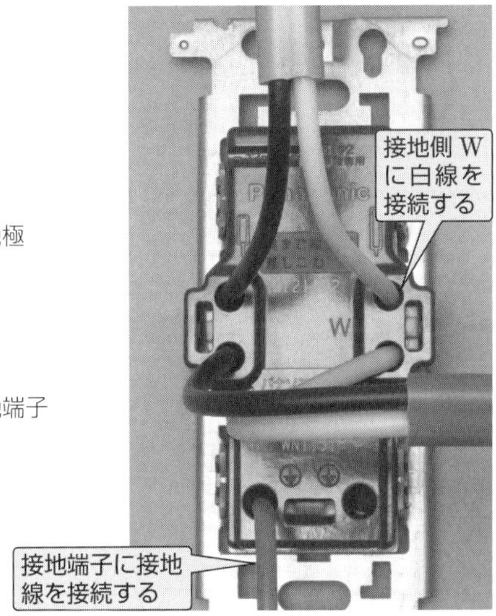

手順 6 電線相互の接続

❶ A 部分は差込形シーリングによる接続を行う

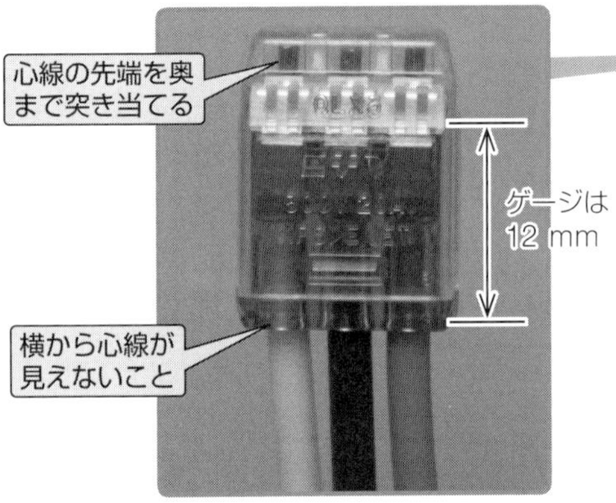

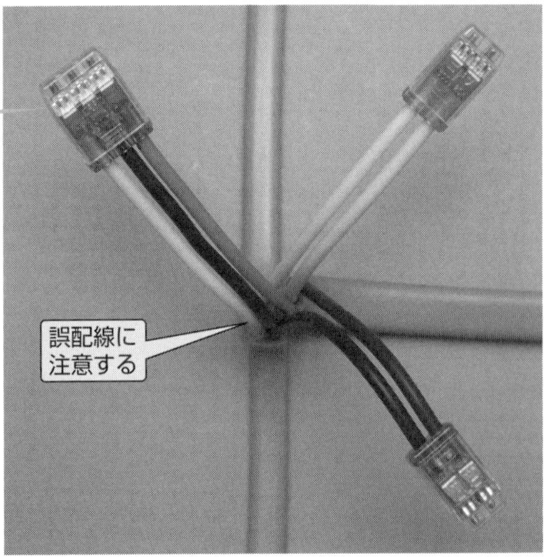

❷ B 部分はリングスリーブを圧着接続する

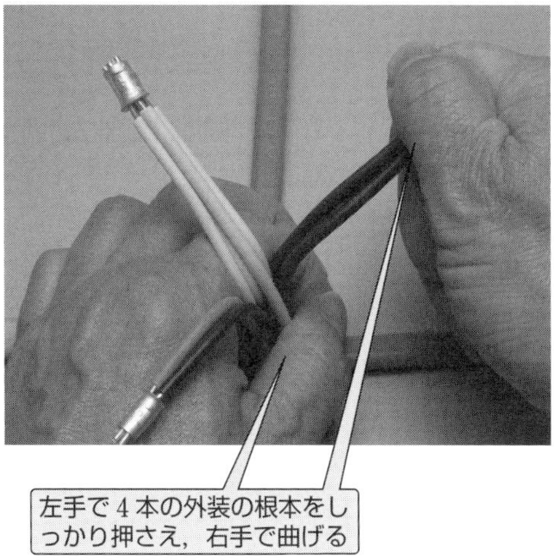

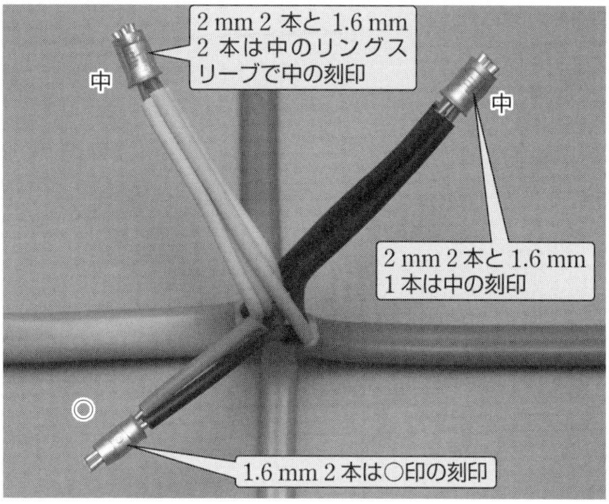

手順 7 点検と仕上げ

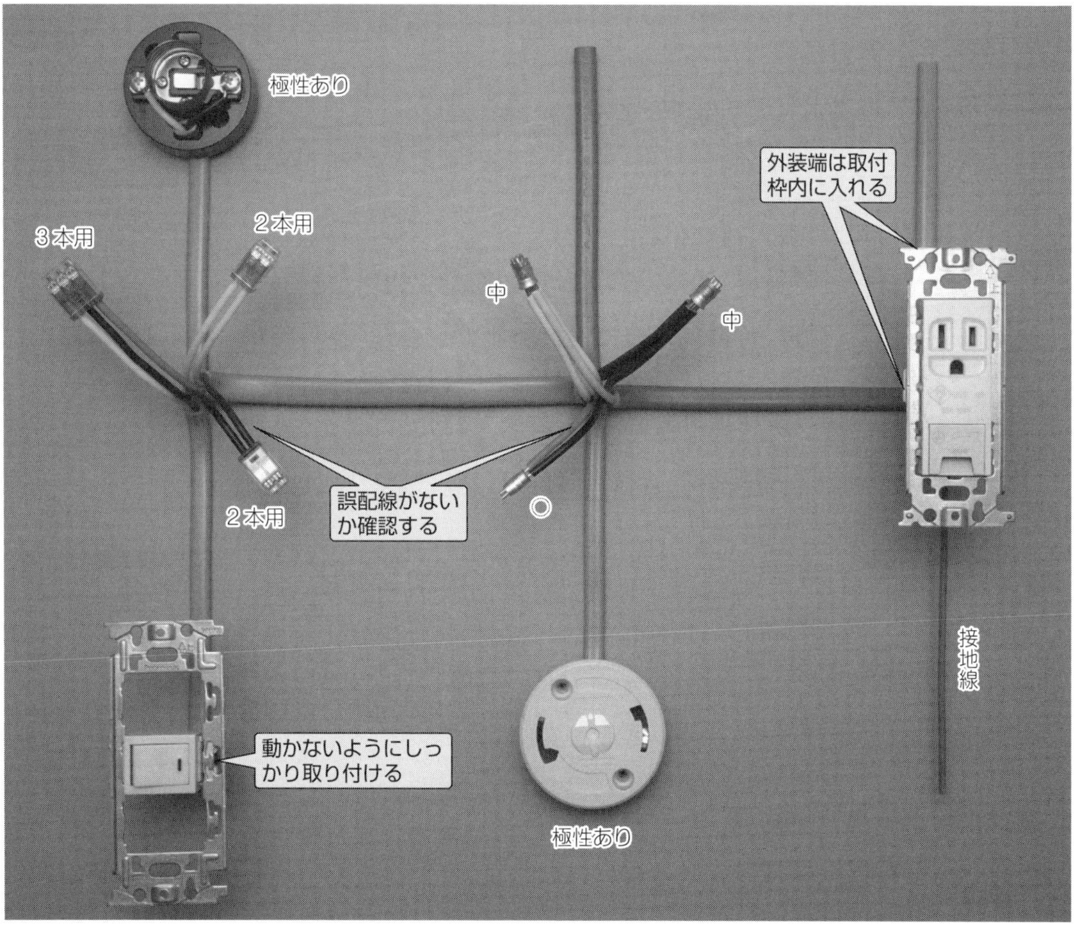

まとめてみよう 実験結果のまとめ

単純図と複線図などを報告書に書き，2 灯同時点滅回路を施工して完成させなさい．

実験② 4路スイッチ回路

図に示す低圧屋内配線工事を与えられた材料を使用し，下記の【施工条件】に従って完成させなさい．

試験時間：40 分

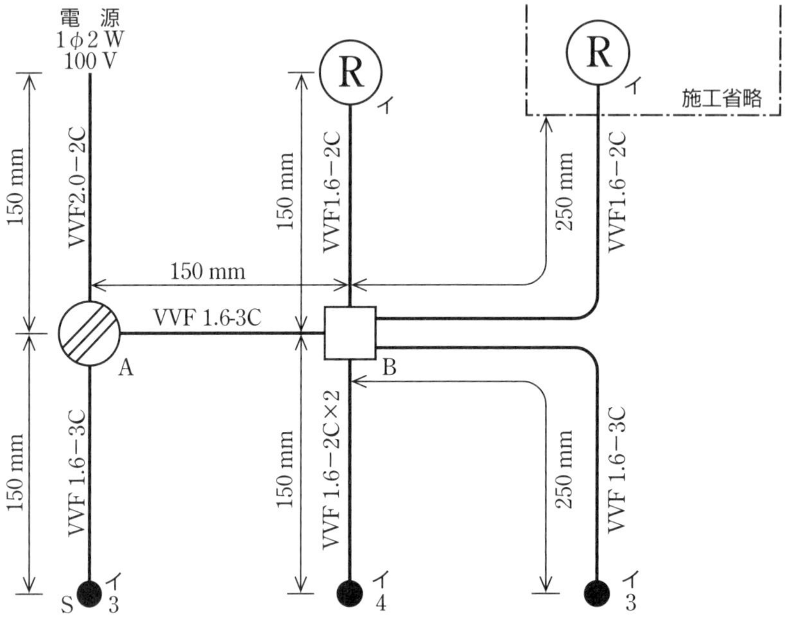

図 6・20 4 路スイッチ回路の単線図

【施工条件】

1. 配線及び器具の配置は，図に従って行うこと．
2. ジョイントボックス（アウトレットボックス）は，打抜き済みの穴だけを全て使用すること．
3. 3 路スイッチ及び 4 路スイッチの配線方法は，次によること．
   ① 3 箇所のスイッチをそれぞれ操作することにより Ⓡ と ( ) を点滅できるようにする．
   ② 3 路スイッチの記号「0」の端子には電源側又は負荷側の電線を接続し，記号「**1**」と「**3**」の端子には 4 路スイッチとの間の電線を結線する．
4. 電線の色別（絶縁被覆の色）は，次によること．
   ①電源からの接地側電線は，全て**白色**を使用する．
   ②電源から点滅器 **S** までの非接地側電線は，全て**黒色**を使用する．
   ③ランプレセプタクルの受金ねじ部の端子には，**白色**の電線を結線する．
5. VVF 用ジョイントボックス A 部分及びジョイントボックス B 部分を経由する電線の接続方法は，次によること．
   ① **A 部分の接続箇所は，リングスリーブによる終端接続とする．**
   ② **B 部分の接続箇所は，差込形コネクタによる接続とする．**
6. **埋込連用取付枠は，4 路スイッチ部分に使用すること．**

表 6・6 使用材料表

材料表		
1.	600 V ビニル絶縁ビニルシースケーブル平形 2.0 mm 2 心 青 長さ約 250 mm	1 本
2.	600 V ビニル絶縁ビニルシースケーブル平形 1.6 mm 2 心 長さ約 1350 mm	1 本
3.	600 V ビニル絶縁ビニルシースケーブル平形 1.6 mm 3 心 長さ約 1150 mm	1 本
4.	ジョイントボックス(アウトレットボックス 19 mm 3 箇所 25 mm 2 箇所ノックアウト打ち抜き済み)	1 個
5.	ランプレセプタクル(カバーなし)	1 個
6.	埋込連用タンブラスイッチ(3 路)	2 個
7.	埋込連用タンブラスイッチ(4 路)	1 個
8.	埋込連用取付枠	1 枚
9.	ゴムブッシング(19)	3 個
10.	ゴムブッシング(25)	2 個
11.	リングスリーブ(小)	4 個
12.	差込形コネクタ(2 本用)	4 個
13.	差込形コネクタ(3 本用)	2 個

やってみよう 実験の手順

手順 1 施工条件の確認

問題用紙の施工条件をよく読み，重要な箇所にアンダーラインを引く.

手順 2 複線図を書く

電線の色別とはぎ取り寸法を記入する(他の用紙に大きく書く).

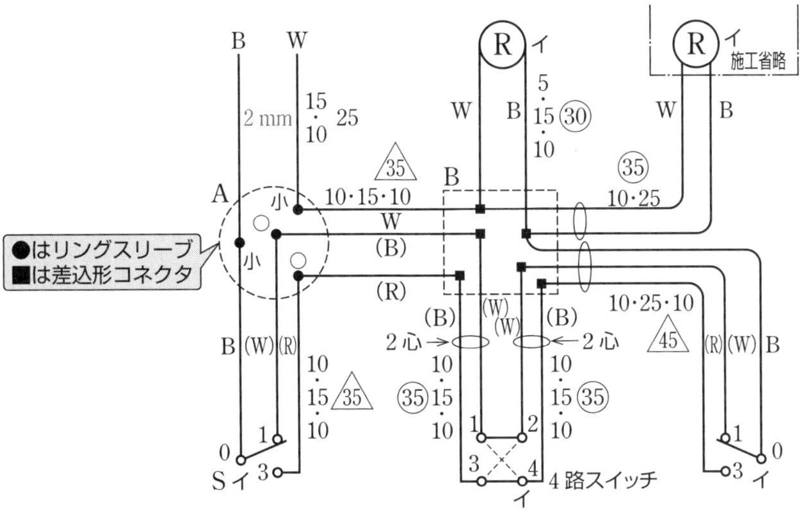

手順3 アウトレットボックス周辺の取付け

❶電線を切る前にアウトレットボックスにゴムブッシングを 5 個取り付けておく

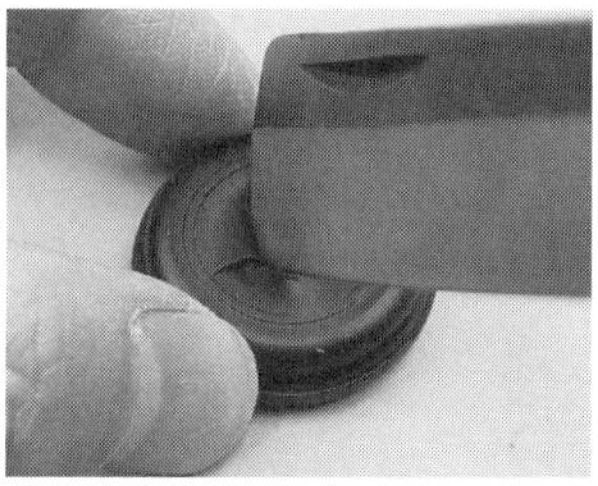

ゴムブッシングの中央をナイフで十文字に切る.
（一文字でも可）

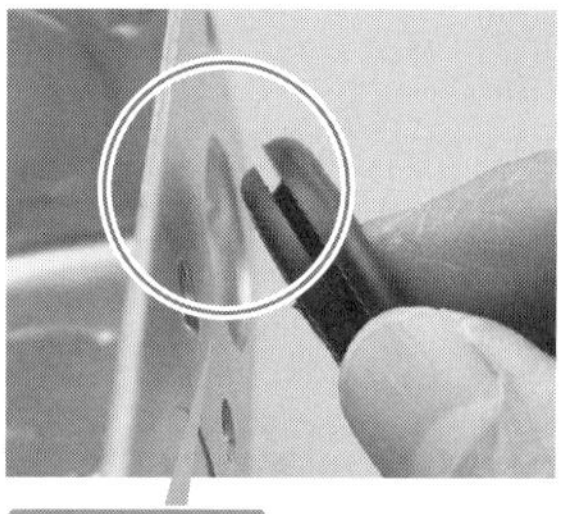

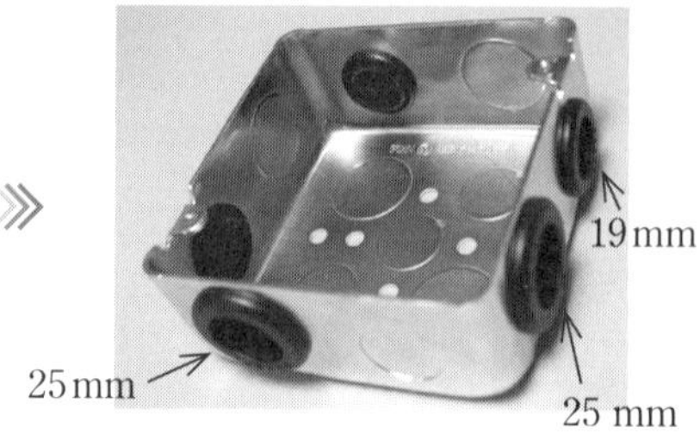

ゴムブッシングを 5 個取り付ける.
（試験では 19 mm 3 箇所と 25 mm 2 箇所の穴が空いているので，向きは複線図で判断すること）

手順4 電線の切断とはぎ取り

❶複線図のはぎ取り寸法の通り，ペンチ等で切断し机上に置く

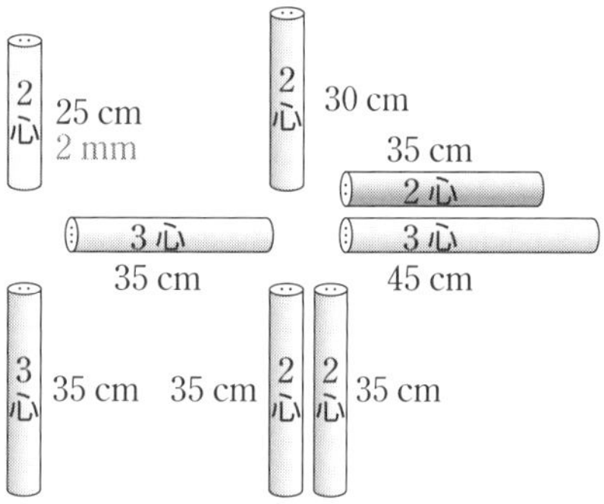

❷切断した各ケーブルの外装と被覆を図のようにはぎ取る

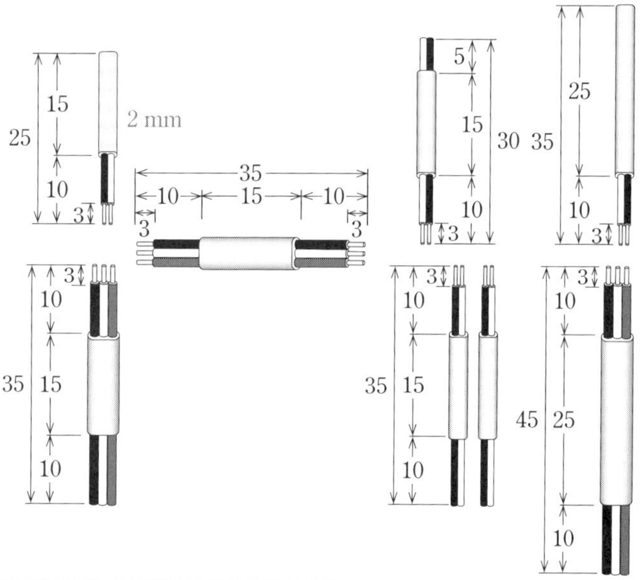

手順5 電線と器具の接続

❶ランプレセプタクルおよび 3 路と 4 路スイッチに電線を接続する

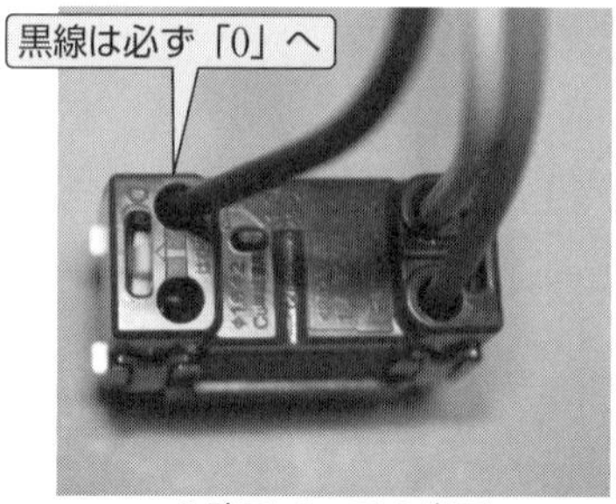

3 路スイッチの裏面

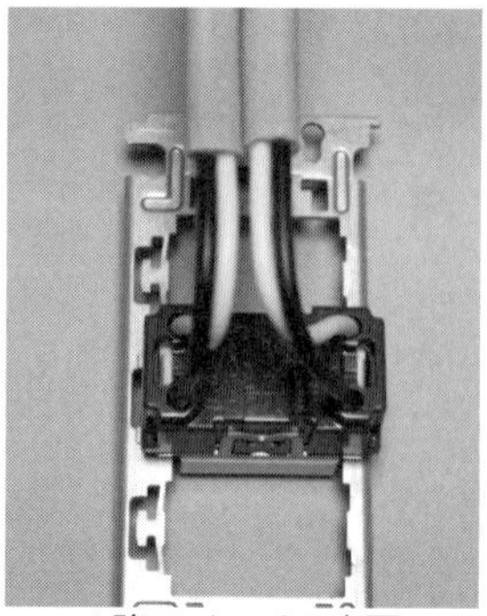

4 路スイッチの裏面

手順 6 電線相互の接続

❶ A 部分はリングスリーブ，B 部分は差込形コネクタによる接続を行う

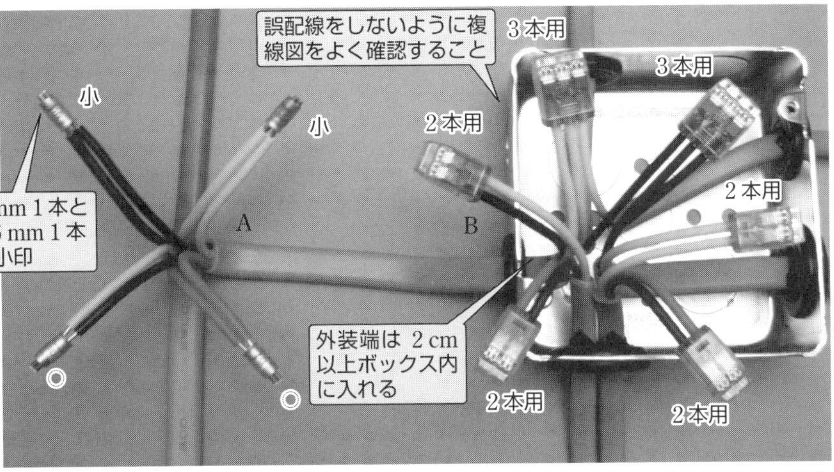

手順 7 点検と仕上げ

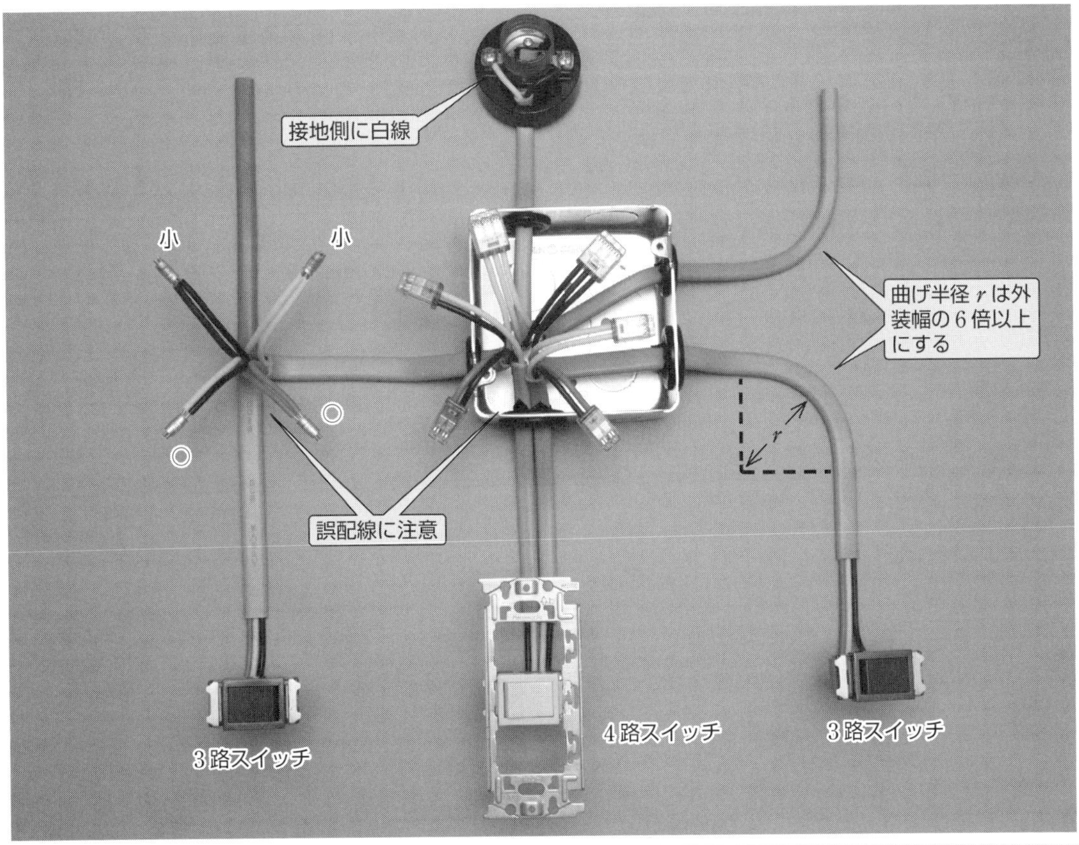

まとめてみよう 実験結果のまとめ

単純図と複線図などを報告書に書き，4 路スイッチ回路を施工して完成させなさい．

実験 3　100 V/200 V回路（接地極付コンセント）

図に示す低圧屋内配線工事を与えられた材料を使用し，【施工条件】に従って完成させなさい．

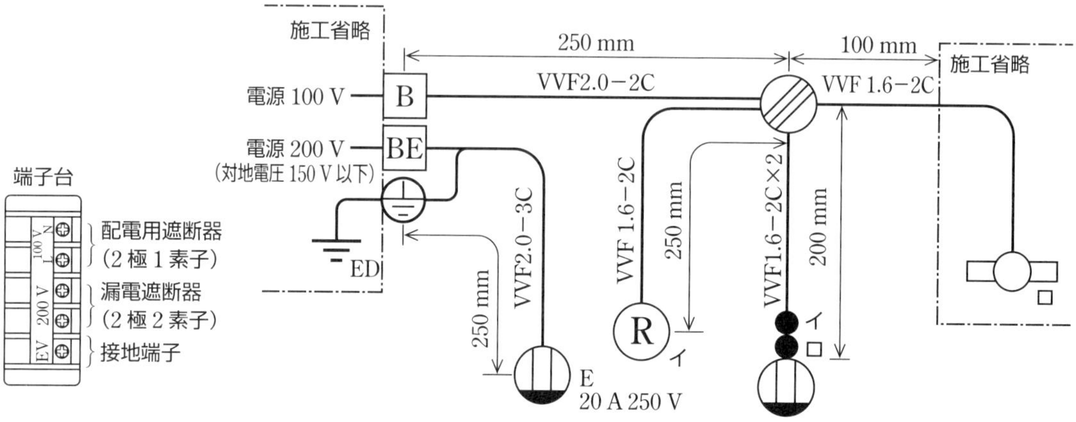

図　6・21　100 V/200 V 回路の単線図

【施工条件】

1. 配線及び器具の配置は，図に従って行うこと．
   なお，「ロ」のタンブラスイッチは，取付枠の中央に取り付けること．
2. 配線用遮断器，漏電遮断器及び接地端子は，代用の端子台を使用すること．
3. 電線の色別（絶縁被覆の色）は，次によること．
   ①電源からの接地側電線は，全て**白色**を使用する．
   ② 100 V 回路の電源から点滅器及びコンセントまでの非接地側電線は，**黒色**を使用する．
   ③次の器具の端子には，**白色の電線**を結線する．
   ・ランプレセプタクルの受金ねじ部の端子とコンセントの接地側極端子（W と表示）
   ・配線用遮断器（端子台）の記号 N の端子
   ④接地線は，**緑色**を使用する．

表　6・7　使用材料表

材料表		
1.	600 V ビニル絶縁ビニルシースケーブル平形 2.0 mm 2 心 青 長さ約 400 mm	1 本
2.	600 V ビニル絶縁ビニルシースケーブル平形 2.0 mm 3 心　長さ約 400 mm	1 本
3.	600 V ビニル絶縁ビニルシースケーブル平形 1.6 mm 2 心　長さ約 1650 mm	1 本
4.	端子台（配線用遮断器，漏電遮断器および接地端子の代用）5 極	1 個
5.	ランプレセプタクル（カバーなし）	1 個
6.	埋込連用タンブラスイッチ	2 個
7.	埋込連用コンセント	1 個
8.	埋込コンセント（20 A250 V 接地極付）	1 個
9.	埋込連用取付枠	1 枚
10.	リングスリーブ（小）	3 個
11.	差込形コネクタ（4 本用）	1 個

4. VVF 用ジョイントボックス部分を経由する電線は，その部分で全て接続箇所を設け，接続方法は，次によること．

① 4 本の接続箇所は，差込形コネクタによる接続とする．

②その他の接続箇所は，リングスリーブによる終端接続とする．

やってみよう　実験の手順

手順 1　施工条件の確認　問題の施工条件をよく確認する．

手順 2　複線図を書く（3 分以内で書くこと）　電線の種類や色別，はぎとり寸法を記入する．

手順 3　アウトレットボックス周辺の取付け　アウトレットボックスがないので省略．

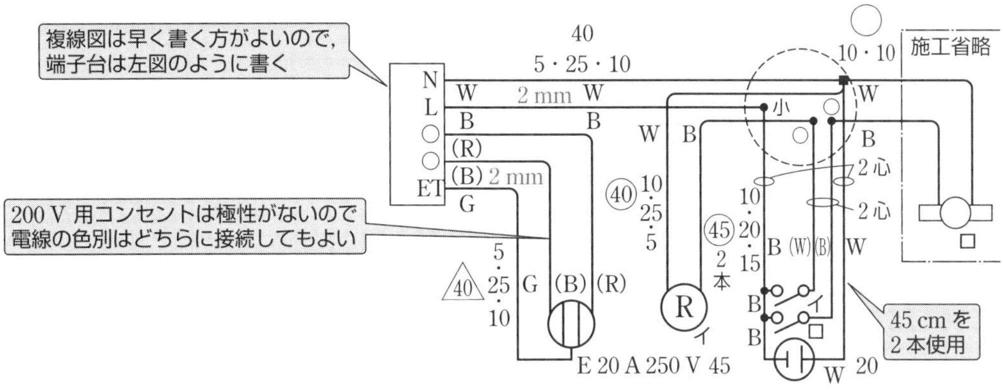

手順 4　電線の切断と被覆のはぎ取り

❶支給されたケーブルを複線図に記入したはぎ取り寸法の通りにペンチ等で切断して机上に置く

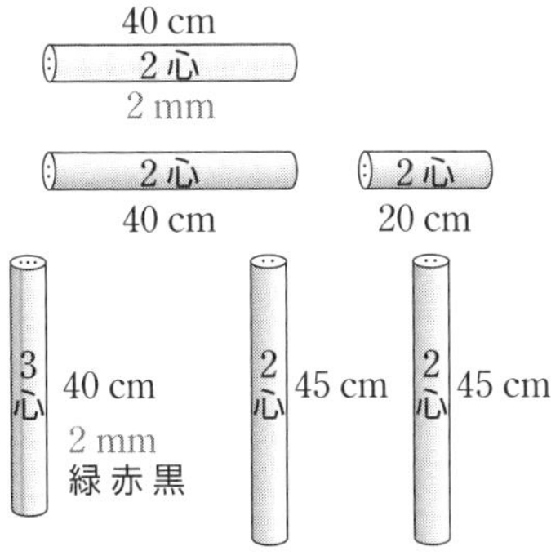

❷切断した各ケーブルの外装と被覆を図のようにはぎ取る

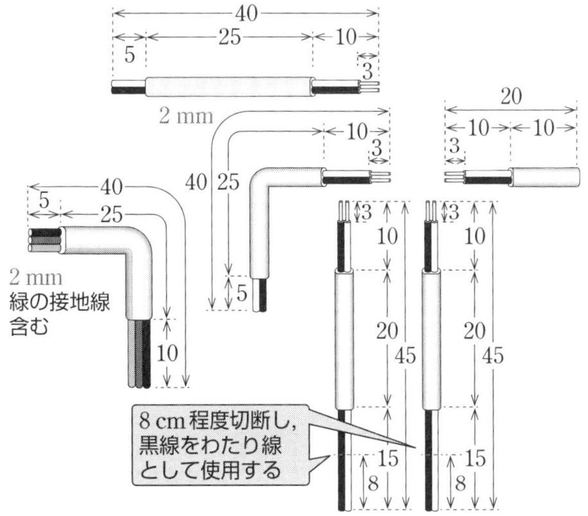

手順5 電線と器具の接続

❶スイッチとコンセントにケーブルを接続する

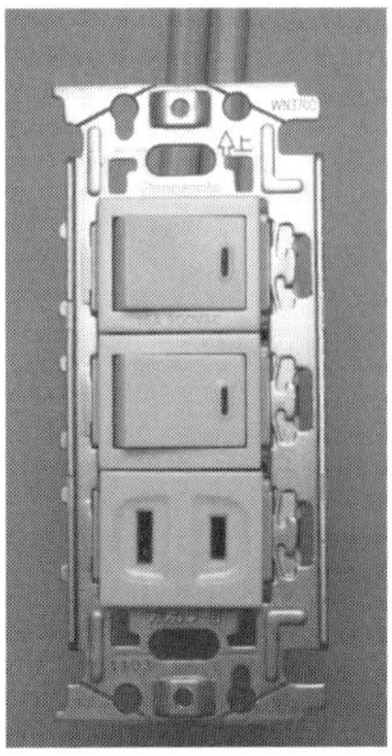

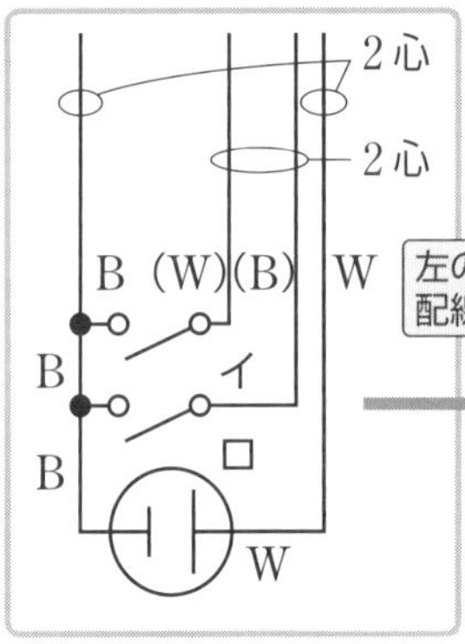

複線図と色別

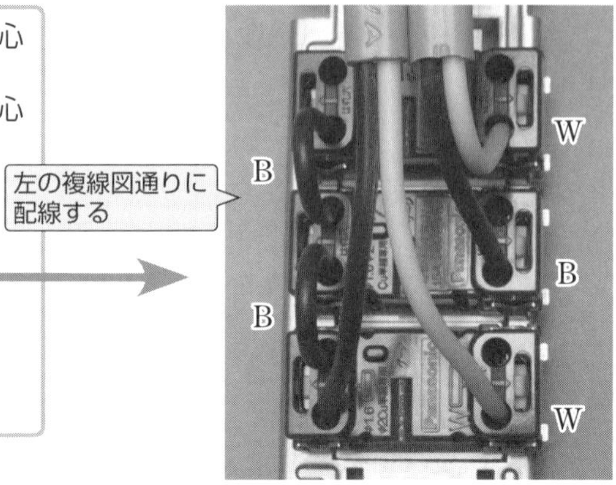

❷接地極付コンセントとレセプタクルにケーブルを配線する

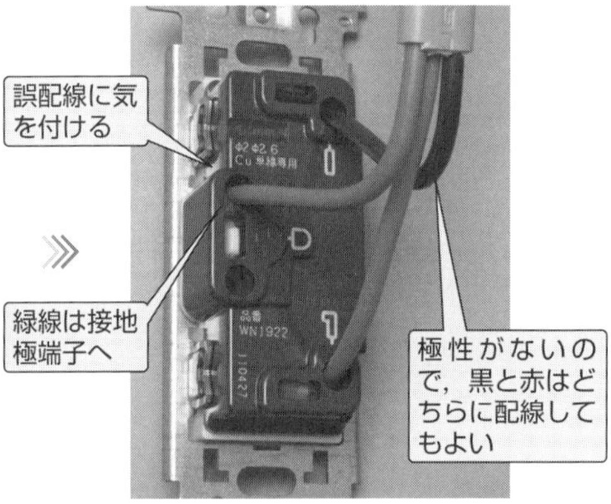

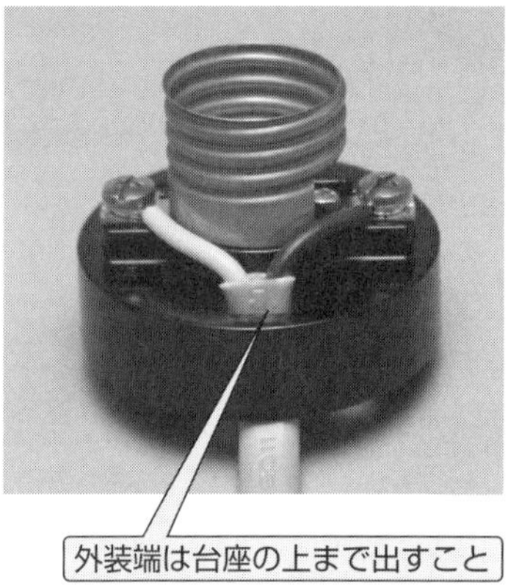

❸端子台にケーブルを接続する

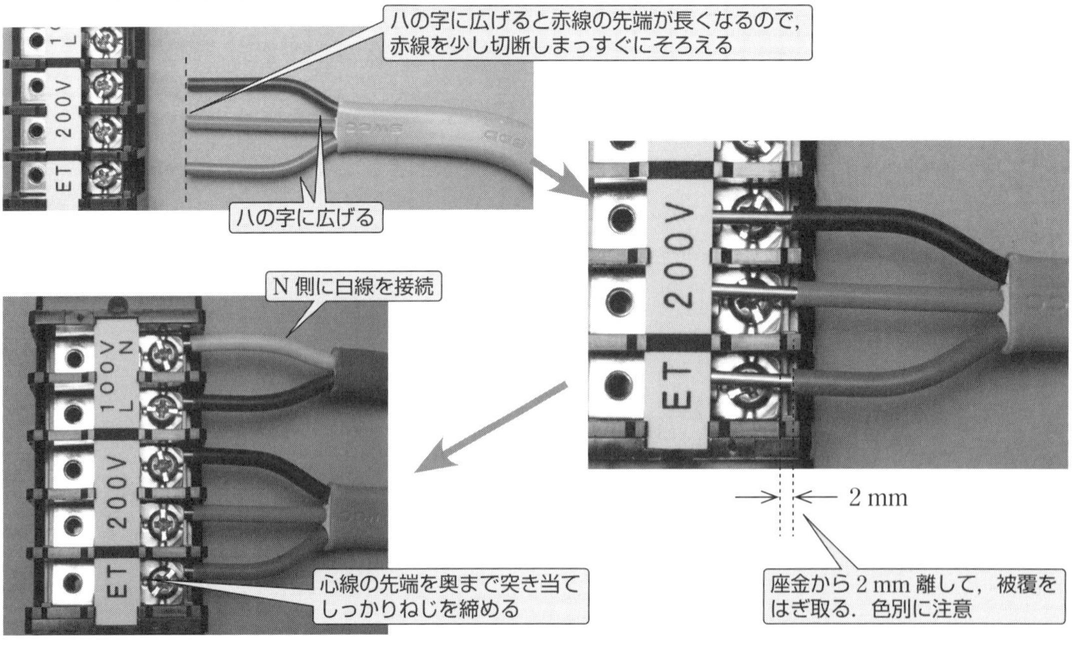

手順6 電線相互の接続

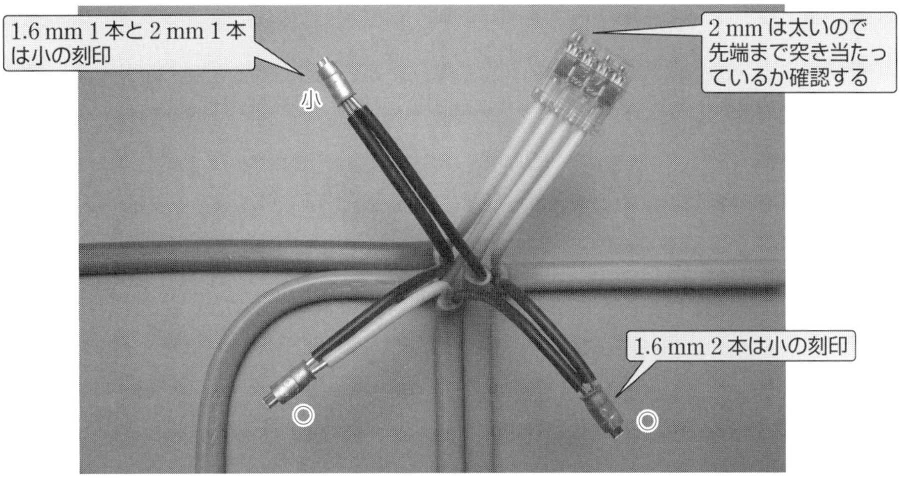

手順7 点検と仕上げ

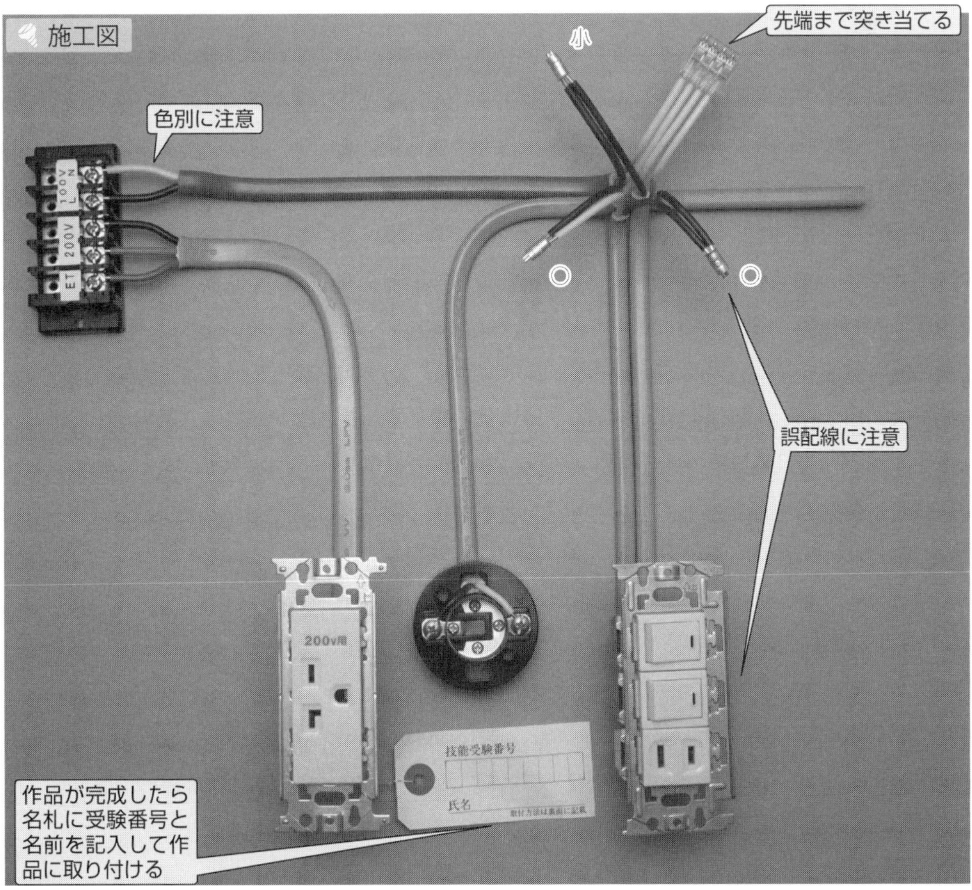

まとめてみよう 実験結果のまとめ

単純図と複線図などを報告書に書き，100 V/200 V回路を施工し，完成させせなさい．

補足 工事施工上行ってはならない作業（欠陥工事）

工事施工上行ってはならない作業を欠陥工事といい，施工を誤ることにより漏電火災や感電死傷など，致命的な事故につながるおそれがある．それだけに，正しい施工を心掛けなければならない．表 6・9 に欠陥工事の例を示す．

表 6・9 屋内配線の不良工事

工事種別	行ってはいけない作業（欠陥工事）の例
電線相互の接続	・誤接続
	・接続方法が違う
	・接続部の心線が著しく損傷している
	・絶縁被覆をはぎ取り過ぎている
	・直線接続やとも巻接続の巻回数不足
	・リングスリーブや圧着工具の使用が不適切
	・差込形コネクタの使用が不適切
電線と器具との接続（結線）	・誤接続（ランプレセプタクル，引掛シーリングやコンセントの極性相違）
	・器具端子の接続心線が著しく損傷している
	・差込器具の心線差込不足やねじ止め器具心線の締付けがゆるい
	・ランプレセプタクル心線の「の」字曲げ（輪づくり）不良（左巻きや重ね巻きのもの）
ケーブル工事	・ケーブル外装の損傷や，はぎ取りが不適切
	・心線絶縁被覆や心線を損傷させる
	・アウトレットボックス引込みに，ゴムブッシングを使用していない
合成樹脂製可とう電線管工事	・ボックスコネクタの未使用
	・コネクタとボックスや管の接続がゆるい
	・ブッシングを裏返しに使用
金属管（ねじなし電線管）工事	・ボックスと管の接続がゆるい
	・止めねじをねじ切っていない
	・ロックナットを裏返しに使用
	・絶縁ブッシングを取り付けていない
その他	・パイロットランプの使い方が不適切
	・スイッチの取付不良（on，off の方向，上または右で on）
	・コンセントの取付不良（差込口の長い方が左側となるのが正しい）
	・取付枠の上下と連用器具の取付不良（裏返しやゆるみ）

7章

模擬送電線路の実習

この章のねらい，目的と実習項目

●ねらい

各種の発電所でつくられた電力は，送配電線路により需要地まで送られてくる．送電系統は大容量化，長距離化，複雑化が進み，送電電圧もますます高電圧になってきている．送電線路の基本的な電気的特性を十分に理解し，電力を効率よく安全，確実に送ることについて学ぶ．

●目的

・送電線路の抵抗，インダクタンス，静電容量（漏れコンダクタンス）の線路定数を測定し，短距離・中距離送電線路の電圧降下，電圧変動率，電力損失等を計測する．

●実習項目

1　模擬送電線路による送電線特性試験

実習 1 模擬送電線路による送電線特性試験

目的
- ●送電線路の電圧降下や電力損失などの特性を調べる.
- ●送電線路の送電電圧・受電電圧の関係をベクトル図を描き，理解する.

実習を始める前の予備知識

1 送電線路の種類

（a） 短距離送電線路（送電線路こう長が数十 km 以内）

等価回路の線路定数として，1 線あたりの抵抗 R と 1 線あたりの作用インダクタンスによるリアクタンス X で表すことができる.

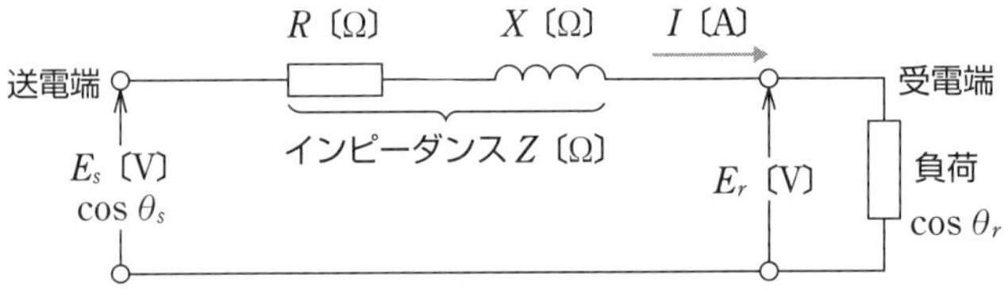

図 7・1 短距離送電線路

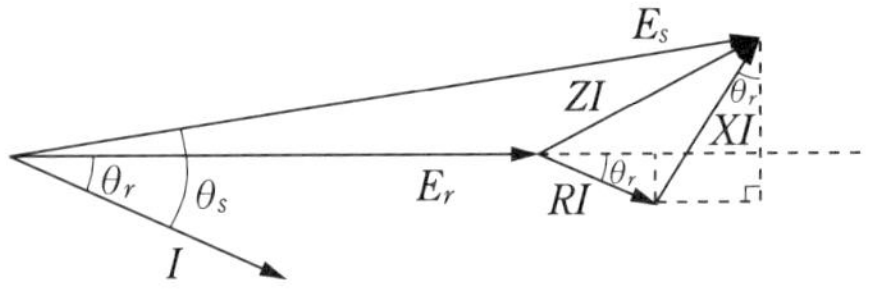

図 7・2 短距離送電線路の電圧電流ベクトル図

送電端相電圧 $E_s=\sqrt{(E_r+RI\cos\theta_r+XI\sin\theta_r)^2+(XI\cos\theta_r-RI\sin\theta_r)^2}$〔V〕

近似値として $E_s \fallingdotseq (E_r+RI\cos\theta_r+XI\sin\theta_r)$〔V〕

3 相端子電圧 $V_s=V_r+\sqrt{3}(RI\cos\theta_r+XI\sin\theta_r)$〔V〕

線路電圧降下 $V=\sqrt{3}(RI\cos\theta_r+XI\sin\theta_r)$〔V〕

（b） 中距離送電線路（送電線路こう長が 50 ~ 100 km 程度）

こう長が 50 ~ 100 km になると静電容量を無視できなくなる.

等価回路は抵抗 R，作用インダクタンスによるリアクタンス X，作用静電容量 C の線路定数で表され，T 形等価回路，π形等価回路として解析を行う.

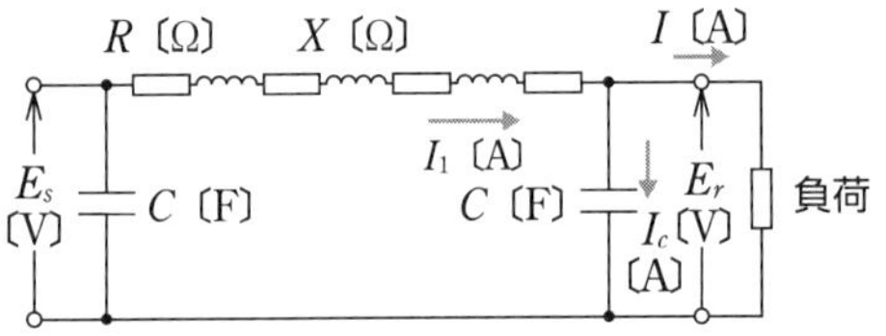

図 7・3 π 形等価回路

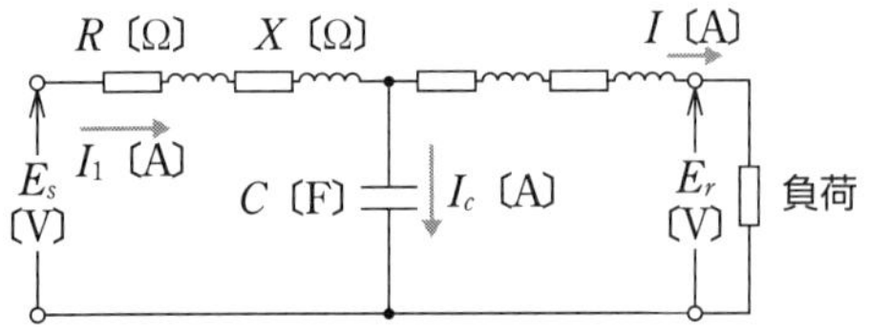

図 7・4 T 形等価回路

（c） **長距離送電線路**（送電線路こう長が 100 km 以上）

送電線路が 100 km を超える場合は線路定数の抵抗 R，作用インダクタンスによるリアクタンス X，作用静電容量 C，漏れコンダクタンス G が送電端から受電端まで分布している回路（分布定数回路）として扱われる．

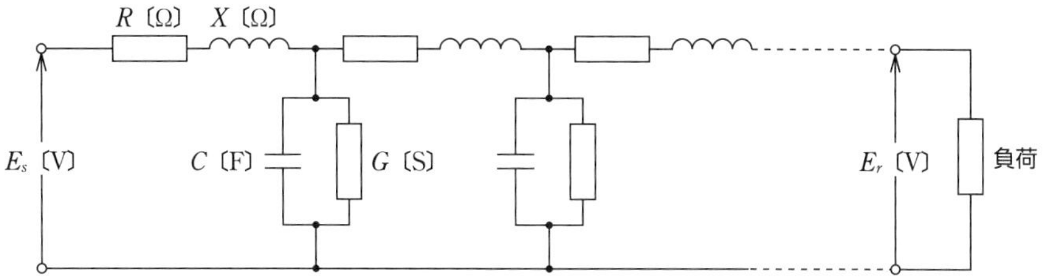

図 7・5 長距離送電線路

❷ 線路電圧降下率と電圧変動率

送電線路の送電端電圧を V_s〔V〕，受電端電圧を V_r〔V〕とすると，線路電圧降下率は次式で表される．

$$\text{線路電圧降下率}\ \varepsilon = \frac{V_s - V_r}{V_r} \times 100〔\%〕$$

送電端電圧が一定の場合，無負荷のときの受電端電圧を V_{or}〔V〕，全負荷のときの受電端電圧を V_r'〔V〕とすると，電圧変動率は次式で表される．

$$\text{電圧変動率}\ \varepsilon' = \frac{V_{or} - V_r'}{V_r'} \times 100\ 〔\%〕$$

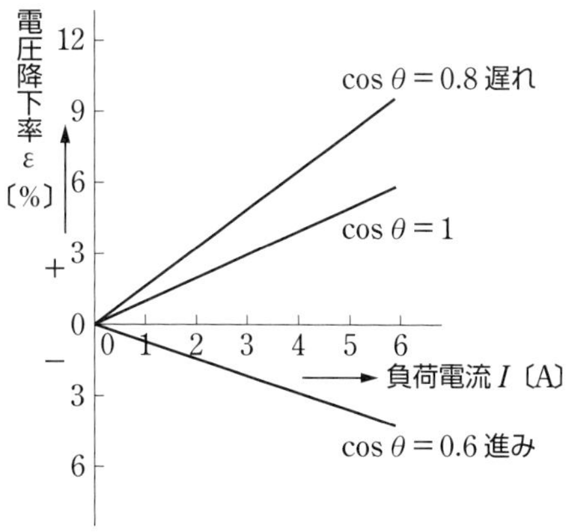

図 7・6 線路電圧降下率

❸ 使用器具

器 具 名	記号	定格，その他
模擬送電線実習装置（線路定数）		2 kV·A，5.25 A，220/200 V，50 Hz（$L_1 = 1.02$ mH，$\omega L_1 = 0.32\ \Omega$，$R_1 = 0.18\ \Omega$，RL6 組）
三相力率可変負荷装置		2 kW，200 V，5.8 A
交流計測装置		100 V，測定量（単相/三相 V，A，kW，kVar，cos θ，Hz）YEW
スライダック	SD	3 kW
三相誘導電圧調整器	IR	3 kW
三相電力計	Ⓦ	5 A，25 A，120/240 V
単相電力計	Ⓦ	5 A，25 A，120/240 V
交流電圧計	Ⓥ	150 V
交流電流計	Ⓐ	2/10 A

実験 1 模擬送電線路の線路定数の測定を行う

図7・7は，模擬送電線路の抵抗およびリアクタンスの測定を行う回路図である.

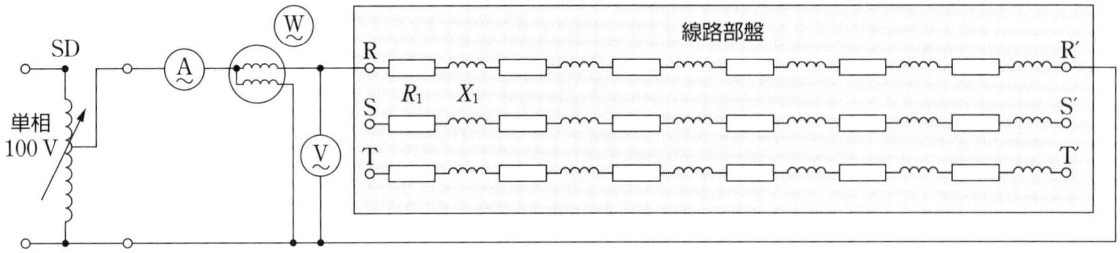

図 7・7 実験1の回路図

やってみよう 実験の手順

1 線路部盤 R-R′ 間を使い，図7・7のように結線する．スライダックの出力電圧が0であることを確認して電源を入れる.

2 スライダックの電圧を徐々に上げ，電流を3Aから6Aへと変化させたときの電圧計と電力計の値を記録する.

3 同様にして，S-S′，T-T′ 間も行う.

まとめてみよう 実験結果のまとめ

〈結果 1〉線路定数の測定（線路盤 R-R′，電流定格 5.25 A）					
電流 I〔A〕	電圧 V〔V〕	電力 P〔W〕	インピーダンス Z〔Ω〕	抵抗 R〔Ω〕	リアクタンス X〔Ω〕
3.0					
4.0					
5.0					
5.25					
平 均	／	／			

インピーダンス Z〔Ω〕，抵抗 R〔Ω〕，リアクタンス X〔Ω〕は下の式から求めなさい.

$$Z=\frac{V}{I}〔\Omega〕,\quad R=\frac{P}{I^2}〔\Omega〕,\quad X=\sqrt{Z^2-R^2}〔\Omega〕$$

実験② 短距離送電線路，中距離送電線路（π形等価回路）の特性試験を行う

図7・8は，短距離送電線路や中距離送電線路（π形等価回路）の特性試験を行う回路である．

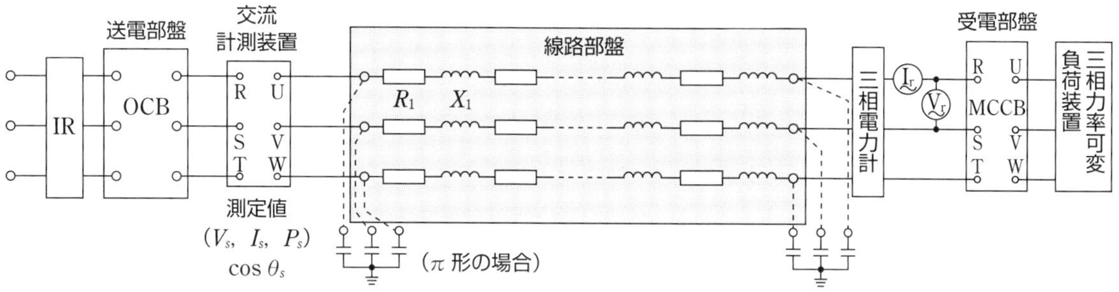

図 7・8 実験2の回路図

やってみよう 実験の手順

1 図7・8のように結線する．

2 三相誘導電圧調整器 IR の出力電圧が 0 の位置にあることを確かめて，受電部盤の MCCB を開いた状態で，送電部盤の遮断器 OCB を入れる．

MCCB：Molded Case Circuit Breaker（配線用遮断器）の略称．
OCB：Oil Circuit Breaker（油遮断器）の略称．現在では，OCB にかわり，VCB が多く使われている．
VCB：Vacuum Circuit Breaker（真空遮断器）の略称．

3 三相誘導電圧調整器 IR の出力電圧をゆっくり上げ，受電端電圧 V_r〔V〕を 200 V とする．

4 三相力率可変負荷装置の電流を最小（抵抗値最大）にして，受電部盤の MCCB を入れる．

5 受電端力率を 100 %，受電端電圧を 200 V 一定にして，負荷電流（受電端電流）I_r〔A〕を 1 A から 5 A まで 1 A ごとに変化したときの送電端および受電端の各値を測定する．実験中は受電端力率を 100 %，受電端電圧を 200 V 一定に保つ．なお，送電端側の計測

図 7・9 模擬送電線実習装置

には交流計測装置（ディジタルマルチメータ）を使用して，電圧，電流，電力，力率を測定する．

6 受電端の力率を，遅れ力率 0.8，遅れ力率 0.6 の場合についても同様に行う．

7 次に，中距離送電線路（π形等価回路）で力率 100 %，遅れ力率 0.8，遅れ力率 0.6 の場合についても同様に行う．

まとめてみよう 実験結果のまとめ

（1） 実験 2 の結果を記入しなさい．

〈短距離送電線路〉受電端電圧 V_r＝200 V（一定）									
送電線路	送電端電圧 V_s〔V〕	送電電流 I_s〔A〕	送電電力 P_s〔W〕	送電端力率 $\cos\theta_s$〔%〕	負荷電流（受電端電流）I_r〔A〕	受電端力率 $\cos\theta_r$〔%〕	受電電力 P_r〔W〕	電力損失 P〔W〕	電圧降下率 ε〔%〕
短距離送電線路					1.0	100%（一定）			
					2.0				
					3.0				
					4.0				
					5.0				
					1.0	遅れ 80%（一定）			
					2.0				
					3.0				
					4.0				
					5.0				
					1.0	遅れ 60%（一定）			
					2.0				
					3.0				
					4.0				
					5.0				

〈中距離送電線路〉受電端電圧 $V_r = 200$ V（一定）									
送電線路	送電端電圧 V_s〔V〕	送電電流 I_s〔A〕	送電電力 P_s〔W〕	送電端力率 $\cos\theta_s$〔%〕	負荷電流（受電端電流）I_r〔A〕	受電端力率 $\cos\theta_r$〔%〕	受電電力 P_r〔W〕	電力損失 P〔W〕	電圧降下率 ε〔%〕
中距離送電線路（π 形等価回路）					1.0	100 %（一定）			
					2.0				
					3.0				
					4.0				
					5.0				
					1.0	遅れ 80 %（一定）			
					2.0				
					3.0				
					4.0				
					5.0				
					1.0	遅れ 60 %（一定）			
					2.0				
					3.0				
					4.0				
					5.0				

（2） 実験データから横軸に負荷電流をとり，縦軸に電圧降下率のグラフを描きなさい．

（3） 短距離送電線の定格電流（負荷電流）時の電圧・電流ベクトル図を各力率の場合について描きなさい．（相電圧 $E_r = V_r/\sqrt{3}$，$E_s = V_s/\sqrt{3}$ に注意）．

（4） フェランチ効果について調べ，また，実験データから検証しなさい．

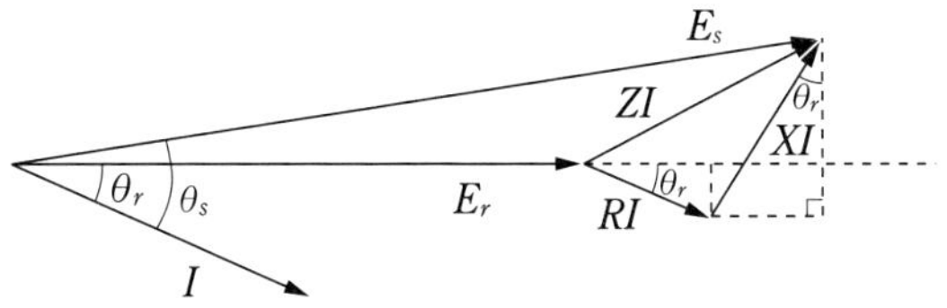

図 7・11

8章

高電圧の実習

この章のねらい，目的と実習項目

●ねらい

電線路や電力用機器の絶縁強度などを調べるためには，高電圧の取扱いが必要不可欠である．

一般に，測定電圧が高くなると，指示計器による測定が困難になるために，高電圧の測定には火花放電を用いる方法がとられる．

この章では，高電圧の測定方法や衝撃電圧試験について学び，高電圧を取り扱うときの心得などを習得する．

●目的

・高電圧の測定方法と取扱いを学ぶ．
・衝撃電圧の測定方法と取扱いを学ぶ．
・実験を通して，安全に関する心得を身につける．

●実習項目

1　交流高電圧と衝撃電圧の測定

実習 1 交流高電圧と衝撃電圧の測定

目的

- 標準球ギャップによる高電圧の測定法を学ぶ．
- 衝撃電圧試験により，高圧試験装置の操作法を学ぶ．
- 高電圧の取扱いについて理解を深め，安全に関する心得を身につける．

実習を始める前の予備知識

❶ 標準球電極による高電圧の測定

一般に高電圧の測定には，火花放電による測定方法が用いられる．平等な電界を作るためには，理想的には無限に広い平行板電極が必要であるが，図 8・1（a）のような電極板の面積が小さい平行板電極では，電極周辺部に電界の集中が生じ，コロナ放電が発生しやすくなる．このため，より近似的な平等電界を得られるものとして，通常，図 8・1（b）のような球電極が用いられ，この装置のことを，**標準球ギャップ**とよんでいる．

ある空気状態（温度・気圧）において，球ギャップ長と放電電圧との間には，ある一定の関係があることから，これらの関係を調べることにより，高電圧の測定を行うことができる．なお，放電電圧値は，波高値（最大値）を用いる．

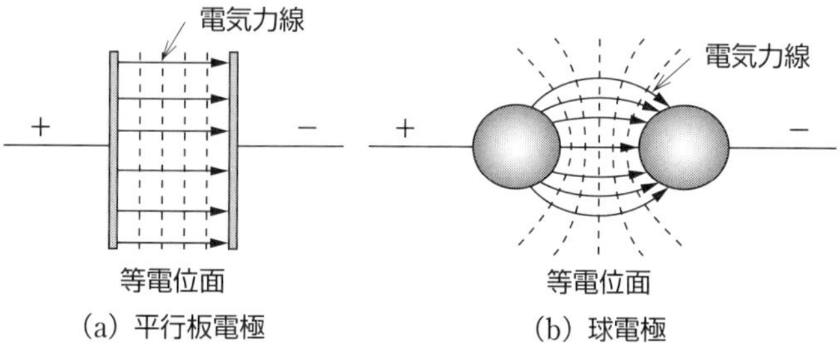

図 8・1 各電極による電界

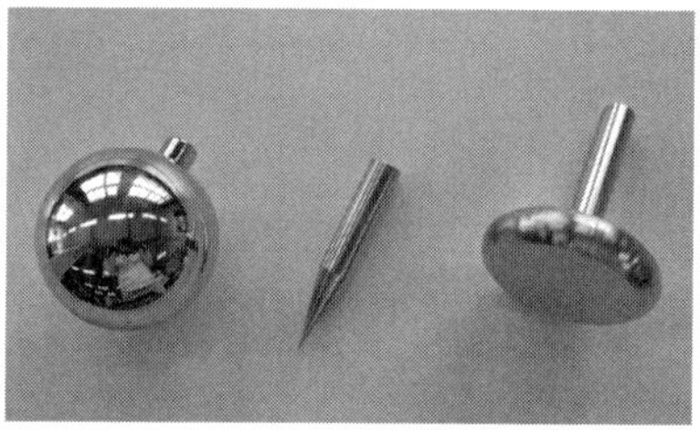

図 8・2 電極の種類（左から球・針・平板）

❷ 衝撃電圧試験の種類について

衝撃電圧とは，雷放電や送電線の開閉サージ電圧のような，過渡的に短時間現れる電圧のことをいう．この波形はさまざまであるため，電力用機器の異常電圧試験用として統一された波形が必要となる．この波形を**標準衝撃電圧波形**といい，図 8・3 のように定められている．

なお，絶縁強度を判定するための衝撃電圧試験には，次のような試験がある．

① 衝撃耐電圧試験

② 50％スパークオーバ（フラッシオーバ）試験

③ 衝撃破壊試験

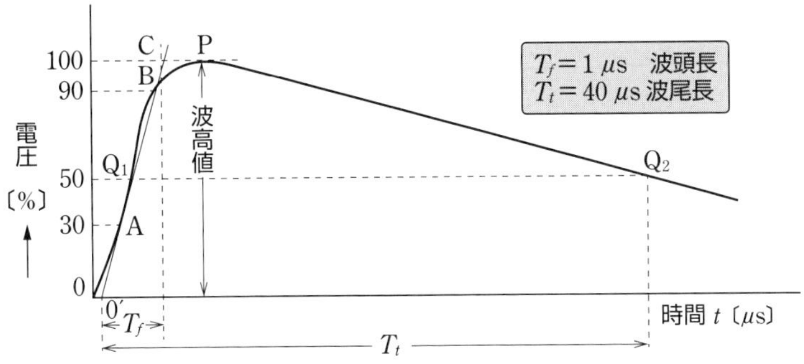

図 8・3 標準衝撃電圧波形

④ 電圧時間特性試験

JIS C1001（2010）では，気体及び液体中の破壊放電をスパークオーバといい，気体中における固体若しくは液体の表面での破壊放電をフラッシオーバと定義している．

50％スパークオーバ（フラッシオーバ）試験は，碍子《がいし》やブッシングなどの供試物に同一波形・同一波高値の衝撃電圧を 5 回以上与え，その表面を沿って生じる放電確率が 50％であるときの電圧を測定するものである．

❸ 高電圧の測定について

（a） 標準電圧の補正

放電電圧（電極間の電圧）は，周囲温度や気圧による大気状態の影響を受ける．JIS 規格によると，標準気圧（1 013 hPa），標準温度（20 °C）における球ギャップ（1 球接地）の長さと標準電圧の関係が記されているが，これと異なる状態で測定した場合には，次式より相対空気密度 δ を求め，δ の値により標準電圧を補正する必要がある．

$$相対空気密度\ \delta = 0.289\times\frac{b}{273+t}$$

ただし，b：測定時の気圧〔hPa〕，t：測定時の温度〔°C〕

●$0.95<\delta<1.05$ の場合…補正放電電圧 $V_k=\delta\times V_n$〔kV〕

●δ が上記の範囲以外の場合…補正放電電圧 $V_k=k\times V_n$〔kV〕

ただし，V_n：標準球ギャップの放電電圧〔kV〕，補正係数 k は表 8・1 により求める．

表 8・1 補正係数 k の求め方

相対空気密度 δ	0.70	0.75	0.80	0.85	0.90	0.95	1.05	1.10
補正係数 k	0.72	0.77	0.81	0.86	0.91	0.95	1.05	1.09

（b） 放電を行うときの準備

測定を行うときは，予備放電を数回行うこと．また，衝撃電圧実験のような繰返し充電を行う場合は，各回の放電間隔を最低 30 秒設けること．

❹ 高電圧実験を行うときの心得

① 実習に当たっては，指導の先生の監督・指示のもとで行うこと．

② 柵内に入る前に，高電圧制御装置の電源が off になっていることを確認すること．

③ 柵内に立ち入るとき，高圧機器に触れる箇所に対して，接地棒による残留電荷の大地への放電作業を行うこと．また，柵外に出るときは，接地棒の置き忘れなどがないか必ず確認をすること．

④ 実験に必要のない高圧装置類には触らないこと．

⑤ 安全確認には，指差し確認を心がけること．

❺ 使用器具

器具名	定格，その他
試験用変圧器（柵内）	5 kV·A，入力 200 V，出力 50 kV
衝撃電圧発生装置（柵内）	公称発生電圧 50 kV×4＝200 kV 主コンデンサ（4 個）0.0625 μF
標準球ギャップ装置（柵内）	球直径 100 mm
高電圧制御装置（オシロスコープ付）	AC コントロールユニット，DC コントロールユニット
平板電極	
気圧計	
温度計・湿度計	

図 8・4 は標準球ギャップ装置の外観であり，図 8・5 は試験用変圧器の外観である．

図 8・4 標準球ギャップ装置の外観

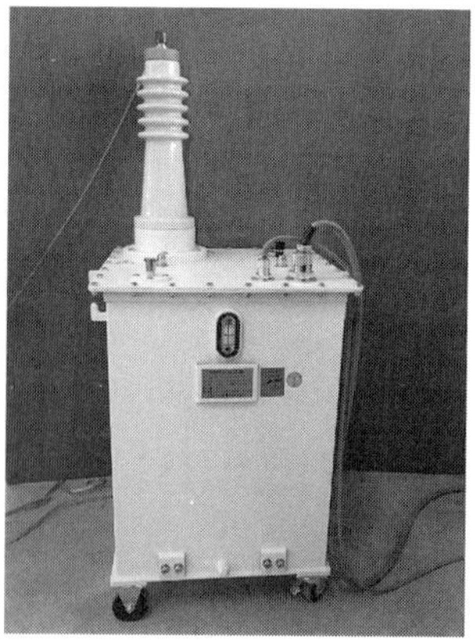

図 8・5 試験用変圧器の外観

実験 ① 標準球ギャップによる交流高電圧の測定

図 8・6 は，標準球ギャップによる交流高電圧の測定を行う回路の模式図である．また，図 8・7 は，ギャップ長を調整するための電極間ゲージである．

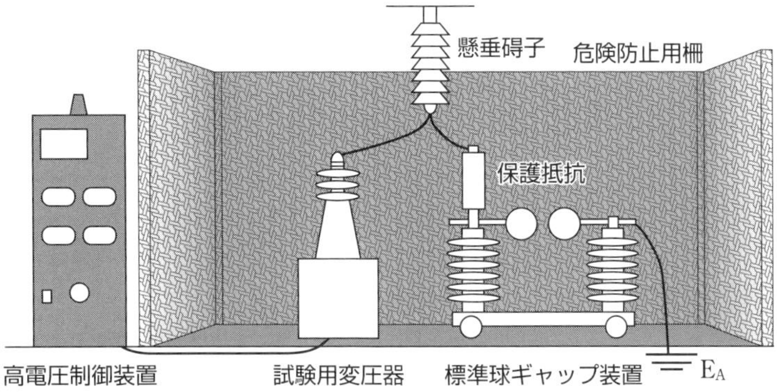

図 8・6 標準球ギャップによる交流高電圧の測定回路の模式図

図 8・7 電極間ゲージ

やってみよう 実験の手順

あらかじめ，接地抵抗の測定を行い，高圧または特別高圧用機器の鉄台および金属製外箱の接地抵抗が 10 Ω 以下であることを確認する．

1 図 8・6 に示すように，試験用変圧器と標準球ギャップ装置への接続を行う（球電極は，直径 100 mm を使用）．

2 球ギャップ長 d を 0 に合わせて電極間ゲージの零点調整を行ってから，ギャップ長 d を 20 mm に調整する．

3 実験装置の安全を確認し，電圧調整つまみが 0 であることを確認してから，本体操作装置の主電源および操作電源を on にする（放電電圧表示の保持機能が付いているものは，保持状態にしておく）．

4 放電発生スイッチを on にし，交流充電電圧の調整つまみをゆっくり一定の速度で上昇させ，放電させる．

5 放電したときのAC充電電圧の値を〈結果1〉の表に記録する．

6 放電発生スイッチをoffにし，調整つまみを0に戻す（表示の保持機能が付いているものは，表示のリセット操作を行う）．

7 放電電圧表示を保持状態にして，4と同様の実験を繰り返し，同じギャップ長で3回の測定を行い記録する．

8 球ギャップ長 d を15，10，5 mmについて同様の実験を行い，放電したときのAC充電電圧の値を〈結果1〉の表に記録する．

9 操作装置の操作電源，主電源をoffにする．

10 気温，気圧，湿度の値を測定し，記録する．

まとめてみよう　実験結果のまとめ

実験結果をもとに，次式により放電電圧 V_s，補正放電電圧 V_k，電位傾度 E を計算によって求め，〈結果1〉の表にまとめる．

また，球ギャップ長 d〔mm〕と放電電圧（波高値）V_s〔kV〕との関係を，図8・8に示すようなグラフに表す．

気圧 $b=$（　　　　）〔hPa〕，温度 $t=$（　　　　）〔°C〕，湿度＝（　　　　）〔%〕

相対空気密度 $\delta=0.289\times\dfrac{b}{273+t}=$（　　　　）

放電電圧 $V_s=\sqrt{2}\times V$〔kV〕

補正放電電圧（予備知識3を参照）　$V_k=\delta\times V_n$〔kV〕（$0.95<\delta<1.05$）

電位傾度 $E=\dfrac{V_s}{d}$〔kV/mm〕（d：ギャップ長〔mm〕）

〈結果1〉標準球ギャップによる交流高電圧の測定							
ギャップ長 d〔mm〕	AC充電電圧 V〔kV〕				放電電圧 V_s〔kV〕	補正放電電圧 V_k〔kV〕	電位傾度 E〔kV/mm〕
	1回	2回	3回	平均値			
20							
15							
10							
5							

考えてみよう　結果の検討

❶ 図 8・8 より，ギャップ長と放電電圧にはどのような関係があるといえるか.

❷ 放電電圧 V_s と補正放電電圧 V_k を比較しなさい.

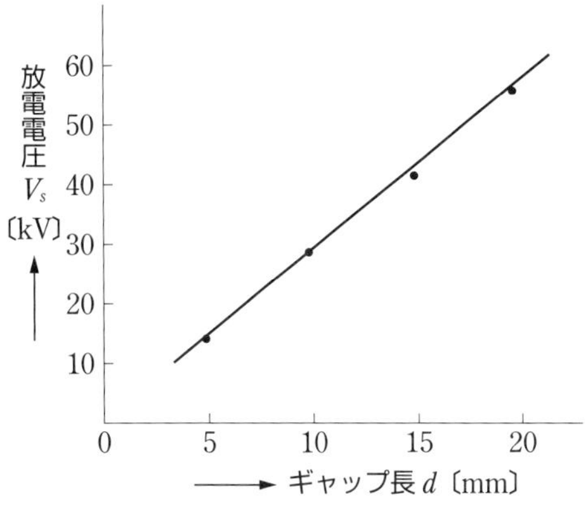

図　8・8　球ギャップ放電電圧特性

表　8・2　標準球ギャップの放電電圧 V_n〔kV〕（1 球接地のとき）

（大気状態：温度 20 °C，気圧 1 013 hPa）

ギャップ長〔cm〕	球の直径〔cm〕					
	2	5	6.25	10	12.5	15
0.05	2.8					
0.10	4.7					
0.15	6.4					
0.20	8.0	8.0				
0.30	11.2	11.2				
0.40	14.4	14.3	14.2			
0.50	17.4	17.4	17.2	16.8	16.8	16.8
0.60	20.4	20.4	20.2	19.9	19.9	19.9
0.70	23.2	23.4	23.2	23.0	23.0	23.0
0.80	25.8	26.3	26.2	26.0	26.0	26.0
0.90	28.3	29.2	29.1	28.9	28.9	28.9
1.0	30.7	32.0	31.9	31.7	31.7	31.7
1.2	(35.1)	37.6	37.5	37.4	37.4	37.4
1.4	(38.5)	42.9	42.9	42.9	42.9	42.9
1.5	(40.0)	45.5	45.5	45.5	45.5	45.5
1.6		48.1	48.1	48.1	48.1	48.1
1.8		53.0	53.5	53.5	53.5	53.5
2.0		57.5	58.5	59.0	59.0	59.0
2.2		61.5	63.0	64.5	64.5	64.5
2.4		65.5	67.5	69.5	70.0	70.0
2.6		(69.0)	72.0	74.5	75.0	75.5
2.8		(72.5)	76.0	79.5	80.0	80.5
3.0		(75.5)	79.5	84.0	85.0	85.5
3.5		(82.5)	(87.5)	95.0	97.0	98.0
4.0		(88.5)	(95.0)	105	108	110
4.5			(101)	115	119	122
5.0			(107)	123	129	133
5.5				(131)	138	143
6.0				(138)	146	152
6.5				(144)	(154)	161
7.0				(150)	(161)	169
7.5				(155)	(168)	177
8.0					(174)	(185)
9.0					(185)	(198)
10					(195)	(209)
11						(219)
12						(229)

（JIS C 1001：2010 より抜粋）

（注）（　）内はギャップの長さが球直径の 1/2 以上の場合で測定精度が落ちる．

実験 2　各種の電極による放電特性の測定

1　実験1で使用した球電極（接地側）を平板電極につけ換える．

2　球電極と平板電極のギャップ長 d を0に合わせて電極間ゲージの零点調整を行ってから，ギャップ長 d を20 mmに調整する．

3　実験1の手順3～4と同様の実験を行う．

4　放電したときのAC充電電圧の値を〈結果2〉の表に記録する．

5　放電発生スイッチをoffにし，調整つまみを0に戻す（表示の保持機能がついているものは，表示のリセット操作を行う）．

6　放電電圧表示を保持状態にして，実験1の手順4と同様の実験を繰り返し，同じギャップ長で3回の測定を行い，記録する．

7　ギャップ長 d を15，10，5 mmについて同様の実験を行い，放電したときのAC充電電圧の値を〈結果2〉の表に記録する．

8　操作装置の操作電源，主電源をoffにする．

まとめてみよう　実験結果のまとめ

実験結果をもとに，次式により放電電圧 V_s，電位傾度 E を計算によって求め，〈結果2〉の表にまとめる．また，球ギャップ長 d〔mm〕と放電電圧（波高値）V_s〔kV〕との関係を，実験1と同様に，図8・8に示すようなグラフに表す．

放電電圧 $V_s = \sqrt{2} \times V$〔kV〕

電位傾度 $E = \dfrac{V_s}{d}$〔kV/mm〕（d：ギャップ長〔mm〕）

〈結果2〉球-平板電極による放電特性結果

ギャップ長 d〔mm〕	AC充電電圧 V〔kV〕				放電電圧 V_s〔kV〕	電位傾度 E〔kV/mm〕
	1回	2回	3回	平均値		
20						
15						
10						
5						

考えてみよう　結果の検討

電極を変えることによって，放電電圧に違いが生じたか調べなさい．

表 8・3 標準球ギャップの 50％スパークオーバ標準電圧 V_n〔kV〕（1 球接地、高圧側正極性および負極性の場合）

（大気状態：温度 20 ℃、気圧 1 013 hPa）

ギャップ長〔cm〕	球の直径〔cm〕											
	2		5		6.25		10		12.5		15	
	＋	−	＋	−	＋	−	＋	−	＋	−	＋	−
0.05		2.8										
0.10		4.7										
0.15		6.4										
0.20		8.0		8.0								
0.25		9.6		9.6								
0.30	11.2	11.2	11.2	11.2								
0.40	14.4	14.4	14.3	14.3	14.2	14.2						
0.50	17.4	17.4	17.4	17.4	17.2	17.2	16.8	16.8	16.8	16.8	16.8	16.8
0.60	20.4	20.4	20.4	20.4	20.2	20.2	19.9	19.9	19.9	19.9	19.9	19.9
0.70	23.2	23.2	23.4	23.4	23.2	23.2	23.0	23.0	23.0	23.0	23.0	23.0
0.80	25.8	25.8	26.3	26.3	26.2	26.2	26.0	26.0	26.0	26.0	26.0	26.0
0.90	28.3	28.3	29.2	29.2	29.1	29.1	28.9	28.9	28.9	28.9	28.9	28.9
1.0	30.7	30.7	32.0	32.0	31.9	31.9	31.7	31.7	31.7	31.7	31.7	31.7
1.2	(35.1)	(35.1)	37.8	37.6	37.6	37.5	37.4	37.4	37.4	37.4	37.4	37.4
1.4	(38.5)	(38.5)	43.3	42.9	43.2	42.9	42.9	42.9	42.9	42.9	42.9	42.9
1.5	(40.0)	(40.0)	46.2	45.5	45.9	45.5	45.5	45.5	45.5	45.5	45.5	45.5
1.6			49.0	48.1	48.6	48.1	48.1	48.1	48.1	48.1	48.1	48.1
1.8			54.5	53.0	54.0	53.5	53.5	53.5	53.5	53.5	53.5	53.5
2.0			59.5	57.5	59.0	58.5	59.0	59.0	59.0	59.0	59.0	59.0
2.2			64.0	61.5	64.0	63.0	64.5	64.5	64.5	64.5	64.5	64.5
2.4			69.0	65.5	69.0	67.5	70.0	69.5	70.0	70.0	70.0	70.0
2.6			(73.0)	(69.0)	73.5	72.0	75.5	74.5	75.5	75.0	75.5	75.5
2.8			(77.0)	(72.5)	78.0	76.0	80.5	79.5	80.5	80.0	80.5	80.5
3.0			(81.0)	(75.5)	82.0	79.5	85.5	84.0	85.5	85.0	85.5	85.5
3.5			(90.0)	(82.5)	(91.5)	(87.5)	97.5	95.0	98.0	97.0	98.5	98.0
4.0			(97.5)	(88.5)	(101)	(95.0)	109	105	110	108	111	110
4.5					(108)	(101)	120	115	122	119	124	122
5.0					(115)	(107)	130	123	134	129	136	133
5.5							(139)	(131)	145	138	147	143
6.0							(148)	(138)	155	146	158	152
6.5							(156)	(144)	(164)	(154)	168	161
7.0							(163)	(150)	(173)	(161)	178	169
7.5							(170)	(155)	(181)	(168)	187	177
8.0									(189)	(174)	(196)	(185)
9.0									(203)	(185)	(212)	(198)
10									(215)	(195)	(226)	(209)
11											(238)	(219)
12											(249)	(229)
13												

（JIS C 1001：2010 より抜粋）

（注）（ ）内はギャップの長さが球直径の 1/2 以上の場合で測定精度が落ちる．

実験③ 標準球ギャップによる衝撃電圧試験

図8・9は，標準球ギャップによる衝撃電圧（50％スパークオーバ）の測定を行う実験回路の模式図である．

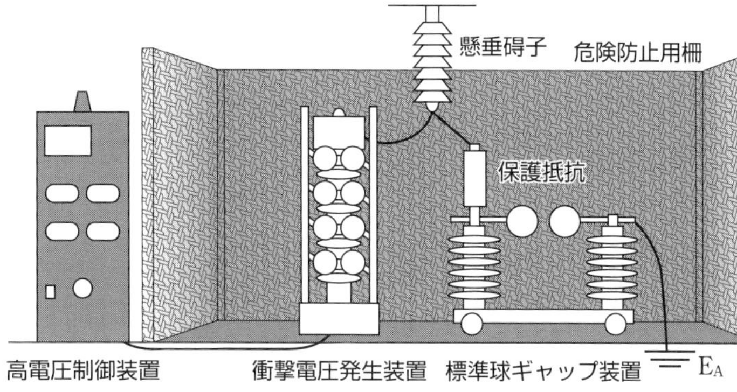

図　8・9　標準球ギャップによる衝撃電圧試験回路の模式図

やってみよう 実験の手順

1 球ギャップ長を30 mmに調整し，球ギャップ装置（直径100 mm）とインパルス電圧発生装置を接続する．

2 安全の確認後，高圧試験装置の主電源・直流インパルス制御ユニットの電源をonにする．

3 表8・3より標準球ギャップの50％スパークオーバ標準電圧 V_n を調べる．（直径100 mm，球ギャップ長30 mmの標準電圧は85.5 kV）

! 本実験では，高圧側正極性として行っている．

4 IMP出力電圧の設定値を標準電圧の値（＋85.5 kV）とする．
出力電圧を＋85.5 kVにするための充電電圧 V_c は，次式により算出する．

$$充電電圧\ V_c\ 〔kV〕=\frac{出力電圧〔kV〕}{利用率}÷コンデンサ個数$$

ここで，利用率：0.8，コンデンサ個数：4とすると，$V_c=26.7$ kVとなる．

5 電流調整つまみを20％ほど上げ，openスイッチを押して，直流接地装置を開く．HV onスイッチを押して，電圧調整つまみをゆっくり回し，充電電圧が26.7 kVになるまで上昇させる．

6 dischargeスイッチを押し，球電極間で放電が発生するか確認する．放電をした場合は，〈結果3〉の表に○を，しなかった場合は×をつける．

7 電圧調整つまみを0に戻し，closeスイッチを押して充電部を放電する．

8 IMP出力電圧の設定値を変えて同様の実験を行い，同一の電圧値において放電率が50％となる充電電圧を探索する．

9 高圧試験装置の主電源・直流インパルス制御ユニットの電源をoffにし，接地棒を用いて柵内の充電部およびコンデンサの残留電荷を大地へ放電させる.

⑩ 球ギャップ長を 20, 10 mm としても同様の実験を行い,〈結果 3〉の表にまとめる.

まとめてみよう 実験結果のまとめ

放電率は, 次式により求める.

$$放電率 = \frac{放電回数}{印加回数} \times 100 〔\%〕$$

気圧 b = (　　　　) 〔hPa〕, 温度 t = (　　　　) 〔°C〕, 湿度 = (　　　　) 〔%〕

〈結果 3〉標準球ギャップによる衝撃電圧試験

ギャップ長 d〔mm〕	標準電圧 V_n〔kV〕	充電電圧 V_c〔kV〕	衝撃電圧の印加回数								放電率〔%〕
			1	2	3	4	5	6	7	8	
30											
20											
10											

考えてみよう 結果の検討

〈結果 3〉の表より, それぞれのギャップ長に対して, 放電率が 50 % となる充電電圧 V_c〔kV〕の値は, いくつであるといえるか. そして, そのときの放電電圧 V_k〔kV〕はいくらか, 次式を用いて算出しなさい.

放電電圧 V_k〔kV〕= 充電電圧 V_c × 利用率 × コンデンサ個数

ただし, 利用率：0.8 とする.

9章

シーケンス制御実習

この章のねらい，目的と実習項目

●ねらい

シーケンス制御は，産業界における生産の自動化，製造の省力化，安全化など近代工業に不可欠な技術である．また，コンピュータとの組合せにより，きめこまかい制御もなされている．ここでは，シーケンス制御の基本回路について学び，制御系全体の考え方を学習すると同時に，使用されている各種の機器や種類や特性を習得する．

●目的

・シーケンス制御に用いる制御機器の種類や構造を調べるとともに，基本回路を作成し，動作を確認する．
・三相誘導電動機の正逆転回路や始動方法を学び，動作を確認する．
・プログラマブルコントローラの基本回路を学び，動作を確認する．

●実習項目

1　シーケンス制御の基本回路
2　シーケンス制御による三相誘導電動機の制御方法
3　プログラマブルコントローラ（PLC）による制御

実習 1

シーケンス制御の基本回路

目的
- ●シーケンス制御に用いられる機器の構造と動作およびその電気用図記号を学ぶ.
- ●シーケンス制御の基本回路を組んで，その動作順序を調べる.

実習を始める前の予備知識

❶ シーケンス制御

シーケンス制御とは，あらかじめ決められた動作順序や理論に従って，機器や装置を制御することをいう．エレベータ，信号機，工場の自動化などに利用されている．シーケンス制御には，主に３つの制御方法がある．

① 有接点制御：リレーシーケンスと呼ばれ，スイッチや電磁継電器などを使用して制御する．
② 無接点シーケンス：AND, OR, NOT などの論理素子（半導体素子）を使用して制御する．
③ プログラマブルロジックコントローラ（PLC）：PLC 本体にプログラムし機器を制御する．

❷ 接点

（a） 押しボタンと電磁継電器の接点

押しボタンスイッチと電磁継電器の接点は動作の仕方によって次のように呼ばれている．
① メーク接点：a 接点（常時開路接点）と呼ばれ，操作しているときだけ接点が閉じる．
② ブレーク接点：b 接点（常時閉路接点）と呼ばれ，操作しているときだけ接点が開く．
③ 切り替え接点：c 接点と呼ばれ，一方を閉じたとき，他方が開く構造の接点をいう．

（b） 押しボタンスイッチの接点と図記号

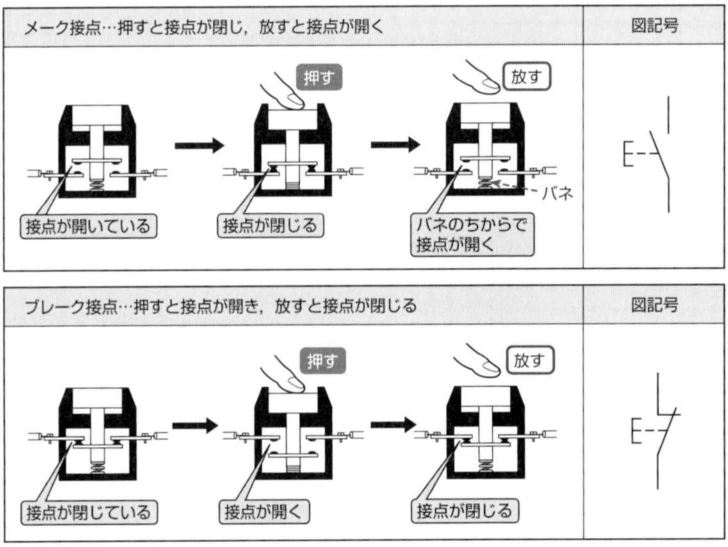

図 9・1 押しボタンスイッチのメーク接点とブレーク接点

(c) 電磁継電器（リレー）の接点と図記号

接点の種類は，押しボタンスイッチと同じようにメーク接点やブレーク接点などがある．リレーのメーク接点は，コイルに電流が流れていないときには接点が開いており，コイルに電流が流れると接点が閉じる．また，リレーのブレーク接点は，最初は接点が閉じており，コイルに電流が流れると接点が開く．それぞれの動作状態および接点とコイルの図記号は，図 9・2 のとおりである．

コイルと接点の状態をタイムチャートで示すと，図 9・3 のようになる．

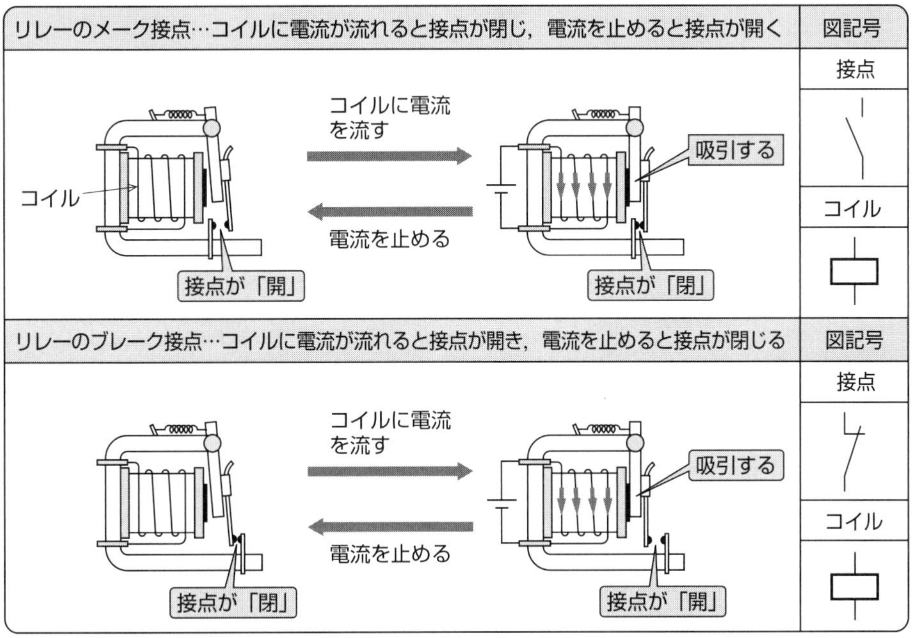

図 9・2 接点の動作と図記号

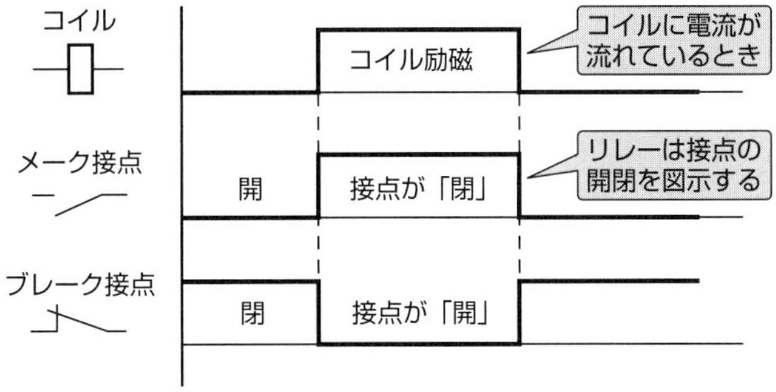

図 9・3 タイムチャート

❸ タイムチャートと真理値表

（a） メーク接点の押しボタンスイッチ

① タイムチャート

タイムチャートは，縦軸に各制御機器の動作状態を示し，横軸に時間の変化を表したものを図式化したものである．タイムチャートは各制御機器の時間ごとの動作状態を理解するのに便利である．図 9・4 の（a）と（b）はメーク接点の押しボタンスイッチを操作したときの状態を表す．（c）はスイッチを押したとき，スイッチの接点とランプの状態を時間ごとに表したタイムチャートである．

② 真理値表

真理値表は，入力機器と出力機器の関係を 1 と 0 で表現した表で，タイムチャートと同様に動作状態を理解するのに便利である．入力機器を操作した場合は 1，出力機器が動作した場合は 1 で表す．図 9・4（d）は，メーク接点の押しボタンスイッチとランプを用いた回路の真理値表を表す．

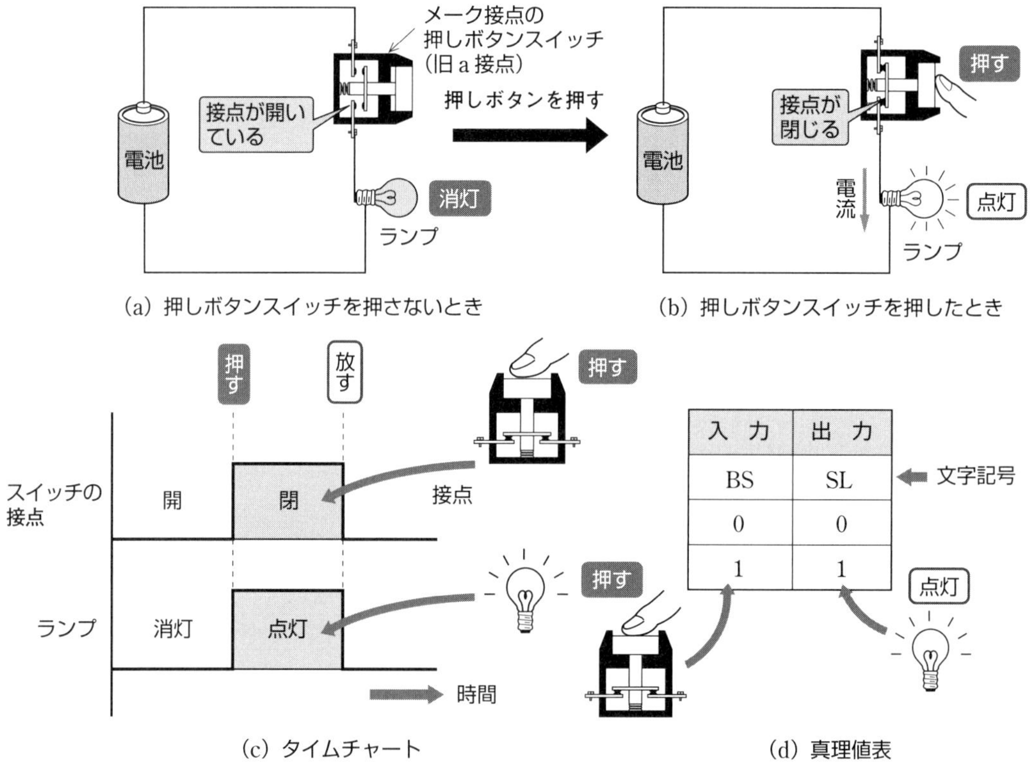

（a）押しボタンスイッチを押さないとき　（b）押しボタンスイッチを押したとき

（c）タイムチャート　（d）真理値表

図 9・4 メーク接点の押しボタンスイッチとランプのタイムチャートと真理値表

（b） ブレーク接点の押しボタンスイッチ

① タイムチャート

図 9・5 はブレーク接点の押しボタンスイッチを用いた回路である．図 9・5（a）の回路は最初から接点が閉じているので回路に電流が流れ，ランプが点灯しているが，図 9・5（b）のように押しボタンスイッチを押すと接点が開き，ランプが消灯する．この回路のタイムチャートを図 9・5（c）に示す．

② 真理値表

ブレーク接点の押しボタンスイッチを用いた真理値表は，図 9・5（c）のタイムチャートからスイッチを押すと消灯するため図 9・5（d）のようになる．

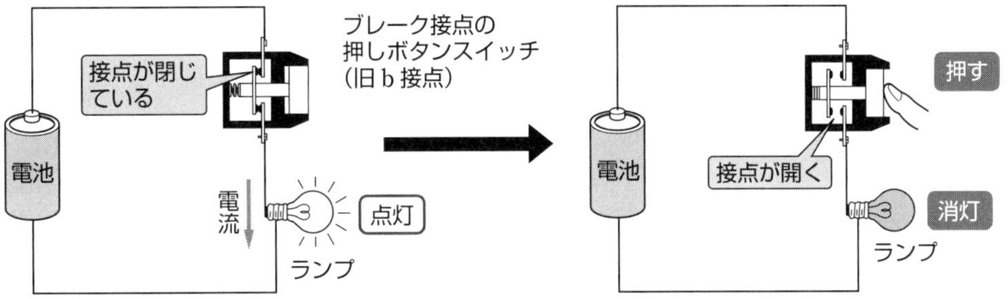

（a）押しボタンスイッチを押さないとき　　（b）押しボタンスイッチを押したとき

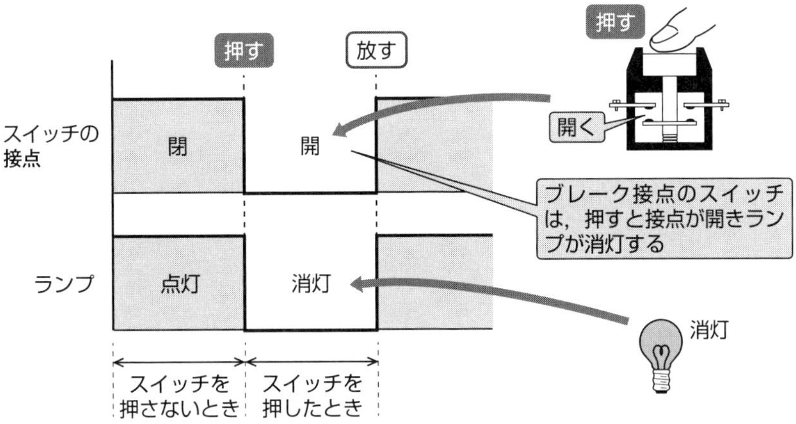

（c）タイムチャート

	入 力	出 力
	BS	SL
スイッチを押さないとき	0	1
スイッチを押したとき	1	0

点灯

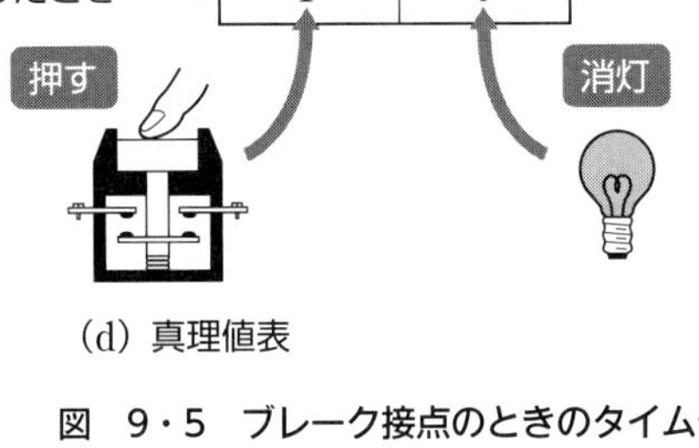

（d）真理値表

図 9・5 ブレーク接点のときのタイムチャートと真理値表

❹ 論理回路

押しボタンスイッチとリレーを用いて，論理回路の NOT，AND，OR などの基本回路を理解する．また，できるだけ実験をして配線の方法などを覚え，実践力と配線能力を身につけること．

（a） ON 回路

ON 回路は，入力スイッチ BS を ON にすると出力ランプが点灯する回路である．図 9・6 は，メーク接点の押しボタンスイッチとメーク接点のリレー，ランプを用いた ON 回路の配線図である．

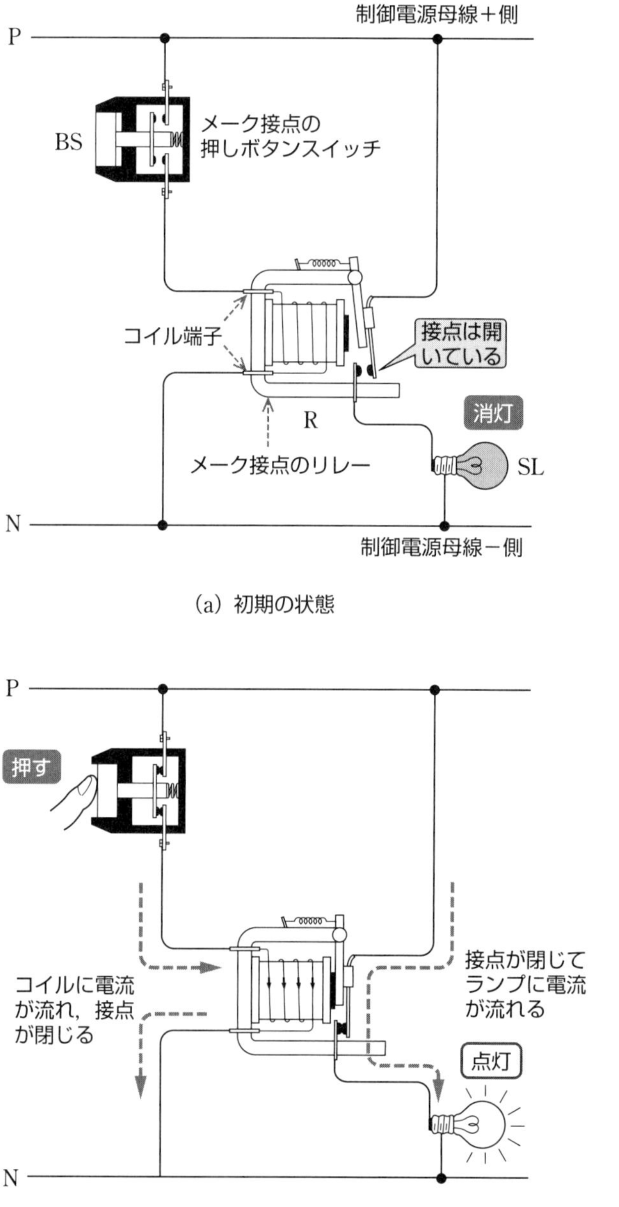

（a） 初期の状態

（b） 押したとき

図 9・6 ON 回路の接点

問題 1　下図の ON 回路のタイムチャートと真理値表を完成させなさい．ただし，コイルと接点は同じリレーの一部であるが，シーケンス図に書くときは，コイルと接点を分離して書くようにする．

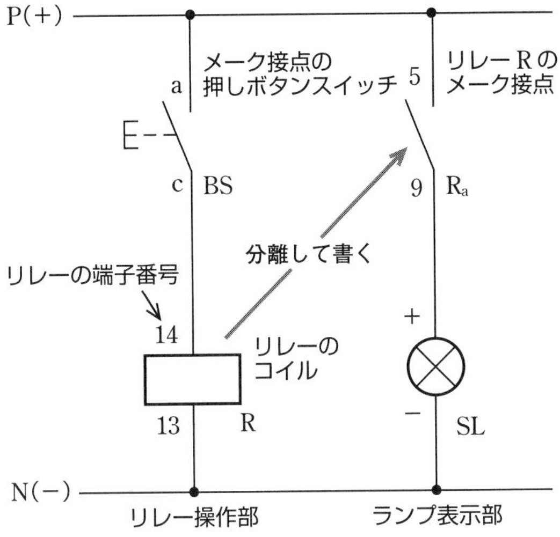

（a）　シーケンス図

図（a）の数値はリレーの端子番号で
英小文字はスイッチの端子番号を示す．

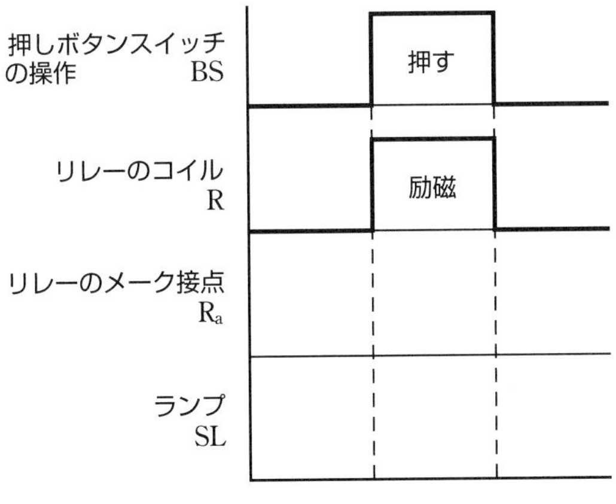

（b）　タイムチャート

入　力	出　力
BS	SL
0	
1	

（c）　真理値表

図　9・7　ON 回路

（b） NOT 回路

下図は，入力スイッチ BS を押すと出力のランプ SL が消灯する実体配線図で，ON 回路のリレーの接点をブレーク接点 R_b に変更した回路である．このように入力と出力が反対になる回路を **NOT（否定）回路**という．

問題 2　下図はメーク接点の押しボタンスイッチと，ブレーク接点のリレーを用いた NOT 回路のシーケンス図である．タイムチャートと真理値表を完成させなさい．

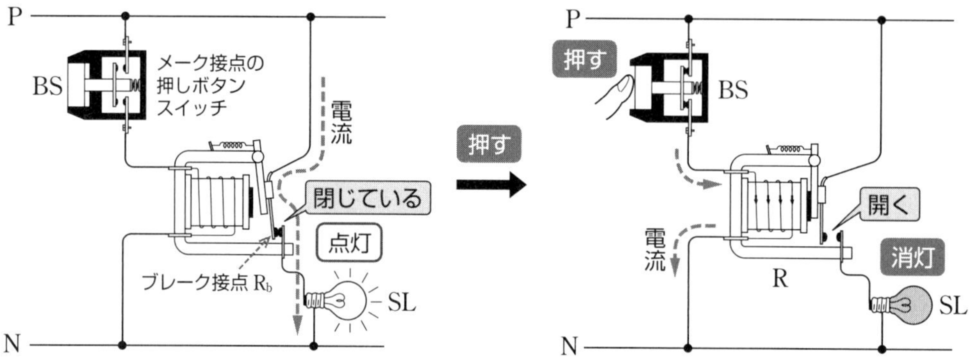

（a） ボタンを押さないとき　　（b） ボタンを押したとき

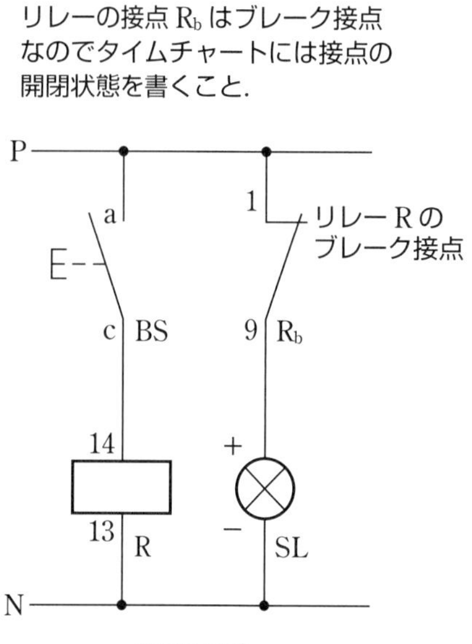

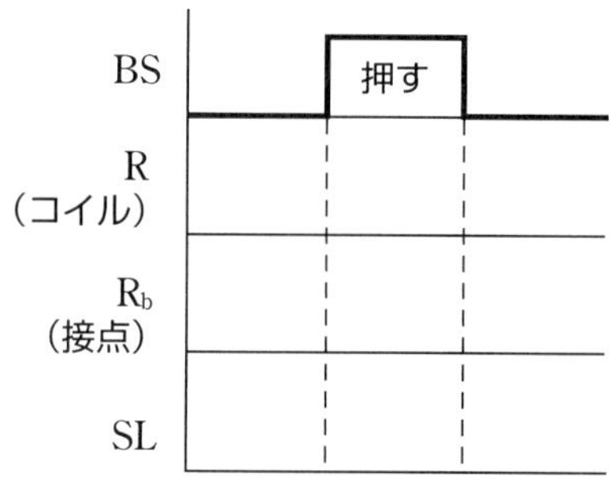

（c） シーケンス図　　（d） タイムチャート

入　力	出　力
BS	SL
0	
1	

（e） 真理値表

図 9・8 NOT 回路

実験 1 リレーシーケンスの基本回路

やってみよう 実験の手順1　ON・NOT回路

問題 3

下図のシーケンス図は，リレーの接点を 2 個用いた回路で，スイッチ BS を押したり放したりすると赤ランプ SL_1 と青ランプ SL_2 が交互に点滅する回路である．この回路のシーケンス図に従って結線し，タイムチャートと真理値表を完成させなさい．また，手動用信号機になるか確認しなさい．

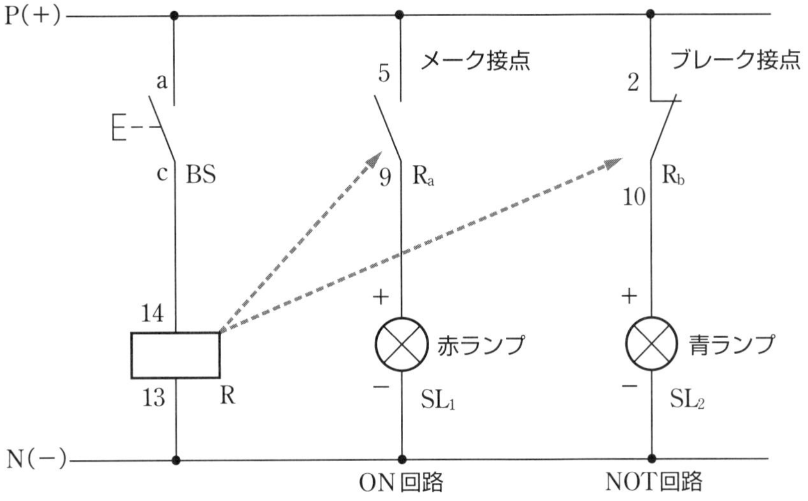

(a) ON・NOT 回路のシーケンス図

（スイッチは操作でリレーは接点の状態をタイムチャートに示すこと）

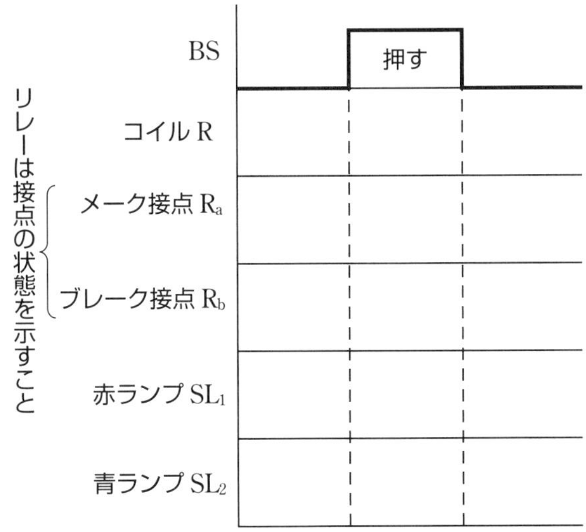

(b) タイムチャート

入力	出　力	
BS	SL_1	SL_2
0		
1		

(c) 真理値表

(d) 手動用信号機

図　9・9　ON・NOT 回路

やってみよう　実験の手順2　AND回路

図 9・10 のように，メーク接点の押しボタンスイッチ BS_1 と BS_2 を直列に接続した場合，両方のスイッチを押したときだけランプが点灯する．このようにすべての入力が「1」のとき，出力が「1」になる回路を **AND（論理積）回路**という．

問題 4　次の AND 回路のシーケンス図に従って結線し，タイムチャートと真理値表を完成させなさい．

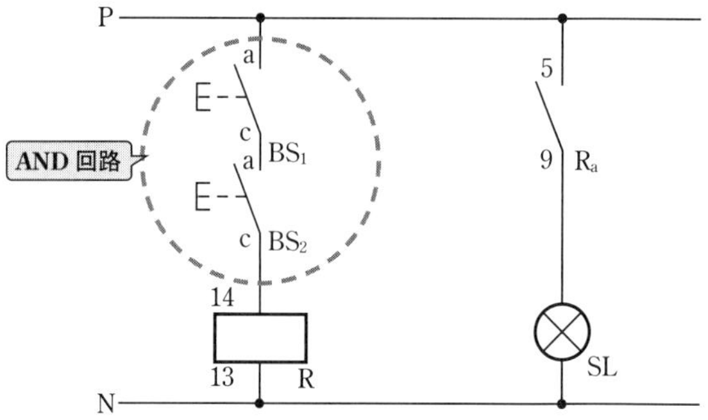

(a) AND 回路のシーケンス図

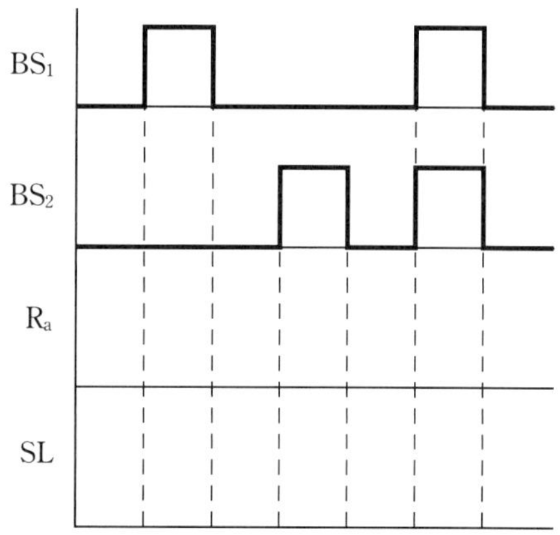

(b) タイムチャート

入　力		出　力
BS_1	BS_2	SL
0	0	
0	1	
1	0	
1	1	

(c) 真理値表

図　9・10　AND 回路

やってみよう　実験の手順3　OR回路

図 9・11 のようにメーク接点の押しボタンスイッチ BS_1 と BS_2 を並列に接続した場合，どちらかのスイッチを押せばランプは点灯する．このように入力のどちらか一つでも「1」のとき，出力が「1」になる回路を **OR（論理和）回路**という．

問題 5 　次の OR 回路のシーケンス図に従って結線し，タイムチャートと真理値表を完成させなさい．

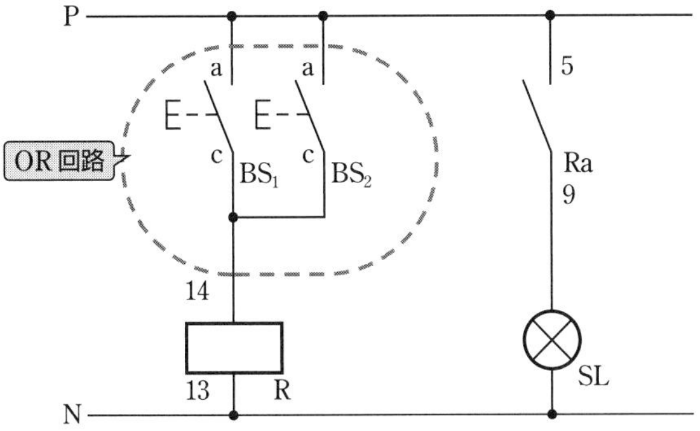

(a) OR 回路のシーケンス図

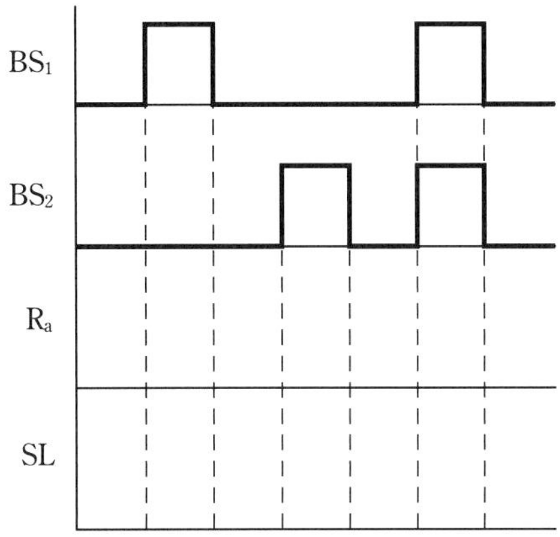

(b) タイムチャート

入　力		出　力
BS_1	BS_2	SL
0	0	
0	1	
1	0	
1	1	

(c) 真理値表

図 9・11　OR 回路

まとめてみよう　実験結果のまとめ

問題 1 ~ 5 のシーケンス図，タイムチャート，真理値表を報告書（レポート）に書きなさい．

実験 2　自己保持回路とインタロック回路

1　自己保持回路

リレーがもっている自己の接点を利用し，自己の動作を保持しようとする回路を**自己保持回路**という．この回路は，一度入力された信号を解除信号があるまで保持するので**記憶回路**とも呼ばれており，電動機の始動・停止をはじめ，数多くの回路に利用されている．

やってみよう　実験の手順1

1　図 9・12 の自己保持回路のシーケンス図に従って結線し，タイムチャートを完成させなさい．

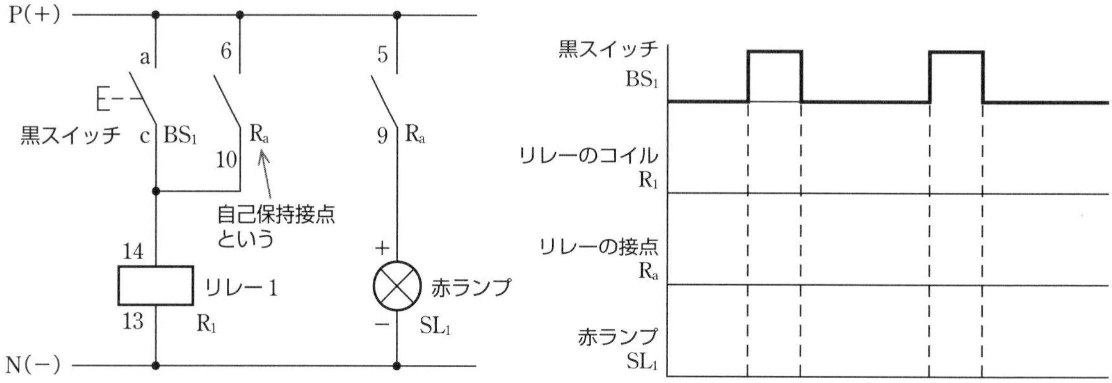

(a) 自己保持回路　　(b) タイムチャート

図 9・12

2　図 9・12 の回路では，一度ランプが点灯するとランプを消すことができない．そこで，下図の回路にブレーク接点の押しボタンスイッチ BS_2 を追加し，BS_1 を押すとランプが点灯し続け，BS_2 を押すとランプが消灯する回路のシーケンス図を書きなさい．また，この回路のタイムチャートを完成させなさい．

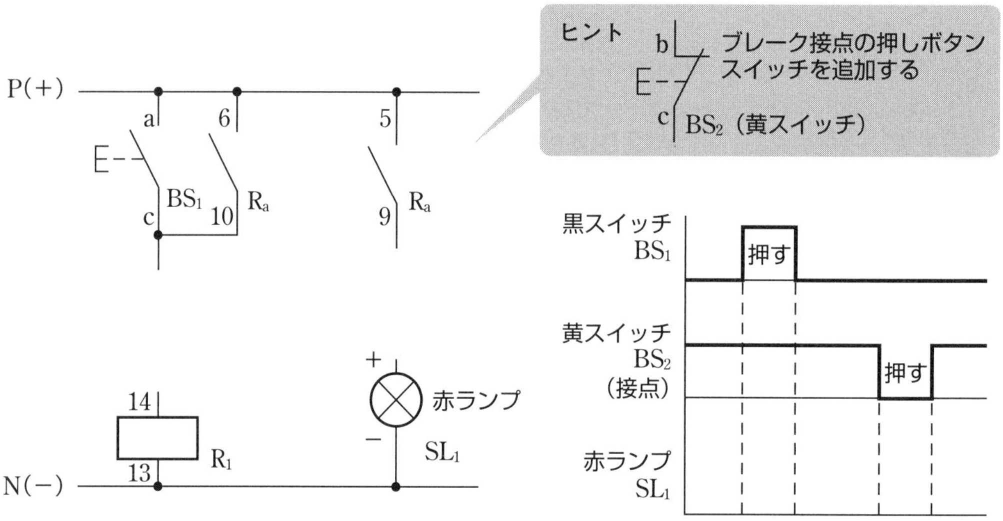

(a) リセット優先の自己保持回路　　(b) タイムチャート

図 9・13

❷ インタロック回路（先行優先回路）

入力が２つ以上の回路で，一方が動作している場合，他方の回路に入力があっても動作しないようにする回路を**インタロック回路**または，**先行優先回路**という．たとえば早押しクイズのように，スイッチを先に押したほうのランプだけが点灯する回路に利用されている．

やってみよう　実験の手順２

1 図９・14 の BS_1 と BS_2 の押しボタンスイッチを同時に押した場合，SL_1 と SL_2 の両方のランプが点灯する．この回路を利用して，どちらか先に押した押しボタンスイッチ側のランプだけが点灯する回路のシーケンス図を完成させなさい．ただし，押しボタンスイッチは押し続けるものとする．

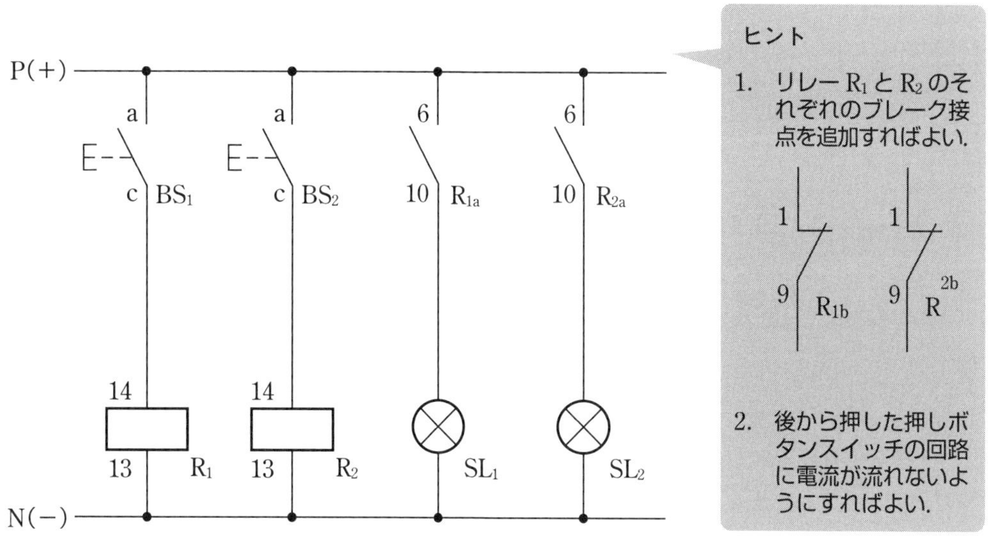

図　9・14　インタロック回路の設計

2 図９・15 の回路では，ランプが点灯しても押しボタンから手を放すと消灯し，もとの状態に戻るので，その後に押した押しボタン側のランプが点灯してしまう．そこで，手を放しても先に押したほうのランプだけが点灯し続けるような回路のシーケンス図を設計しなさい．ただし，このままではランプを消すことができないので，リセット用のスイッチ BS_3 を接続する．（ヒント　自己保持回路を追加する）

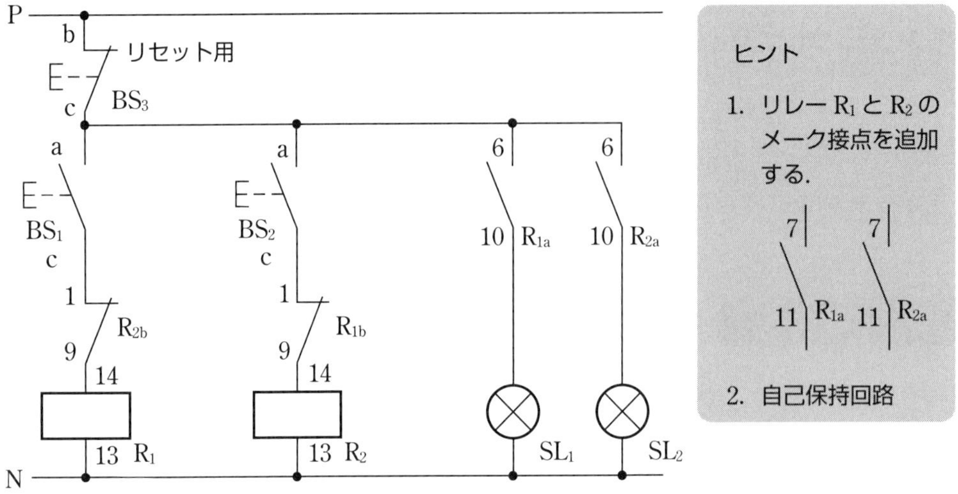

図 9・15 インタロック回路

3 図 9・15 に自己保持回路を追加した回路を完成させたとき，押しボタンスイッチを図 9・16 のように BS_1，BS_2，BS_3 を押したときの SL_1 と SL_2 のタイムチャートを完成させなさい．

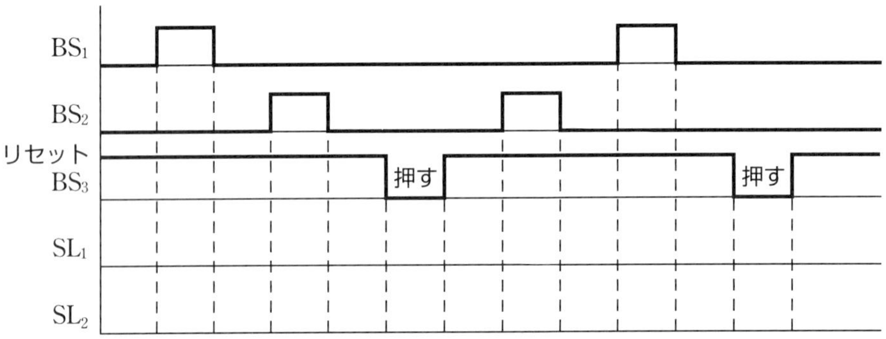

図 9・16

まとめてみよう 実験結果のまとめ

図 9・13，図 9・15，図 9・16 の各シーケンス図とタイムチャートを報告書に書きなさい．

実験 3 オン・ディレイタイマ（限時動作瞬時復帰）回路

タイマの基本動作について学習するとともに，タイマを用いた各種基本回路について理解を深め，応用力を身につける．

❶ タイマの種類

タイマには，動作するときに時間の遅れがあるオン・ディレイタイマと，復帰するときに時間の遅れがあるオフ・ディレイタイマがある．図 9・17 はタイマの外観である．

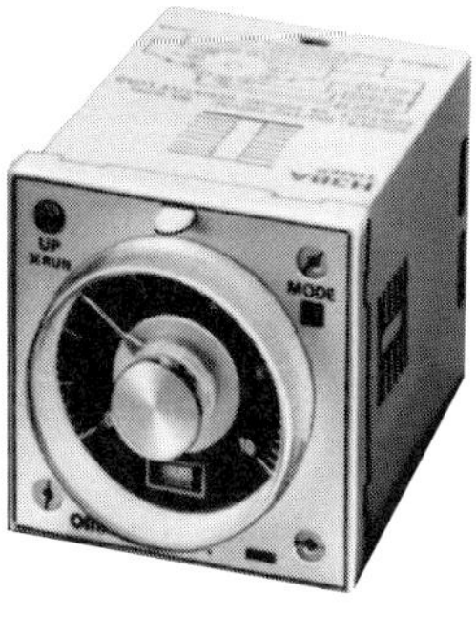

図　9・17　タイマの外観

●オン・ディレイタイマ

入力信号を与えてから，設定時間後に接点が動作するタイマを，**オン・ディレイタイマ**（**限時動作瞬時復帰形**）という．図 9・18 に図記号とタイムチャートを示す．

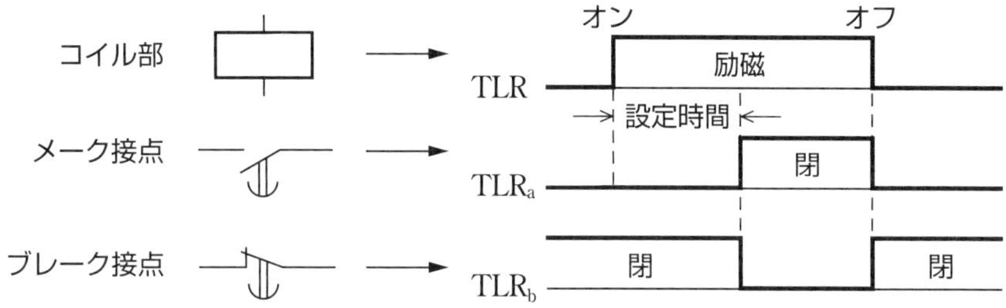

（a）図記号　　（b）タイムチャート

図　9・18　オン・ディレイタイマ

やってみよう　実験の手順 1

図 9・19 はオン・ディレイタイマ回路を用いたランプ点滅回路である．この回路のタイムチャートを完成させなさい．ただし，タイマの設定時間は 3 秒とし，押しボタンスイッチ BS_1 はランプ SL_1 が点灯するまで押し続けるものとする．

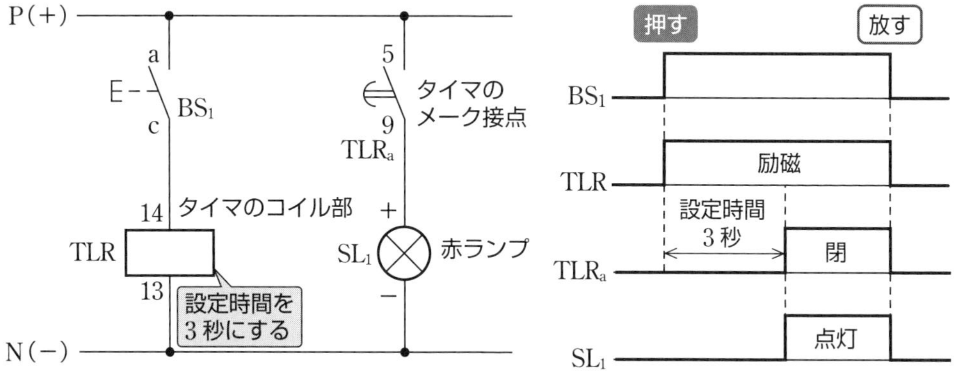

（a）オン・ディレイタイマ回路（1）　　（b）タイムチャート

図　9・19

やってみよう　実験の手順2

図 9・20 の回路は，一度ランプが点灯すると消灯させることができない．そこでこの回路にブレーク接点の押しボタンスイッチ BS_2 を追加し，BS_1 を押すと 3 秒後にランプが点灯し，リセット用の BS_2 を押すと消灯する回路を完成させ，配線を行い，シーケンス図とタイムチャートを完成させなさい．

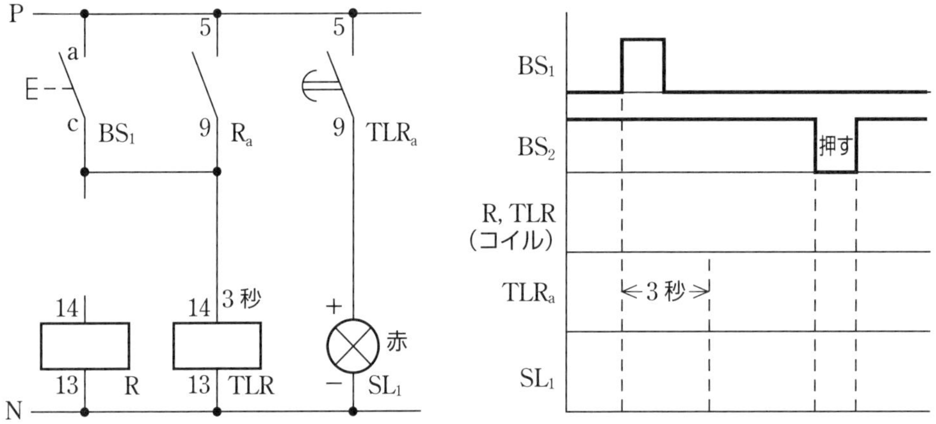

(a) オン・ディレイタイマ回路（3）　　(b) タイムチャート

図　9・20

まとめてみよう　実験結果のまとめ

図 9・19 と図 9・20（完成した図）のシーケンス図とタイムチャートを報告書に書きなさい．

実習 2

シーケンス制御による三相誘導電動機の制御方法

目的
- ●インタロック回路を用いて，三相誘導電動機の正転逆転制御を学ぶ．
- ●タイマ回路を用いて，Y-△ 始動法を学ぶ．

実習を始める前の予備知識

❶ 三相誘導電動機の正転，逆転

三相誘導電動機の正逆転は三相電源の R，S，T 相のうち二相を入れ替えて，電動機の U，V，W 相に接続すると相回転が変わり，磁界が逆方向に回転することになる．

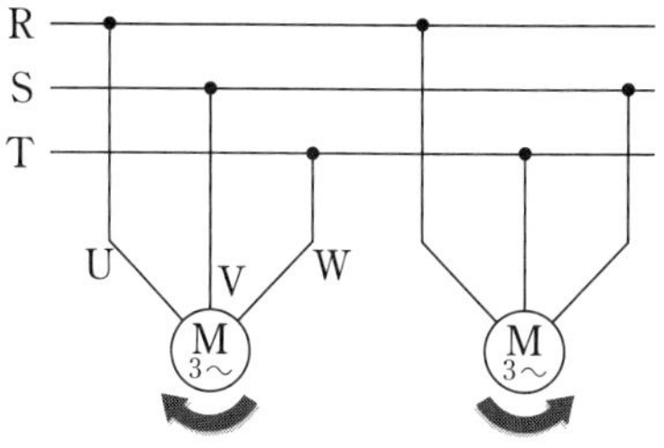

図 9・21 三相誘導電動機の正転，逆転方法

❷ 三相誘導電動機の始動方法

三相誘導電動機のうち，中容量以下に用いられるかご形誘導電動機の始動方法には，全電圧始動，Y-△ 始動，リアクトル始動，補償器始動，一次抵抗始動がある．Y-△ 始動（スターデルタ始動）法は，10 kW 以下の低圧電動機に広く用いられている．始動時だけ固定子巻線の結線を Y 結線とし，固定子にかかる電圧を $1/\sqrt{3}$ にして全負荷速度近くに達したとき，巻線を △ 結線に戻す方式である．したがって，始動時の線電流，トルクとも 1/3 になる始動方法である．

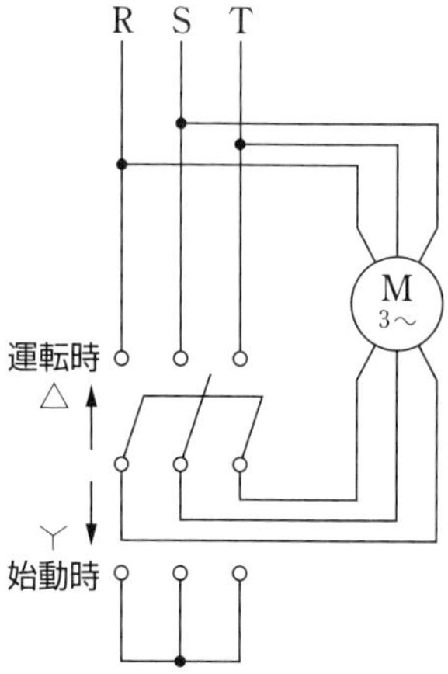

図 9・22 Y-△ 始動法

実験 1 三相誘導電動機の正逆転制御のインタロック回路

図 9・23 は，三相誘導電動機の正逆転制御のインタロック回路の接続図である．三相誘導電動機は R，S，T 相のうち二相を入れ替えて，電動機の U，V，W 相に接続すると逆転させることができる．電源の相の切り替えは，正転用電磁接触器 MC_1 と逆転用電磁接触器 MC_2 をインタロック回路にて接続すればよい．

やってみよう 実験の手順 ……………………………………

1 三相誘導電動機の正逆転制御のインタロック回路を，図 9・23 の接続図に従って結線する．

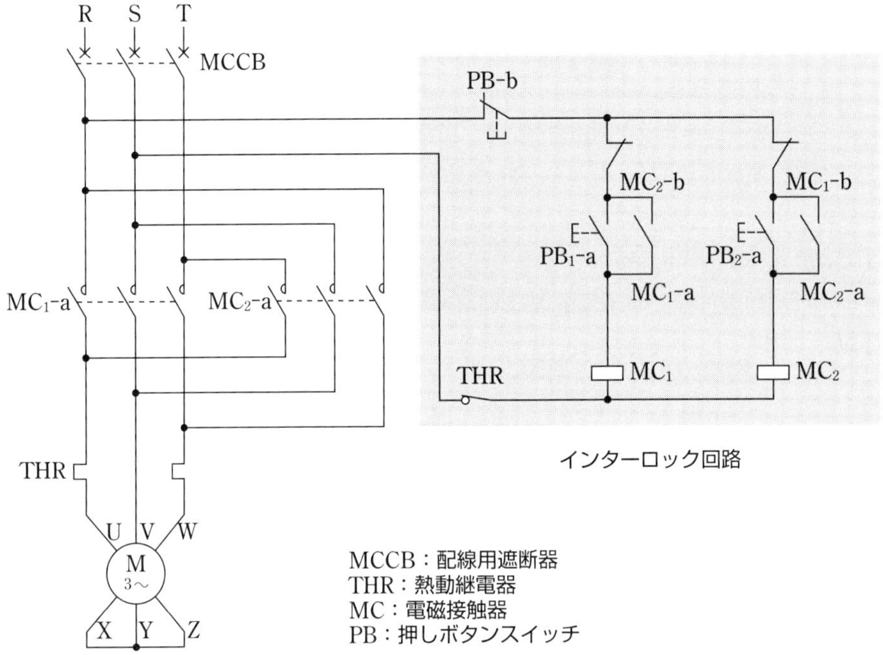

図 9・23 三相誘導電動機の正逆転制御回路の接続図

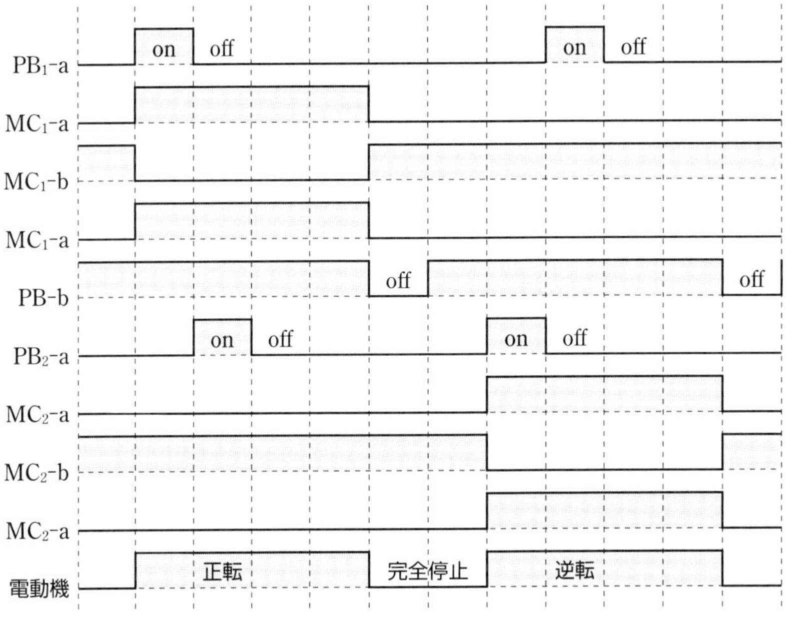

図 9・24 三相誘導電動機の正逆転制御回路のタイムチャート

なお，配線用遮断器（MCCB）を必ず施すこと．

[2] 図 9・24 のタイムチャートに従って，押しボタンスイッチ PB$_1$-a と PB$_2$-a を押し，それぞれの動作を確認する．なお，モータが完全に停止した状態で行うこと．

[3] PB-b を押すと電動機が停止し，始動前の状態に戻る．配線用遮断器を戻す．

まとめてみよう 実験結果のまとめ

タイムチャートの押しボタンスイッチ PB_1-a，PB_2-a，PB-b の指示に従って動作を確認するとともにタイムチャートより動作を確認しなさい．

実験 2 三相誘導電動機のY-△始動回路

図 9・25 は，三相誘導電動機の Y-△ 始動回路である．最初に，電動機の固定子を Y 結線で回転したのち，△ 結線に切り替えて平常運転する回路である．

やってみよう 実験の手順

1 三相誘導電動機の Y-△ 始動回路を，図 9・25 の接続図に従って結線する．なお，配線用遮断器を必ず施すことと．

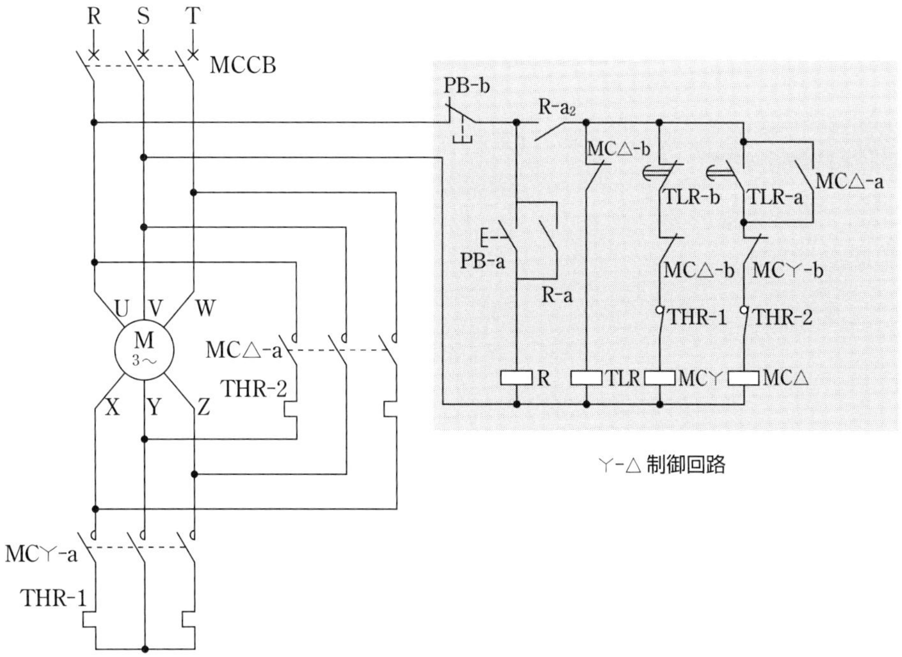

図 9・25 三相誘導電動機の Y-△ 始動回路の接続図

2 タイマの設定時間をセットする．

3 配線用遮断器を入れ，図 9・26 のタイムチャートに従って，押しボタンスイッチ PB-a を押す．電動機は，タイマの設定時間（4 秒）だけ Y 結線で回転し，自動的に △ 結線に切り替わる．

4 PB-b を押すと電動機が停止し，始動前の状態に戻る．配線用遮断器を開く．

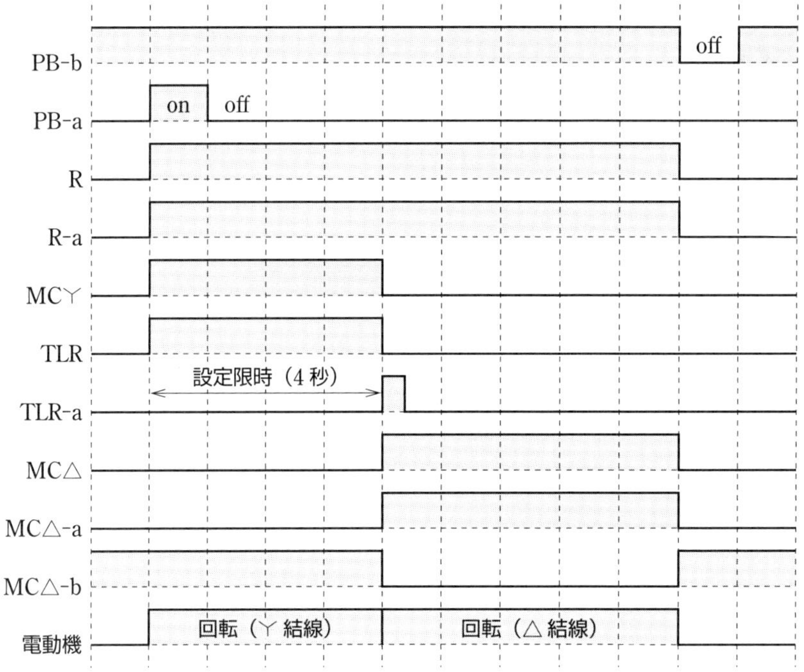

図 9・26 タイムチャート

まとめてみよう 実験結果のまとめ

タイムチャートの押しボタンスイッチ PB-a を押したとき，図 9・26 のタイムチャート通り動作するか確認しなさい．また，図 9・25 と図 9・26 を報告書に書きなさい．

実習 3 プログラマブルコントローラ(PLC)による制御

目的
- ●プログラマブルコントローラの構成を理解し，基本動作を学ぶ.
- ●ラダー図と基本命令を習得する.

実習を始める前の予備知識

❶ プログラマブルコントローラ

プログラマブルコントローラ（以下 PLC）は，リレーシーケンスで学んだ基本回路をプログラムとして入力し制御を行うことができる．内部にコンピュータ機能を持ち，プログラムは簡単に変更できるため，製造現場や各種制御機器の多くに使われている．プログラムの入力方法には，専用のプログラミング装置やアプリケーションソフトをインストールしたパソコンなどがある．図 9・27 に PLC の外観例を示す．

PLC：programmable logic controller．または，PC：Programmable Controllers もしくはシーケンサ（Sequencer）とも呼ばれる．

図　9・27　プログラマブルコントローラの外観例

PLC の入出力端子に，押しボタンスイッチやセンサなどの入力装置や，電磁リレーやランプなどの出力装置を接続するだけの簡単な配線を行う．一度配線してしまえば，プログラムの変更のみで，制御方法を変えることができる．また，内部に補助リレー，タイマ，カウンタなどが組み込まれているため，複雑な制御も可能になっている．図 9・28 に接続例を示す．

プログラムと接続機器を一致させるために，あらかじめ要素番号が振り分けられている．入力側を X000 ~，出力側を Y000 ~ へ接続する．機器や種類によって記号や接続できる機器数は変わる．

PLC 内部にはあらかじめ補助的なリレーが組み込まれている．割り付けは，補助的リレーが M0 ~ M499，タイマが T0 ~ T199，カウンタが C0 ~ C99 となっており，必要に応じて使用する（機種や使用目的によって割り付け番号は変わる）．

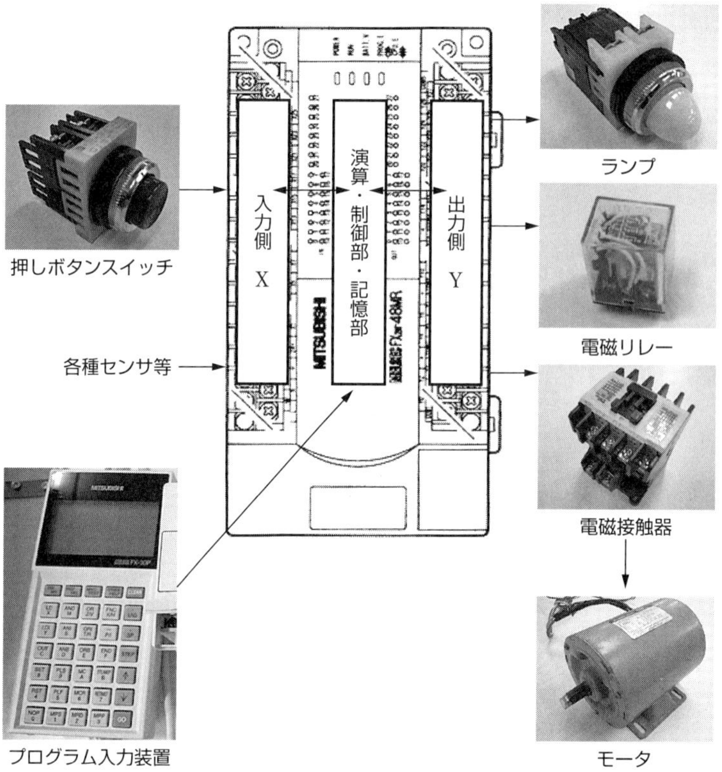

図 9・28 接続例

❷ ラダー図および基本命令プログラム

回路図については，リレーシーケンスでは主に縦書きのシーケンス図を用いたが，PLC では横書きのラダー図と呼ばれる回路図で表す．また，入力や出力の図記号も図 9・29 のように表される．

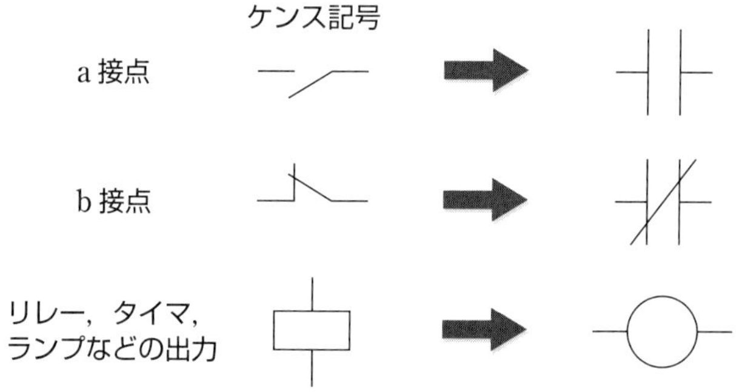

図 9・29 ラダー図で表される図記号例

プログラミングは，以下の方法がある．

① リストプログラミング：専用の命令語で入力していく方法

② ラダー回路プログラミング：グラフィック画面上にラダー図を作図していく方法

③ SFC プログラミング：フローチャート形式で入力する方法

今回の実習では，基本的な使い方であるリストプログラミング方式を学ぶこととする．表 9・2 は，PLC への基本命令語例である．

命令語は，機種によって異なる．

表 9・2　命令語例および機能例

命令語	機　能
LD	演算開始 a 接点（母線接続）
LDI	演算開始 b 接点（母線接続）
AND	直列接続 a 接点
ANI	直列接続 b 接点
OR	並列接続 a 接点
ORI	並列接続 b 接点
OUT	コイル駆動（出力）
OUT　T1 K30	限時動作タイマ T1 を 3 秒に設定した場合
OUT　C2 K2	カウンタ C2 を 2 回に設定した場合
SET	セット・動作保持
RST	リセット・動作保持解除
END	終了

プログラム（制御順序）を実行する順序に従って命令を書くと，次のようになる．

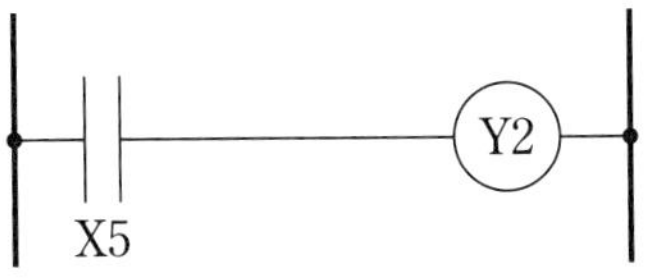

(a) ラダー図

ステップ番号	命令	
	命令語	要素番号
0	LD	X5
1	OUT	Y2
2	END	

(b) プログラム

図　9・30　プログラム作成例

❸ 使用器具

図 9・31 に示す制御用実験ユニットもしくは，図 9・32 の配線例に従って接続した回路（メーカ，機種によって接続番号などは異なる）を使用する．

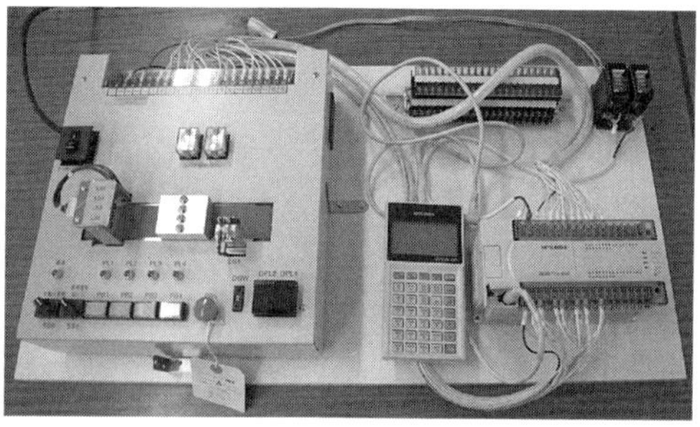

図 9・31 実験ユニット例

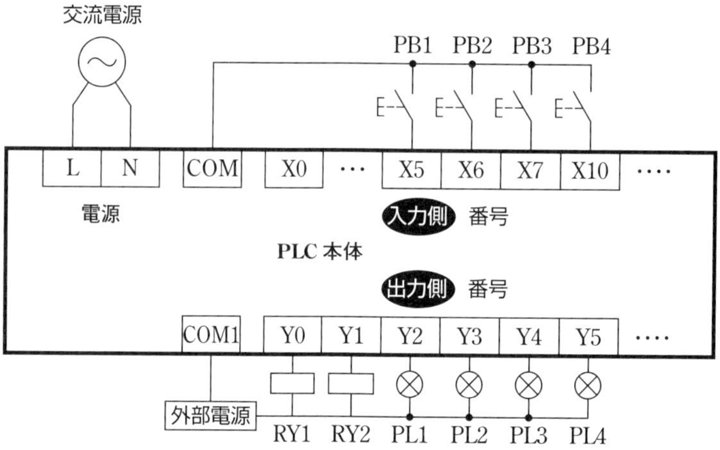

＊実際の配線は，PLC の仕様書に従う.

図 9・32 実験回路の配線例

実験 1 プログラマブルコントローラの基本実験

やってみよう 実験の手順

1 図 9・33 は，AND 命令を使用したラダー図とそのプログラム例である．a 接点（メーク接点）で構成される直列回路となる．入力 X5，X6 を同時に押されているときのみ，出力 Y2 が点灯する．

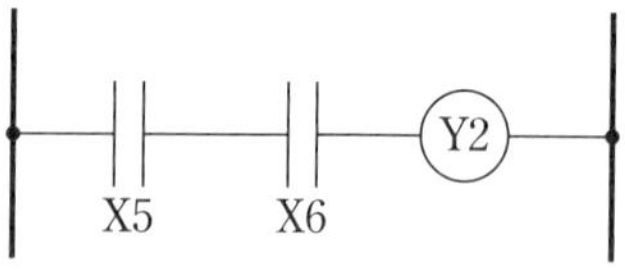

0	LD	X5
1	AND	X6
2	OUT	Y2
3	END	

図 9・33 AND 回路のラダー図およびプログラム例

2 図 9・33 は，OR 命令を使用したラダー図とそのプログラムである．a 接点（メーク接点）で構成される並列回路となる．入力 X5，X6 のどちらかが押されているときに，出力 Y2 と Y3 が点灯する．

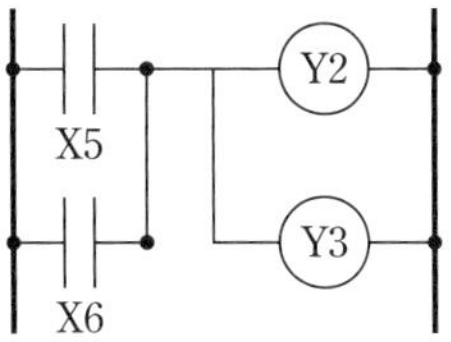


```
0  LD    X5
1  OR    X6
2  OUT   Y2
3  END
```

図　9・43　OR 回路のラダー図およびプログラム例

[3]　図 9・35 は SET・RST 命令(自己保持回路)を使用したラダー図とそのプログラムである．この命令を使うことで自己保持が行える．

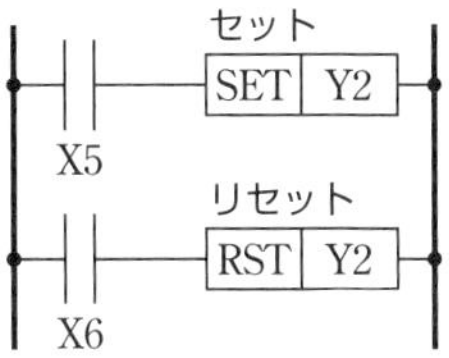


```
0  LD    X5
1  SET   Y2
2  LD    X6
3  RST   Y2
4  END
```

図　9・35　保持回路のラダー図およびプログラム例

[4]　図 9・36 は，インタロック（先行優先）と SET 命令を利用した回路のラダー図とプログラムである．自己保持回路を利用し，入力 X5，X6 のどちらかが先に押されたほうを優先する先行優先回路である．入力 X7 は，回路をリセットするために用いられる．

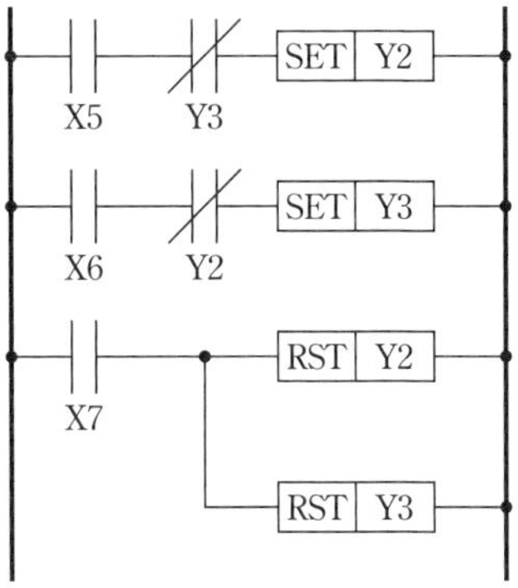


```
0  LD    X5
1  ANI   Y3
2  SET   Y2
3  LD    X6
4  ANI   Y2
5  SET   Y3
6  LD    X7
7  RST   Y2
8  RST   Y3
9  END
```

図　9・36　インタロック回路のラダー図およびプログラム

まとめてみよう　実験結果のまとめ

[1]　各ラダー図をプログラム例を参考に入力し，動作を確認する．

[2]　動作を確認後，報告書に図 9・33 ～図 9・36 ラダー図とプログラムを書きなさい．

実験 2 オンディレイタイマとカウンタ回路

やってみよう 実験の手順

1 オンディレイタイマ回路の実験

図 9・37 は，タイマを使用した回路のラダー図およびプログラム例である．ラダー図中の T0 はタイマを示す．K55 とは 5.5 秒後に動作させる表示である．

タイマ動作中は Y2 のランプ表示させる．また，タイマのカウント中は電源が供給されるようにしなければならない．そのため，出力 Y2 をセット（保持）し，点灯させ，タイマを駆動し続ける接点として使用している．設定時間（5.5 秒）になると T0 の a 接点が on となり，入力 X6 を押すとリセットされる．

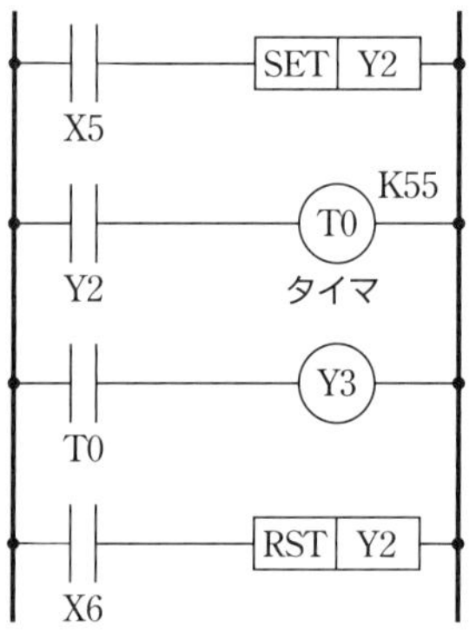

0	LD	X5
1	SET	Y2
2	LD	Y2
3	OUT	T0
		K55
6	LD	T0
7	OUT	Y3
8	LD	X6
9	RST	Y2
10	END	

図 9・37 オンディレイタイマ回路のラダー図とプログラム例

2 カウンタ回路の実験

図 9・38 は，カウンタを使用した回路のラダー図およびプログラム例である．ラダー図中の C0 はカウンタを示す．K3 はカウント数が 3 回を表す．入力 X5 が押されるたびに，内部で +1 づつカウントアップしていく．3 回カウントされると，カウンタの a 接点 C0 が on となり，Y2 も on となる．カウンタは，自己保持の機能を併せ持っているため，X6 でリセットする．

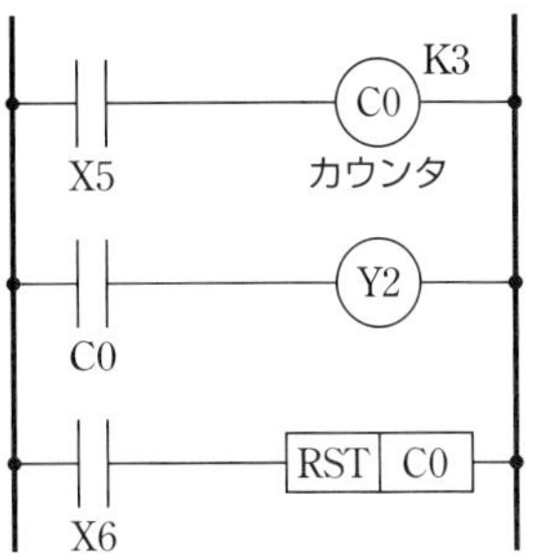


```
0 LD   X5
1 OUT  C0
       K3
4 LD   C0
5 OUT  Y2
6 LD   X6
7 RST  C0
8 END
```

図　9・38　カウンタ回路のラダー図とプログラム例

3　フリッカ回路の実験

図 9・39 は，フリッカ（点滅）回路で，10 回点滅するとリセットする回路である．このプログラムを各自で考えて入力し，動作を確認しなさい．

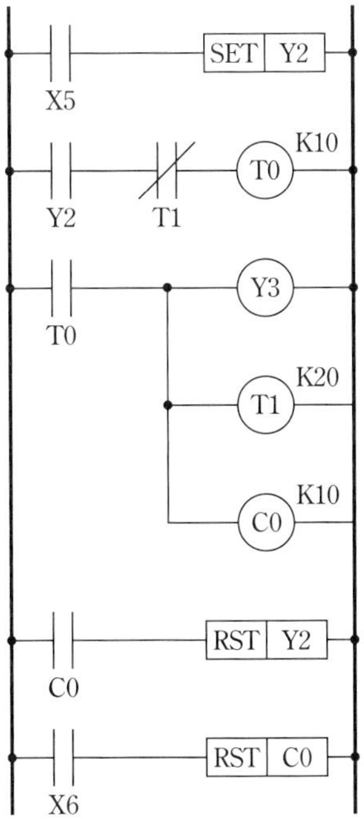

図　9・39　フリッカ回路

まとめてみよう　実験結果のまとめ

図 9・37 ~ 39 のラダー図，プログラム，タイムチャートを報告書に書きなさい．

考えてみよう　結果の検討

図 9・39 の動作を順を追って説明しなさい．

おもな屋内配線用図記号

JIS C 0303：2000

種類	名　称	図記号
配線	天井隠ぺい配線	
	床隠ぺい配線	
	露出配線	
	プルボックス	
	ジョイントボックス（アウトレットボックス）	
	VVF 用ジョイントボックス	
	接地端子	
	接地極	
電灯	一般用照明（白熱灯・HID 灯）	
	ペンダント	
	シーリングライト	
	引掛シーリングローゼット（角形）	
	引掛シーリングローゼット（丸形）	
	蛍光灯	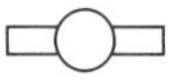
	ランプレセプタクル	
コンセント・点滅器	コンセント	
	接地極付コンセント	
	点滅器	
	3 路スイッチ	

おもな電気機器の図記号

JIS C 0617

名　称	図記号
配線用遮断器	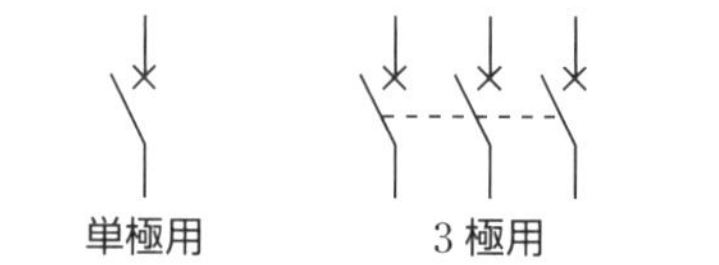
電磁継電器	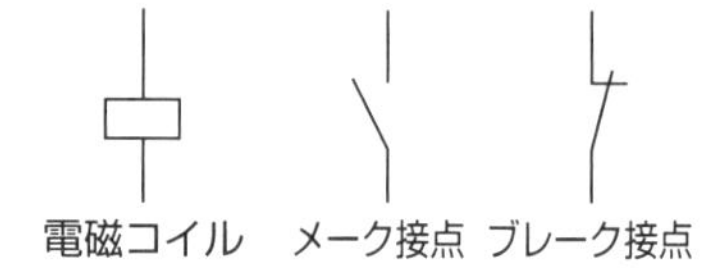
タイマ	
熱動継電器（サーマルリレー）	
手動操作断路器	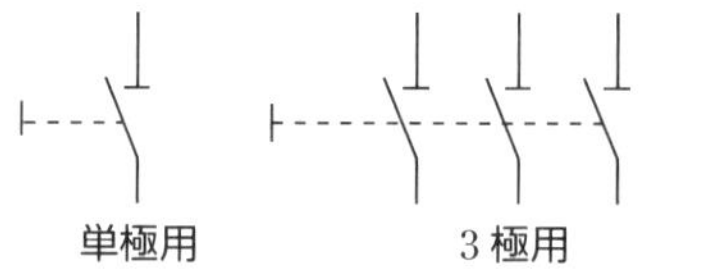
電動機	
ランプ	 RL 赤色 GL 緑色 BL 青色

おもな電線の記号と種類

JIS C 0303：2000

記　号	電 線 の 種 類
IV	600V ビニル絶縁電線
IC	600V 架橋ポリエチレン絶縁電線
DV	引込用ビニル絶縁電線
CV	600V または高圧架橋ポリエチレン絶縁ビニルシースケーブル
VVF	600V ビニル絶縁ビニルシースケーブル（平形）
VVR	600V ビニル絶縁ビニルシースケーブル（丸形）

おもな配管類の記号と種類

JIS C 0303：2000

記　号	配 管 の 種 類
E	鋼製電線管（ねじなし電線管）
PF	合成樹脂可とう電線管（PF 管）
CD	合成樹脂可とう電線管（CD 管）
F2	2 種金属製可とう電線管
F	フロアダクト
MM1	1 種金属線ぴ
MM2	2 種金属線ぴ
VE	硬質塩化ビニル電線管
VP	硬質塩化ビニル管